Die Regionalisierung umweltpolitischer
Instrumente der Luftreinhaltung

Europäische Hochschulschriften

Publications Universitaires Européennes
European University Studies

Reihe V
Volks- und Betriebswirtschaft

Série V Series V
Sciences économiques, gestion d'entreprise
Economics and Management

Bd./Vol. 2312

PETER LANG
Frankfurt am Main · Berlin · Bern · New York · Paris · Wien

Uwe Teichert

Die Regionalisierung umweltpolitischer Instrumente der Luftreinhaltung

Eine kritische Auseinandersetzung am Beispiel Ostdeutschlands

PETER LANG
Europäischer Verlag der Wissenschaften

Die Deutsche Bibliothek - CIP-Einheitsaufnahme

Teichert, Uwe:

Die Regionalisierung umweltpolitischer Instrumente der Luftreinhaltung : eine kritische Auseinandersetzung am Beispiel Ostdeutschlands / Uwe Teichert. - Frankfurt am Main ; Berlin ; Bern ; New York ; Paris ; Wien : Lang, 1998
(Europäische Hochschulschriften : Reihe 5, Volks- und Betriebswirtschaft ; Bd. 2312)
Zugl.: Frankfurt (Main), Univ., Diss., 1998
ISBN 3-631-33520-2

D 30
ISSN 0531-7339
ISBN 3-631-33520-2

Vorwort

Die vorliegende Arbeit ist das Ergebnis einer langen Beschäftigung mit ökologisch-ökonomischen Problemen, die ihren Ursprung noch in der DDR der achtziger Jahre hat.

Schon während meines Studiums und der anschließenden Aspirantur an der *Universität Leipzig* beschäftigte ich mich mit räumlichen Aspekten der Wechselbeziehungen von Ökologie und Ökonomie. Nach Aufnahme meiner Tätigkeit an der Professur für Volkswirtschaftslehre, Prof. Dr. Joachim Gäbler, am Institut für Konjunktur, Wachstum und Verteilung des Fachbereichs Wirtschaftswissenschaften der *Universität Frankfurt/Main*, rückten besonders die volkswirtschaftlichen Anpassungsprobleme der ostdeutschen Wirtschaft im Tranformationsprozeß in den Vordergrund, was auch mit neuen interessanten Fragestellungen für den Umweltschutz verbunden war. Als besonders nützlich erwies sich meine Teilnahme an einem Aufbau- und Ergänzungsstudium "Umweltmanagement und Ressourcenschutz" der *Technischen Universität Berlin* im Herbst 1990. So ergaben sich für mich neue Einsichten in das breite Problemfeld des Umweltschutzes und der modernen wirtschaftswissenschaftlichen Theorie.

Ich danke allen, die mich auf meinem Weg unterstützten. In *Leipzig* förderte und forderte mich Prof. Dr. sc. Manfred Hentzschel, bei dem ich zu diesem Thema die ersten selbständigen Gehversuche unternahm. In *Frankfurt/Main* stand mir mein Doktorvater Prof. Dr. Dr. h. c. Joachim Gäbler immer mit Rat und Tat zur Seite. Als er völlig unerwartet im Sommer 1995 verstarb, bot mir Prof. Dr. Malcolm Heinz Dunn seine Hilfe und Unterstützung an, um das bereits fortgeschrittene Promotionsvorhaben erfolgreich zu vollenden. In zahlreichen Diskussionen vom ersten Entwurf bis zum vorliegenden Ergebnis forderten sie von mir immer wieder neue Überlegungen und gaben mir viele Anregungen.

Wertvoll waren in dieser Zeit auch meine Teilnahme am Doktorandenkolloquium von Prof. Dr. Werner Meißner und die Zusammenarbeit mit der Europäischen Energie- und Umweltpark der Region Leipzig GmbH, insbesondere mit dem US-Amerikaner Herrn Jeffrey Michel, sowie meine Forschungskontakte zu verschiedenen Instituten in *Berlin, Halle, Leipzig, München* und *Zittau.*

Ich möchte allen herzlich danken, die mich unterstützt haben, vor allem meinen Familienangehörigen.

Uwe Teichert

Inhaltsverzeichnis

Abbildungsverzeichnis

Tabellenverzeichnis

Abkürzungsverzeichnis

Abb.	Abbildung
ABM	Arbeitsbeschaffungsmaßnahmen
Abs.	Absatz
AG	Aktiengesellschaft
Anh.	Anhang
Ausg.	Ausgabe
Bd.	Band
BGBl.	Bundesgesetzblatt
BHI	Bezirkshygiene-Institut
BImSchG	Bundesimmissionsschutzgesetz
BMFT	Bundesministerium für Forschung und Technologie
BMI	Bundesministerium des Innern
BMU	Bundesministerium für Umwelt, Naturschutz und Reaktorsicherheit
BMWi	Bundesministerium für Wirtschaft
BRD	Bundesrepublik Deutschland
Bsp.	Beispiel
bspw.	beispielsweise
BSP	Bruttosozialprodukt
BUND	Bund für Umwelt und Naturschutz Deutschland e. V.
BWL	Betriebswirtschaftslehre
bzw.	beziehungsweise
ca.	circa
DDR	Deutsche Demokratische Republik
DBU	Deutsche Bundesstiftung Umwelt
DGB	Deutscher Gewerkschaftsbund
d. h.	das heißt
DIW	Deutsches Institut für Wirtschaftsforschung (*Berlin*)
DM	Deutsche Mark
DtA	Deutsche Ausgleichsbank
ECU	European Currency Unit (Währungseinheit)
EG	Europäische Gemeinschaft
ERP	European Recovery Program (Wiederaufbauprogramm)
EStG	Einkommenssteuergesetz
etc.	et cetera
EU	Europäische Union
EUP	Europäischer Umweltpark (der Region *Leipzig*)
e. V.	eingetragener Verein
Ew	Einwohner
f.	folgende
FAZ	Frankfurter Allgemeine Zeitung
ff.	fortfolgende

FR	Frankfurter Rundschau
FU	Freie Universität *(Berlin)*
Gbl.	Gesetzblatt
ggf.	gegebenenfalls
GWh	Gigawattstunden
ha	Hektar
Hrsg.	Herausgeber
ICLEI	International Council for Local Environmental Initiatives
i. d. R.	in der Regel
ifo	ifo-Institut für Wirtschaftsforschung *(München)*
InvZulG	Investitionszulagengesetz
IÖW	Institut für ökologische Wirtschaftsforschung *(Berlin)*
i. S.	im Sinne
IW	Institut der deutschen Wirtschaft *(Köln)*
IWH	Institut für Wirtschaftsforschung *Halle*
Jg.	Jahrgang
KfW	Kreditanstalt für Wiederaufbau
Kfz	Kraftfahrzeug
KPP	Konstante Planpreise (Basispreise)
kWh	Kilowattstunden
lt.	laut
LIA	Lokales Implementationsgebiet
M	Mark (der DDR)
max.	maximal
Mio.	Millionen
Mrd.	Milliarden
Nr.	Nummer
o. J.	ohne Jahr
o. O.	ohne Ort
o. V.	ohne Verfasser
o. ä.	oder ähnlich
ÖPNV	Öffentlicher Personennahverkehr
p. a.	per anno
Pkw	Personenkraftwagen
p. M.	per Monat
RGRE	Rat der Gemeinden und Regionen Europas
RIS	Regionales Implementationssystem
RWI	Rheinisch-Westfälisches Institut *(Essen)*
S.	Seite
s.	siehe
s. a.	siehe auch
SED	Sozialistische Einheitspartei Deutschlands
Sp.	Spalte
SPD	Sozialdemokratische Partei Deutschlands

StUI	Staatliche Umweltinspektion
SRU	Sachverständigenrat Umwelt
t	Tonnen
TA	Technische Anleitung (Luft)
Tab.	Tabelle
TU	Technische Universität
u. a.	unter anderem, und andere
u. ä.	und ähnlichem
UBA	Umweltbundesamt
u. dgl.	und dergleichen
USA	United States of Amerika
usf.	und so fort
usw.	und so weiter
u. U.	unter Umständen
UVP	Umweltverträglichkeitsprüfung
UWP	Umweltpolitik
UWS	Umweltschutz
VDI	Verein Deutscher Ingenieure
vgl.	vergleiche
Vol.	Volume (Band)
VWL	Volkswirtschaftslehre
WHG	Wasserhaushaltsgesetz
WSI	Wirtschafts- und Sozialwissenschaftliches Institut des DGB
WZB	Wissenschaftszentrum *Berlin*
z. B.	zum Beispiel
ZK	Zentralkomitee
z. T.	zum Teil
z. Z.	zur Zeit

A. Einführung

1. Problemstellung und Zielsetzung

Umweltschutz hat sich zu einem Thema entwickelt, das die Menschen bewegt, das oft und mitunter sehr engagiert diskutiert wird, sind doch überall in der Welt Fehler der Vergangenheit und Gegenwart in den Meeren, Seen und Flüssen, in der Luft und im Boden, an Flora, Fauna und Landschaften sicht- und ruchbar geworden bzw. in anderer Weise einschneidend. Großindustrie und Intensivlandwirtschaft, Energie- und Verkehrswesen sowie Privathaushalte, ökonomische Unterentwicklung und Verstädterung rufen global spürbare Auswirkungen auf das Klima und das ökologische Gleichgewicht hervor.

Nicht erst durch spektakuläre Katastrophen und Störfälle (z. B. in *Seveso, Bhopal, Tschernobyl* oder *Höchst)* sind die Probleme des Schutzes und der Gestaltung der natürlichen Umwelt immer stärker in das Bewußtsein der Verantwortlichen in Politik, Wirtschaft und der breiten Öffentlichkeit getreten, hat sich die aktive Umweltkritik im Interesse der Existenz unserer Zivilisation zunehmend manifestiert[1] Dabei sind die Schadenswirkungen dieser spektakulären Einzelfälle und der aus der Historie bekannten Umweltbelastungen, die noch sehr punktuellen, fast ausschließlich begrenzten Charakter trugen, noch gering im Verhältnis zur Summe derjenigen Schäden, die laufend von einer großen Zahl kleinerer Schadstoffquellen - durchaus im Rahmen gesetzlicher Grenzwerte - verursacht werden. Diese das eigentliche Problem darstellenden "Alltagsschäden" könnten erheblich verringert werden, wenn eine umweltorientierte Unternehmens- und Haushaltsführung durch gezielte umweltpolitische Strukturen und Regularien stimuliert und zur allgemeinen wirtschaftlichen und Lebenspraxis werden würde. Dabei stellen die räumlichen Aspekte einen entscheidenden Kristallisationspunkt dar.

Smogalarm, Ozonloch und kranke Wälder, die Anreicherung der Erdatmosphäre mit dem Treibhausgas CO_2 und die Zunahme des Verbrauchs an fossilen Energieträgern zwingen zum Umdenken und zur Neubewertung der bisherigen Entwicklung. Inzwischen sucht man zielstrebig und mit großem Aufwand nach wirkungsvollen Maßnahmen, um die Natur als existentielle Quelle des Lebens und des materiellen Reichtums, der Gesundheit und der Lebensfreude der Menschen zu erhalten und schonend, möglichst auf wissenschaftlich begründete Weise zu nutzen, damit sie den nachfolgenden Generationen ebenfalls ein glückvolles Leben ermöglicht.

---

[1] Vgl. Klötzli, F.: Symptome einer neuen Umweltsituation. In: Neue Zürcher Zeitung. Fernausgabe Nr. 120, 27. Mai 1987, S. 35. (Der Autor ist Professor am Geobotanischen Institut und Präsident der *Schweiz*erischen Arbeitsgemeinschaft für Umweltforschung, SAGUF.)

Zu den wichtigsten Existenzgrundlagen allen Lebens auf unserer Erde zählt saubere, schadstoffreie Luft. Indem die natürlichen Lebensgrundlagen des Menschen bewahrt werden, werden zugleich seine Gesundheit geschützt sowie Schäden an Natur, Bauwerken und Kulturgütern[2] abgewendet. Für die Lösung der damit verbundenen oftmals recht komplizierten Aufgaben sind umfangreiche Kenntnisse der gesellschaftlichen wie der Naturprozesse (einschließlich ihrer räumlichen Existenzformen) erforderlich. Folgerichtig liegen *territoriale* Aspekte und die verschiedenen sozio-ökonomischen Ebenen im Interesse der Forschung.

Im Prozeß der Überwindung der Teilung Deutschlands hat sich sehr schnell gezeigt, welche gewaltigen Anstrengungen erforderlich sind, um auch in den neuen Bundesländern bei der Angleichung der Lebensverhältnisse die ökologischen Überkommenschaften aus der Vergangenheit zu bearbeiten und zugleich den Herausforderungen der Gegenwart und Zukunft gerecht zu werden. Hieraus ergeben sich für die Umweltpolitik der Bundesrepublik Deutschland enorme Aufgaben aber auch neue Chancen, den volkswirtschaftlichen Transformationsprozeß mit einer umweltpolitischen Erneuerung zu verbinden.

Auch wenn dabei die Hoffnungen größer sind als die realen Entwicklungsmöglichkeiten, bleibt Umweltpolitik - besonders im Hinblick auf die Prävention - in enger Wechselwirkung mit anderen Politikbereichen, wie der Struktur- und Regionalpolitik, Verkehrspolitik, Energie- und Ressourcenpolitik verbunden.

Bisherige Untersuchungen konzentrierten sich zumeist auf einen einzigen Schadstoff, auf ein bestimmtes umweltpolitisches Instrument oder einen bestimmten Typus von Instrumenten. Eine mediale, regionale und instrumentale Disaggregation der Implementation der Umweltpolitik in der Bundesrepublik Deutschland, in anderen Ländern oder in Ländergemeinschaften (EU) kann neue Untersuchungsergebnisse hervorbringen, die gleichzeitig für die umweltpolitischen Entscheidungsträger eine nützliche Hilfe (Auswahl und Anwendbarkeit der Instrumente) sein können.

Mit der vorliegenden Schrift ist deshalb beabsichtigt, das Verhältnis Gesellschaft-Natur unter Berücksichtigung der räumlichen Aspekte der Luftreinhaltung am Beispiel Ostdeutschlands zu betrachten, und mit der Kritik des Gebrauchs umweltpolitischer Instrumente, ihrer Bedingungen und Voraussetzungen einen Beitrag zur volkswirtschaftlichen Theorie und für die Regional- und Umweltpolitik zu liefern.

---

[2] Vgl. Volkswirtschaftliche Verluste durch umweltverschmutzungsbedingte Materialschäden in der Bundesrepbulik Deutschland. Umweltbundesamt. Forschungsbericht 101031110-02. Berlin 1991.

Dabei sind u. a. folgende Schwerpunktfragen zu beachten:

- Welche Ausgangssituation finden wir vor?
- Worin bestehen die Ansatzpunkte für die Erfassung von Umweltdefiziten innerhalb des Indikatorenkatalogs der Regionalpolitik? (Operationalisierbarkeit).
- Welches umweltpolitisches Instrumentarium steht zur Verfügung?
- Wo liegen die Gründe und Möglichkeiten für eine *Regionalisierung*, d. h. einer stärker regionalgebundenen Nutzung der bestehenden umweltökonomischen und anderen umweltpolitischen Regularien?

Das Hauptaugenmerk vorliegender Arbeit richtet sich darauf, den Gedanken der gebietsbezogenen Regelungen und des regionalen Vollzugs der Umweltpolitik weiter zu vertiefen und auf die bisher zur Anwendung kommenden Instrumente und Regularien in der Luftreinhaltepolitik am konkreten Beispiel ausgewählter Regionen Ostdeutschlands darzustellen. Dabei soll insbesondere der Frage nachgegangen werden, ob und wenn ja, welche Grundlagen bereitgestellt werden können, um die verschiedenen umweltpolitischen Instrumente hinsichtlich der Anreizwirkung, ökologischen Reichweite und Effizienz sinnvoll mit einer regionalen Zweckrichtung zu verbinden. Es soll weiter untersucht werden, ob eine Differenzierung der Instrumente entsprechend den unterschiedlichen Potentialen im Interesse positiver ökologischer Effekte vorzunehmen wäre, die in den einzelnen Regionen zur Erreichung oder Bewahrung einer national angestrebten Luftgüte vorgenommen werden müßten. (Wegen mangelhafter Datenlage läßt sich dabei die Kostenfrage nicht eingehend analysieren.) Auf diesen Grundlagen können dann die politischen Maßnahmen beispielsweise zur Reinhaltung der Luft von Staub, Schwefel u. ä. Schadstoffen, zur CO_2-Reduktion, besser umgesetzt werden.

Um die Untersuchung zu diesen Fragen unter Nutzung praktischer Erfahrungen durchführen zu können, werden die Ausgangsbedingungen für Ostdeutschland eingehend analysiert, um dann auf konkrete gegensätzliche Beispielregionen einzugehen. Die Analyse wird konzentriert auf die Regionen *Leipzig* und *Neubrandenburg*, um im letzten Schritt eine kleine Modellkommune (*Lützschena-Stahmeln bei Leipzig*) zu betrachten, für die im Zusammenhang mit diesem Untersuchungsprojekt ein spezielles Analyseverfahren zur Ermittlung des CO_2-Minderungspotentials vorgeschlagen und getestet wird.

Die Arbeit, die sich auf den Aspekt der Luftgüteverbesserung und -bewahrung konzentriert, will nicht bei einem empirischen Vergleich oder der theoretischen Diskussion stehenbleiben, sondern auch die Luftqualitätsziele, die regionalen Potentiale und mögliche Umsetzungsvarianten analysieren, um Schlußfolgerungen für die weitere Nutzung ökonomischer und anderer Regularien aus der Sicht konkreter regionaler Bedingungen abzuleiten.

Dabei ist nicht beabsichtigt, den Stand der Debatte zu diesem Themenkreis abschließend klären zu wollen - schon deshalb nicht, weil er bisher weder inhaltlich vollständig abgedeckt, noch voll befriedigend systematisiert erscheint. Eine Vertiefung der Regionalumweltproblematik wird auch schnell zeigen, daß sich im Rahmen einer Dissertationsschrift unmöglich alle Aspekte des Themas behandeln lassen. So geht es vielmehr darum, auswählend vorzugehen, um die gesellschaftliche Relevanz des Themas offenzulegen und zugleich zu neuen Lernprozessen und weiteren Studien anregen zu können. Deshalb auch sollten die der analytischen Inangriffnahme des Untersuchungsgegenstandes zugrundeliegende Strukturierung und ihre Fragestellungen nicht ungeprüft und ohne weiteres akzeptiert werden.

Überdies sind sich die Ökonomen nicht einig darüber, wofür der Staat (mit seinen verschiedenen Ebenen) in einem marktwirtschaftlichen System zuständig ist und wofür nicht. Sein ausgleichendes Tätigwerden scheint jedoch angezeigt zu sein, so daß es sinnvoller Indikatoren, Zwischenzielgrößen und Instrumentierungen auf allen seinen Ebenen bedarf.

2. Aufbau der Arbeit

Nach der im Teil *A.* gegebenen Einführung in die Thematik werden im Teil *B.* die Grundlagen der theoretischen Betrachtung und des wissenschaftlichen Herangehens an die Beurteilung des Bedingungsgefüges für eine Regionalisierung umweltpolitischer Instrumente der Luftreinhaltung dargestellt.

Ausgangspunkte bilden daher zunächst begriffliche Positionierungen und eine Darstellung der wirtschaftswissenschaftlichen und umweltpolitischen Grundlagen (*B.* 1.), bevor die aktuelle Situation der Luftreinhaltepolitik in der Bundesrepublik Deutschland, bisherige Regionalisierungsvorschläge und die Relevanz der Fortentwicklung betrachtet werden (*B.* 2.). Kurz eingegangen wird auf Fragen, die rechtsstaatliche Probleme der Thematik betreffen.

Anschließend diskutieren wir die Gründe (*B.* 3.), die für und wider eine Regionalisierung der Luftreinhaltepolitik sprechen. Bestimmte Aspekte werden es sinnvoll erscheinen lassen, dem Zentralstaat Teile der Entscheidungskompetenz zu erhalten. Hier werden die Grundlagen und auch unterschiedlichen Erwartungshaltungen aufgeführt, die mit einer Übergabe oder Nicht-Übergabe der Entscheidungs-, Vollzugs- und Kontrollkompetenz im lufthygienischen Umweltschutz an regionale Körperschaften verbunden sind. Dies ist der Ansatzpunkt für die eigene vergleichende Analyse regionaler Spezifika an Beispielen. Über die dabei gewählte Untersuchungsmethode sowie das zugrundegelegte Referenzsystem gibt der darauf folgende Abschnitt (*B.* 4.) Auskunft.

Das Untersuchungskapitel *C.* beginnt aus volkswirtschaftlicher Sicht mit einer kritischen Auseinandersetzung mit dem Anspruch und der Realität der Wirtschaftstheorie und Wirtschaftspraxis in der ehemaligen DDR, eine erfolgreiche Luftreinhaltepolitik zu verwirklichen. Anhand der Situation in Ostdeutschland wird vorgeführt, welche regionalen Bedingungen, Erfordernisse und Möglichkeiten für eine zielgerichtete Umweltpolitik zu beachten sind. Dabei kommt es insbesondere auf die Verknüpfung von wirtschaftlichem und ökologieorientiertem Transformationsprozeß in den neuen Bundesländern an. Die Analyse der ausgewählten Beispielregionen (Regierungsbezirke, Modellkommune) ist auf territoriale Unterschiede und Gemeinsamkeiten im Zielsetzungs-, -erkennungs- und -realisierungsprozeß der Luftreinhaltepolitik gerichtet.

Im Teil *D.*, der eine Darstellung der Ergebnisse der Analyse nach Zielfindungsprozeß, Instrumentennutzung und offenen Möglichkeiten enthält, werden eine Beurteilung hinsichtlich der ökologischen Reichweite und Operationalisierbarkeit der Umweltpolitik vorgenommen und Schlußfolgerungen abgeleitet, die bei der Weiterentwicklung der regionalen Umweltpolitik (Luft) zu berücksichtigen sind. Beurteilungsvorschläge für eine regionalorientiertere Umweltpolitik werden unterbreitet.

Die Natur gibt das Leben
und die Vernunft lehrt leben.

Sprichwort

B. Grundlagen der Betrachtung

1. Begriffliche und naturwissenschaftliche Grundlagen

1.1. Der Umweltbegriff

Wer sich professionell mit Fragen des Umweltschutzes befaßt oder als interessierter Laie die Medien zu diesem Thema verfolgt, hat normalerweise ein fest geprägtes (Vor-) Urteil, selektiert alle Informationen nach seinem spezifischen Verständnis der Umweltprobleme. Auch fachspezifische und populärwissenschaftliche Beiträge zur Problematik gehen meistens von vorgefaßten Lösungs- und Denkansätzen aus. Eine Auseinandersetzung mit den Ausgangsprämissen umweltpolitischer Richtungen wird daher oft vernachlässigt oder ungenügend hinterfragt.

Bei einer Sichtung der Literatur und immer dort, wo die Rede von der Umwelt ist, zeigt sich außerdem, daß Umwelt- und Ökologie-Begriffe[3] weitgehend synonym genutzt werden, ohne immer deutlich zu trennen, ohne bestehende Unterschiede hinreichend zu berücksichtigen. Zwar fällt es angesichts der mittlerweile seit über zwanzig Jahren in den industrialisierten Ländern betriebenen Umweltpolitik nicht sofort auf, daß ein grundsätzliches Nachdenken über die theoretische Einordnung und die daraus resultierenden Leitbilder umweltpolitischen Handelns notwendig ist. Für eine wissenschaftliche Diskussion ist diese Thematisierung jedoch unerläßlich, führt sie doch nicht zuletzt über das In-Frage-Stellen zur Aufdeckung von Lücken innerhalb der Axiomatik verschiedener Denkansätze.

Auf derartige Probleme weisen mehrere Autoren ausdrücklich hin, z. B. *Gielow* (1986),[4] *Lemser* (1987),[5] *Maier-Rigaud* (1988),[6] *Hampicke* (1992)[7] und

---

3 Vgl. zum besseren Verständnis auch die im Anhang aufgenommenen Begriffserklärungen.

4 Gielow, E./Horsch, H.: Ökonomische Regelungen zur Bewertung und Stimulierung von Umweltschutzmaßnahmen. Konferenzbericht. In: Wirtschaftswissenschaft. Heft 8. Berlin 1986 (34. Jg.). S. 1213 ff. Sowie: Gielow, E. (Hrsg.): Schlüsselrolle von Wissenschaft und Technik bei der Lösung umweltreproduktiver Aufgaben. Thesen zum 7. Gesellschaftswissenschaftlichen Umweltkolloquium. Technische Universität Dresden, 13. November 1986. Sektion Betriebswirtschaft.

Feess (1995).[8] Eine unexakte begriffliche Auseinandersetzung und wissenschaftlich-süffisante Vorgehensweise können zu Fehlschlüssen führen. *Gielow* ist deshalb zuzustimmen, wenn er bezüglich der Wirtschaftswissenschaften außerdem auf bestimmte Vermischungstendenzen aufmerksam macht und meint:

> „Ökonomische Kategorien sind nicht tragende Elemente, um den Wechselbezug zwischen ökonomischen und natürlichen Systemen zu vermitteln, wohl aber ein aktiver und unterstützender Faktor."[9]

Sie schärfen nicht nur den Sinn für bestimmte Problemsichten und entsprechende Untersuchungen, sondern dienen auch - wie wir zunächst am Beispiel des Begriffs „Umweltschutz" bemerken werden - einer notwendigen inhaltlichen Abgrenzung und theoretischen Durchdringung.

Bei *Lemser* lesen wir dazu:

> „Für den Umweltschutz muß gelten, daß hier der wesentliche Begriffsinhalt schon seit längerem geklärt ist (wobei aus dem Blickwinkel der unterschiedlichen Wissenschaftsdisziplinen durchaus bestimmte Variationen auftreten können)."[10]

Diesbezügliche Definitionen lassen sich in allen Nachschlagewerken und Fachbüchern finden. Darin werden üblicherweise die Begriffe „Umwelt", „Umweltbelastung", „Umweltschaden" und „Umweltniveau" anhand physikalisch-technischer Daten festgemacht, während stärker ethisch basierte[11] oder auch regionalspezifische u. a. Ansprüche oftmals nicht gleichzeitig hinreichend operational genug erscheinen, um als Grundlagen für Fiskalinstrumente o. dgl. zu Umweltschutzzwecken (z. B. über Ökosteuer oder andere Instrumente) dienen zu können.

---

5 Lemser, B.: Der Einfluß der Schadstoffbelastung der Luft auf die gesellschaftliche Effektivität, untersucht anhand der Belastungssituation des Bezirkes Leipzig und daraus resultierende Probleme und Schlußfolgerungen für die Leitung, Planung und ökonomische Stimulierung des Umweltschutzes, speziell auf lufthygienischem Gebiet. Dissertation A. Handelshochschule Leipzig 1987. S. 123 - 125.

6 Vgl. Maier-Rigaud, G.: Umweltpolitik in der offenen Gesellschaft. Opladen 1988.

7 Vgl. Hampicke, U.: Ökologische Ökonomie. Individuum und Natur in der Neoklassik. Natur in der Ökonomischen Theorie. Opladen 1992.

8 Vgl. Feess, E.: Umweltökonomie und Umweltpolitik. (1. Auflage) München 1995.

9 Gielow, E./Horsch, H.: Ökonomische Regelungen zur Bewertung und Stimulierung von Umweltschutzmaßnahmen. S. 1214.

10 Lemser, B.: Der Einfluß der Schadstoffbelastung der Luft. S. 125.

11 Bei den verschiedenen ethischen Schulen lassen sich die Naturzugänge bzw. die Umweltbetrachtung u. a. nach anthropozentrischen, ökozentrischen, holistischen, christlichen und marx-istischen Ausrichtungen unterscheiden.

Da „Umwelt“ als ein sehr umfassender Begriff erscheint, ist zunächst folgende Unterscheidung wichtig: Die „Ökologie“[12], die Wissenschaft von den Beziehungen der Organismen untereinander und zu ihrer unbelebten Umwelt, definiert Umwelt als die

> „Gesamtheit der Faktoren eines Lebensraumes, die auf ein Lebewesen einwirken (z. B. Nahrung, Parasiten, Klima u. a.)“.[13]

Am häufigsten jedoch wird der Begriff „Umwelt“ im Sinne der durch die Produktion und Konsumtion gestörten natürlichen Umwelt gebraucht. Da es sich um die Gesamtheit der Komponenten der näheren und weiteren Umgebung handelt, die auf die Lebens- und Produktionsbedingungen der Gesellschaft und des einzelnen Individuums einwirken, wird auch unterschieden zwischen der *natürlichen* Umwelt, also den natürlichen Komponenten oder auch dem Naturmilieu, und der bebauten oder gebauten Umwelt.

Von besonderem Interesse ist hier demzufolge die natürliche Umwelt, die außerhalb der Menschen existierende Natur, der die stofflichen und energetischen Grundlagen für die gesellschaftliche Produktions- und Lebensweise entnommen werden und in die die Exkremente dieses Produktions- und Lebensvollzugs rezirkuliert werden.

> „Die natürliche Umwelt“, so *Braun* und *Ettl*, „setzt sich aus einer Vielzahl untereinander verbundener Ökosysteme (natürliche Lebensgemeinschaften in natürlichen Lebensräumen) zusammen. Andere Teilbereiche des Umweltsystems des Menschen sind die technogene Umwelt (Technosphäre), die gebaute Umwelt (Urbanisation) und die Arbeitsumwelt. Diese wurden vom Menschen geschaffen und werden als gesellschaftliche Umwelt bezeichnet. In ihrer stofflichen und energetischen Grundlage wie in ihrem deterministischen Zusammenhang bleibt sie immer auch natürliche Umwelt. In ihr und auch zwischen ihr und dem Menschen wirken ... soziale, das heißt auch ökonomische Gesetze.“[14]

Wenn wir hier die Begriffe Umwelt, Umweltschutz, Umweltpolitik, Umweltprobleme, Umweltverbrauch, Umweltbelastung etc. verwenden, so bezieht sich das also auf die natürliche Umwelt in ihrer Beziehung zum Menschen sowie zur Gesellschaft. Und unabhängig davon, ob man wie *Braun* und *Ettl* vom Wirken von Gesetzmäßigkeiten in der Ökonomie und in der Gesellschaft ausgeht oder nicht, bestehen zwischen Natur und Gesellschaft, zwischen Ökologie

---

[12] Der Ökologie-Begriff wurde schon 1866 von *Haeckel* eingeführt.

[13] Freye, H.-A.: Humanökologie. Jena 1986. S. 16.

[14] Braun, M./Ettl, W.: Intensiv erweiterte Reproduktion und Nutzung der natürlichen Umwelt. In: Autorenkollektiv unter Leitung von Heinrichs, W. (Hrsg.): Umfassende Intensivierung und Reproduktionstheorie. Berlin 1987. S. 308 (Fußnote).

und Ökonomie[15] bzw. der natürlichen Umwelt und dem Menschen notwendige, allgemeine und objektive Zusammenhänge und Wechselwirkungen.

1.2. Die Umweltprobleme - Ziele und Prinzipien der Umweltpolitik

Historisch betrachtet vollzog sich im Verlaufe der Menschheitsentwicklung bis Mitte des 19. Jahrhunderts eine relativ langsame, fast lineare Zunahme der Weltbevölkerung, der Produktion und der Ressourcennutzung. Umweltprobleme in Gestalt von Verwüstung, Brandrodung, Wasser- und Luftverunreinigungen etc. gab es schon immer in der Geschichte der Menschheit. Die Natur wurde für den Menschen immer mehr Arbeitsmittel und Arbeitsgegenstand; immer tiefer griff der Mensch in Naturprozesse ein, ohne dabei deren innere Gesetzmäßigkeiten genau zu kennen, sie zu beherrschen und sich im Einklang mit ihnen zu entwickeln. Die Reproduktion der natürlichen Umwelt, natürliche Kreisläufe der Stoffumwandlung im Naturmilieu wurden zunehmend gestört bzw. unterbrochen, die Grenzen des Wachstums der Menschheit und ihrer Wirtschaftsaktivitäten traten immer mehr hervor.

Von besonderer Bedeutung hierbei sind die distributionswirksamen Eigenschaften des Menschen, sein Sozial- und Territorialverhalten und seine Vagilität, d. h. die Fähigkeit zum Ortswechsel. Ursache der Distribution (i. S. weiträumiger Verbreitung der menschlichen Population) ist natürlich auch der Nahrungsraum, der nicht nur Tragfähigkeit des Bodens an Nahrungspflanzen, Möglichkeiten von Pflanzen- und Tierzucht sowie Wasserangebote bedeutet, sondern auch Reichtum an Rohstoffen, Siedlungsmöglichkeiten und Organisation der menschlichen Arbeit einschließt.

Die unterschiedliche Einnahme und Nutzung eines Raumes hat zur Herausbildung von *Territorien* geführt, worunter in der Ökologie jener Raum verstanden wird,

> „der das Heim beherbergt und gegen Artgenossen verteidigt wird.“[16]

Der Territoriumsbegriff wird heute hauptsächlich im Völkerrecht im Sinne eines Staatsgebietes oder Hoheitsgebietes verwendet, das die Souveränität über Festland, Wasser und Luftraum eines Staates umfaßt. In den Wirtschaftswissenschaften ist eher ein theoretisch indifferentes Verhältnis zum Territoriumsbegriff zu beobachten bzw. erfolgt eine stärkere Orientierung auf den Raumbegriff bzw. die Raumwirtschaftstheorie, die sich mit den Wechselwirkungen wirtschaftlicher Aktivitäten im Raum befaßt, sowie die Regionalpolitik, als

---

[15] Die Wörter Ökonomie und Ökologie haben den selben griechischen Wortursprung: "Oikos" = Haus (Wohnung, Lebensraum); Haushalt (Wirtschaft).

[16] Freye, H.-A.: Humanökologie. S. 152.

explizit räumlich ausgerichtetem Zweig der allgemeinen Wirtschafts- und Strukturpolitik. (Allenfalls wäre noch die Außenwirtschaftstheorie zu nennen, die die wirtschaftlichen Aktivitäten zwischen - meist nationalökonomischen - Räumen betrachtet.)

Eine solche Betrachtungsweise[17] trägt grundsätzlich der Tatsache Rechnung, daß der Stoffwechselprozeß, der zwischen Mensch und Natur auf der Grundlage der Arbeit mit ihrer naturverändernden und naturreproduzierenden Wirkung erfolgt, an bestimmte Standorte gebunden ist. Darüber hinaus unterliegt dieser Stoffwechselprozeß auch bestimmten Niveaus der Art und Weise der Verausgabung der Arbeit und der dabei genutzten und hervorgebrachten Produktivkräfte (Werkzeuge, Technik, Verfahren, Information, Organisation, Energiequellen usw.).

Gerade die gewaltige Produktivkraftentwicklung insbesondere in den letzten beiden Jahrhunderten ist mit immensen Auswirkungen auf die Beschaffenheit der natürlichen Umwelt verbunden. Dabei fällt die intensive Ausbeutung der Naturressourcen zeitlich mit dem Beginn der industriellen Revolution zusammen. Neue Industriezweige entstanden, der Raubbau an der Natur und zugleich die Belastung der Natur mit schädigenden Stoffen verstärkten sich. Die Erdbevölkerung, ihr Bedarf an Nahrung, Wohnung und Arbeit sowie die Förderung und Gewinnung von Energie vergrößern sich unaufhaltsam. Andererseits entwickelten sich aber auch die Möglichkeiten, diesen negativen Auswirkungen zu begegnen (jedoch nicht automatisch oder gar symmetrisch).

Umweltbeeinflussungen traten konzentriert vor allem dort auf, wo der Industrialisierungs- und Verstädterungsprozeß parallel verlief und zu *Ballungsgebieten* (in Deutschland: *Ruhrgebiet, Berlin, Oberschlesien, Halle/Leipzig, Dresden*) führte. Immer neue Regionen wurden und werden einbezogen, wobei heute zum Teil auch Gegenentwicklungen (Zersiedelung) zu beobachten sind. (Diese Gebiete werden heute oftmals auch als „alte" Regionen typisiert.[18])

Besonders zu berücksichtigen ist, daß innerhalb der antrophogenen Stoffumwandlungsprozesse im Zuge der Produktions-, Distributions-, Zirkulations- und

---

[17] Eine etwas andere Betrachtungsweise berücksichtigt stärker die volkswirtschaftlichen Ebenen in ihren Verflechtungen, wobei das Territorium aus der Sicht der Wirtschaftswissenschaften gemäß seiner Stellung in wirtschaftlichen Kreisläufen (besonders von Planwirtschaften) als *sozialökonomische Einheit* (ähnlich einem Haushalt oder einem Unternehmen) begriffen wird und unter diesem Begriff alle staatlich-territorialen und administrativen Gliederungseinheiten (Staatsgebiet, Länder, Republiken, Bezirke, Rajone, Distrikte, Kantone, Grafschaften, Kreise, Gemeindeverbände, Gemeinden ...) aber auch andere über Verwaltungseinheiten hinausgehende Räume nach bestimmten sozialökonomischen Kriterien (z. B. Belastungsgebiete, Ballungsgebiete, Entwicklungsregionen, Sonderwirtschaftszonen o. ä.) subsumiert werden können. (Siehe *B.* 3.)

[18] Vgl. Kapitel *C. 1.*

Konsumtionsprozesse im Regelfall eine Kette durchlaufen wird, die allgemein so beschrieben werden kann:

Ressource - Rohstoff - Erzeugnis - Abprodukt[19]

Hinzu kommt eine oftmals nur kurz bemessene Nutzungszeit erzeugter Güter oder Dienstleistungen zur Bedürfnisbefriedigung. So gehen in einem langfristig wirkenden und widerspruchsvollen Prozeß beim hergebrachten Produktivkraftsystem die abgegebenen Stoffe und Rückstände der Produktion (wie der anderen Phasen des wirtschaftlichen Kreislaufs) und Verlustenergien in die natürlichen (Stoff-)Kreisläufe über bzw. führen zur Entropiesteigerung.

Im Naturmilieu erfolgt die Stoffumwandlung durch bestimmte natürliche Organisationsstrukturen, deren Träger Produzenten, Konsumenten und Destruenten sind. Sie übernehmen den Aufbau, den Verbrauch und schließlich den Abbau natürlicher Stoffe innerhalb natürlicher Prozesse. Damit ergibt sich der sogenannte „Selbstreinigungsmechanismus" der Natur, der daher auch als ein wirkungsvolles Recyclingsystem bezeichnet wird. Noch nicht sehr übersichtlich erforscht sind die Naturreaktionen im Zusammenhang mit den sogenannten Treibhauseffekten, der zunehmenden Erwärmung der Erdatmosphäre (Wetterunbilden, Katastrophen).

Die Abgabe von Stoffen an die Natur schlechthin ist noch nicht die Ursache der Umweltbelastung und damit Erfordernis des Umweltschutzes, denn die Natur war auch in allen früheren Produktionsweisen „Auffänger" von produktions- und konsumtionsbedingten Abprodukten und Rückständen. In der Natur konnten diese Abprodukte (und auch vergleichbare Abprodukte und Emissionen aus natürlichen Vorgängen) aufgrund ihrer Qualität und Quantität durch das Assimilations- und Abbaupotential bewältigt werden.[20]

Es kommt also auf *Volumina, Qualität und Niveau* der Abgabe von Abprodukten an die natürliche Umwelt an. Davon hängt es ab, ob es zu einer Überbeanspruchung des Assimilations- und Abbaupotentials des Naturmilieus und zur Umweltbelastung kommt, die dann zwingend entsprechende umweltpolitische Gegenmaßnahmen notwendig macht.

Für die ökonomischen Wissenschaften kann der *Umweltschutz* demzufolge im wesentlichen so definiert werden:

---

[19] Gemeint sind hier Exkremente aus Produktion und Konsumtion (z. B. Abfall, Müll), Distribution und Zirkulation (sonstige Verluste z. B. beim Transport oder im Handel), die zunächst keiner weiteren Nutzung unterliegen, es sei denn, sie werden recycelt, kommen als Sekundärrohstoffe erneut in diese Kette.

[20] Vgl. Freye, H.-A.: Humanökologie. sowie: Woll, A. (Hrsg.): Wirtschaftslexikon. München/Wien 1991. S. 716 - 722.

Gesamtheit der Maßnahmen und Aktivitäten, die geeignet sind,

- die Menge der emittierten Schadstoffe zu reduzieren bzw. Emissionen ganz zu vermeiden,
- Abprodukte schadlos zu beseitigen,
- die Qualität der emittierten Abprodukte so zu beeinflussen, daß das Assimilations- und Abbaupotential der Natur nicht überschritten wird und damit negative Auswirkungen auf den gesellschaftlichen Reproduktionsprozeß weitgehend ausgeschlossen werden können,
- über Anpassungsmaßnahmen[21] die Intensität negativer Einflüsse in Grenzen zu halten oder zu vermindern, störende Immissionen abzuschirmen.

In dem hier umrissenen Sinne (abgesehen von bestimmten Nuancierungen) ist der Umweltschutz Begriff und Gegenstand der Politik (Immissions-, Gewässer-, Landschaftsschutz etc.). Mit dieser Begriffsbestimmung bzw. -orientierung wird hauptsächlich dem Umstand Rechnung getragen, daß gasförmige, feste und flüssige Abprodukte die Luft, den Boden und das Wasser belasten und somit zu einer Schädigung der Umwelt führen (Luftverschmutzung, Smog, Kontamination, Ölpest, Wasserverschmutzung).

Neben den heute bereits bekannten über tausend spezifischen Schadstoffen[22] gibt es noch über 60.000 unerforschte Chemikalien, deren ökologische Wirkungen und möglichen oft sogar kumulierende Langzeiteffekte weitgehend unbekannt sind.[23] Alle nur erkennbaren Substanzen können nicht berücksichtigt werden, wesentliche Schadstoffe sind auszuwählen, wie es auch die gängige umweltpolitische Praxis vom Erkennen über das Entscheiden bis hin zum Durchsetzen ist.

Demzufolge ist es die Aufgabe der *Umweltpolitik*, das Ziel für die gewünschte Umweltqualität festzulegen. In einem ökologisch begründeten und gesellschaftlich machbaren Rahmen ist diese Qualität mit den Instrumenten einer praktischen Umweltpolitik durchzusetzen, um die Verschmutzer und Verbraucher zur Zielkonformität zu führen.

Die allgemeinen umweltpolitischen Zielvorstellungen in der Bundesrepublik[24] bedürfen zu ihrer Operationalisierung einer qualitativen und quantitativen Kon-

---

[21] Dies jedoch nur unter Einschränkungen, da es sich dabei meistens um eine Anpassung an eine bestehende Umweltbelastung handelt.

[22] Vgl. zu den Luftschadstoffen das Kapitel *B*. 1.4.

[23] Vgl. Rubik, F.: Marktökologie und die Quadratur der Umwelt. In: Öko-Mitteilungen. Informationen aus dem Lehrstuhl für angewandte Ökologie. 1985 (8. Jg./ Nr. 5). S. 14.

[24] Vgl. Umweltprogramm der Bundesregierung. Deutscher Bundestag - 6. Wahlperiode. Drucksache VI/2710. S. 6.

kretisierung, wobei außerdem mehrere Politikbereiche (Wirtschafts-, Energie-, Verkehrs-, Struktur-, Regionalpolitik usw.) und Ebenen miteinander verwoben sind. Umgekehrt ist zu beachten, daß die tatsächliche Umweltsituation in Kurzform kaum beschrieben werden kann, weil u. a. eine Vielzahl oft gegenläufiger Trends und Faktoren zu konstatieren sind. So nimmt im Gefolge der Umweltpolitik in den letzten Jahren eine ganze Reihe traditioneller Belastungen z. T. sehr rasch ab (z. B. Staub, SO_2), dagegen nehmen andere zu (NO_x trotz Katalysator). Auch ist eine Verlagerung der Umweltprobleme aus den Medien Luft und Wasser hin zum Boden zu beobachten.

Betrachten wir in Sonderheit das Beispiel der Material- und Energieökonomie (Energiepolitik, „Effizienzrevolution"), die gleichfalls in Richtung einer Verminderung von Abprodukten bzw. Emissionen wirken, wird deutlich, daß die obige Definition auch weiter gefaßt werden kann, als dies mit den klassischen Feldern der Umweltpolitik - Boden, Wasser, Luft - geschieht. Überdies wird an diesem Beispiel (ohne ausführlicher darauf einzugehen) eine weitgreifende Betrachtungsweise sichtbar, nämlich die des Umweltverbrauchs.[25]

Beim Schutz der natürlichen Umwelt und bei der Umweltpolitik sind also als zweite wesentliche Seite der Umweltproblematik alle Fragen des Umweltverbrauchs (Boden/Fläche, Bodenschätze, Rohstoffe, Energie- und andere Naturpotentiale) zu berücksichtigen. (Vgl. Abbildung 1)

Der Umweltverbrauch ist demzufolge durch überwiegend nichtreproduzierbare Naturressourcen, die aber z. T. regenerierbar sind im Sinne einer Mehrfachnutzung, einer Sekundär- und Tertiärverwendung zumindest von bestimmten Bestandteilen (z. B. Mineralien), gekennzeichnet.

Bei der Umweltbelastung handelt es sich um die Einschränkung der Verfügbarkeit der weitgehend regenerierbaren und reproduzierbaren Naturpotentiale und -ressourcen, wie Boden, Wasser, Luft, Flora, Fauna und Landschaften.

---

[25] Außerdem wäre darauf hinzuweisen, daß wie in allen politischen Bereichen der Gesellschaft Ziel- und Interessenkonflikte, Koordinations- und andere Probleme zu lösen sind. Im Rahmen der Umweltpolitik stehen zwar ökologische Ziele im Vordergrund, aber die enge Verzahnung dieser Ziele beispielsweise mit den Zielen der Wirtschafts-, Verkehrs-, Energie-, Struktur-, Arbeitsmarktpolitik etc. kann nicht außer acht gelassen werden. (Siehe hierzu die Aussagen zum Kooperationsprinzip in diesem Kapitel.)

Abbildung 1: Elemente des Umweltschutzes

Umweltprobleme	
<u>Umweltverbrauch</u>	<u>Umweltbelastung</u>
Stoffverzehr und Übernutzung	Abprodukte/Schadstoffe
* Rohstoff	* fest
* Energie	* flüssig
* Zwischen-/Endprodukte	* gasförmig
* Fläche	Lärm/Erschütterung
* Tragfähigkeitspotential	Strahlung
Umweltschutz und Umweltpolitik	

Auch *Wicke* weist auf die Notwendigkeit dieser doppelten Sicht ausdrücklich hin und schreibt:

> „Ein *eingeschränkter*, aber immer noch weiter *Umweltbegriff* umfaßt die ... räumlichen (nähere und weitere Umgebung, Landschaftstypen - U. T.) und biologisch bzw. ökologischen (Zustand und Bedingungen für das Zusammenleben von Mensch, Tier, Pflanze, Auswirkungen der technisch-ökonomischen und Bevölkerungsentwicklung - U. T.) Umweltbegriffe. Damit werden die Teilprobleme der Raumnutzung, der Bevölkerungsdichte, des Naturschutzes, der Umweltverschmutzung und der Rohstoffverfügbarkeit miterfaßt. Mit diesem Umweltbegriff können beide Hauptproblemkreise der Umweltdiskussion erfaßt werden:
>
> - Zum einen die Belastung der Biosphäre (Lebensraum der Organismen) durch Immissionen und die Beeinträchtigung des ökologischen Gleichgewichts,
> - zum anderen das Problem der Übernutzung von Ressourcen an erneuerbaren und nicht erneuerbaren Rohstoffen, Landschaft und sonstigen umweltbezogenen Lebensgrundlagen.
>
> Der *engste Umweltbegriff* umfaßt den Zustand von Luft, Wasser, Boden, Pflanzen und Tierwelt und umfaßt damit die sogenannten 'Grundbereiche des Umweltschutzes'."[26]

[26] Wicke, L.: Umweltökonomie. S. 6.

Diese werden auch als Umweltmedien oder Belastungsbereiche[27] bezeichnet, um die praktische Umweltpolitik besser zu systematisieren, wobei im Gefolge der Umweltpolitik häufig eine zunehmende mediale Verlagerung von Umweltproblemen zu beobachten ist (siehe oben).

Demzufolge gehen Umweltschutz (im Unterschied zu o. g. Definition) und Umweltpolitik für den Erhalt und die Verbesserung der Existenz- und Lebensbedingungen darüber hinaus, nur die direkte Umweltbelastung zu sehen. Das ist insbesondere unter dem Aspekt einer langfristigen Strategiefindung und entsprechender politökonomischer Analysen von Bedeutung.

So läßt sich beispielsweise auch die CO_2-Bilanz der Erdatmosphäre grundsätzlich durch zwei technische Möglichkeiten wieder stabilisieren: Durch Reduktion der ursächlichen Emissionen oder durch chemische Kompensierung. Auch die Anwendung von end-off-pipe-Technologien (z. B. Rauchgasfilter, Naßwaschverfahren) zeigt, daß sich mit ihnen Umweltbelastungen gut reduzieren lassen, daß aber ihre eigentlichen Entstehungsursachen nicht eliminiert werden. Außerdem werden zur Produktion der Umweltschutztechnik ebenfalls Materialien und Energien, also Umwelt verbraucht, was oft unterschlagen wird. Trotzdem wird wirksamer Umweltschutz ohne diese nachgeschalteten Techniken auch zukünftig nicht auskommen können.

Es ist klar, daß Volumina, Qualität und Niveau sowohl der Umweltbelastung als auch des Umweltverbrauchs weitestgehend abhängig sind vom Entwicklungsstand der Produktivkräfte, von der Produktivkraftbeherrschung auf einer bestimmten historischen Entwicklungsstufe, und auf diese zurückwirken. So können sich auch zugleich die Notwendigkeiten *und* Möglichkeiten gezielten Umweltschutzes entwickeln. Aber zwischen diesen beiden Seiten bestehen weder Automatismen noch verlaufen die Prozesse parallel.

Der (umwelt-) politische Erkenntnis-, Entscheidungs- und Wirkungsprozeß wird durch unterschiedliche wirtschaftliche und gesellschaftliche Gruppen und Institutionen getragen: Unternehmen, private Haushalte, besonders aber territoriale Legislative und Exekutive (Bund, Länder und Gemeinden). Das bedeutet, daß faktisch alle Verantwortungsträger im Staat dafür Sorge zu tragen haben, daß von ihrem Handeln für die Umwelt keine negativen Beeinträchtigungen ausgehen. Leider muß diese generelle Zielsetzung oft darauf konzentriert werden, daß bereits vorhandene Umweltschäden zu beseitigen sind.

---

[27] Wicke, L.: Umweltökonomie. S. 1.

Deshalb definiert der *Rat von Sachverständigen für Umweltfragen* drei Hauptziele des Umweltschutzes:

1) „Beseitigung bereits eingetretener Umweltschäden,
2) Ausschaltung oder Minderung aktueller Umweltgefährdungen,
3) Vermeidung künftiger Umweltgefährdungen durch Vorsorgemaßnahmen."[28]

Eine strikte Befolgung dieser oder noch weiter gehender Zielbestimmungen führt beim gegenwärtigen Stand des heutigen Lebens zwangsläufig zu **Zielkonflikten** insbesondere hinsichtlich der Wohlfahrt der menschlichen Gesellschaft. Deshalb muß Umweltpolitik die Vor- und Nachteile jeglicher umweltpolitischer Maßnahmen gegeneinander abwägen, um somit die „*optimale Umweltbeeinträchtigung*" ermitteln und erreichen zu können.[29] Nicht gerade erleichtert wird dieser Prozeß durch die Aufgabe, bei der Umweltpolitik marktwirtschaftliche und soziale Fragen zu beachten (Wettbewerb, Arbeitsmarkt, Verteilung), die ihrerseits durch räumliche Differenzierungen geprägt sein können.

Für die deutsche Umweltpolitik und speziell den Prozeß der deutschen Vereinigung wird gemäß Artikel 34 des Einigungsvertrages vom 31. August 1990 die Aufgabe formuliert:

> „die natürlichen Lebensgrundlagen des Menschen unter Beachtung des Vorsorge-, Verursacher- und Kooperationsprinzips zu schützen und die Einheitlichkeit der ökologischen Lebensverhältnisse auf hohem, mindestens jedoch dem in der Bundesrepublik Deutschland erreichten Niveau zu fördern."[30]

Was aber bedeuten diese drei grundlegenden Prinzipien, auf denen die Umweltpolitik in der Bundesrepublik Deutschland beruht, speziell für die neuen Bundesländer und können sie problemlos auf dem Gebiet der neuen deutschen Länder angewandt werden?[31]

Bekanntlich ruft auch die Umweltpolitik heftige **Interessenkonflikte** hervor, weil die Beteiligten bzw. Betroffenen den Wert einer intakten Umwelt unter-

---

[28] Rat der Sachverständigen für Umweltfragen: Umweltgutachten 1987. Bundestagsdrucksache 11/1568. Bonn, 21. 12. 1987. S. 43.

[29] Vgl. Frey, B. S.: Umweltökonomie. Göttingen 1985 (2., erw. Auflage). S. 104.

[30] Einigungsvertragsgesetz. BT-Drucksache 11/7760 vom 31.08.1990.

[31] Die Umweltpolitik in der ehemaligen DDR wird zu Beginn des Kapitels *C.* kritisiert.

schiedlich bewerten und demzufolge für ihr Handeln unterschiedliche Präferenzen setzen. Deshalb verlangt das *Kooperationsprinzip* nach Mitwirkung, Einbeziehung und Verantwortungsübernahme bei umweltschützenden Maßnahmen. Hauptsächlich über freiwillige Vereinbarungen oder Selbstbeschränkungen sollen Übereinkünfte ausgehandelt werden. Denn erst wenn alle Betroffenen nach ihren umweltpolitischen Vorstellungen befragt, die dabei ermittelten Erkenntnisse politisch gewichtet wurden, ist es möglich, für die verschiedensten ökologischen Problembereiche Umweltqualitätsziele, Mindeststandards oder spezielle regionale umweltpolitische Zielvorstellungen im Interesse großer Mehrheiten zu entwickeln.[32]

Doch leider fehlen hierzu häufig die erforderlichen Voraussetzungen, denn es kann allgemein nicht davon ausgegangen werden, daß alle Politiksubjekte (Unternehmen, Haushalte, Körperschaften, ...) über alle erforderlichen Informationen verfügen, daß alle Daten offen liegen oder daß das Motiv der Langzeitökonomie über kurzfristigen Gewinn-, Kosten- oder Nutzenerwägungen stehen würde.[33] So kommt es auch, daß das Kooperationsprinzip an seine Grenzen stößt. Wenn kein Kompromiß erzielbar ist, müssen parlamentarisch legitimierte Entscheidungsträger, welche letztlich für die Umweltpolitik Verantwortung tragen, die umweltpolitischen Maßnahmen notfalls auch gegen den Willen bestimmter Interessengruppen beschließen und durchführen.[34]

Zweifellos kann die Umweltpolitik dann den größten Erfolg erzielen, wenn sie die Umweltprobleme gar nicht erst entstehen läßt, sondern mögliche Gefährdungen bereits an der Quelle ihres Entstehens bekämpft. Dieses sogenannte *Vorsorgeprinzip* - das wohl wichtigste Prinzip, auf das schon kurz eingegangen wurde - dient dazu, daß umweltpolitische und sonstige Maßnahmen so getroffen werden, daß von vornherein möglichst sämtliche Umweltgefahren vermieden und auf diese Weise die natürlichen Grundlagen geschützt bzw. schonend in Anspruch genommen werden (Übernutzung, Umweltverbrauch).

Allerdings ergeben sich - hervorgerufen durch den technischen und wissenschaftlichen Erkenntnisstand - oftmals Probleme hinsichtlich der fehlenden Informationen und Erkenntnisse über mögliche Schädigungen und Gefahren, die heute noch nicht absehbar oder vermeidbar sind, insbesondere dann, wenn die Gesellschaft aus Wohlfahrtsgründen nicht auf diesbezügliche Aktivitäten verzichten will oder kann (Bsp. Atomenergie). Außerdem sind auch in diesem Zusammenhang eine hohe Kompromißbereitschaft und/oder administrativer Zwang (Verbote zur Gefahrenabwehr) erforderlich.

---

32 Vgl. Wicke, L.: Umweltökonomie. S. 144/145.

33 Vgl. Möller, H. W: Prinzipien der Umweltpolitik. In: Wirtschaftswissenschaftliches Studium. Heft 11 (15. Jg.). Düsseldorf, November 1986. S. 574.

34 Vgl. Knüppel, H.: Umweltpolitische Instrumente. Analyse der Bewertungskriterien und Aspekte einer Bewertung. In: Schriften der Friedrich-Naumann-Stiftung. Baden-Baden 1989. S. 23.

Das *Verursacherprinzip*, das als „umweltpolitische Leitlinie“ *(Wicke)* direkt die Erzeugung von Umweltbeeinträchtigungen anspricht, basiert darauf, daß „die Kosten zur Vermeidung, zur Beseitigung oder zum Ausgleich von Umweltbelastungen dem Verursacher“ zuzurechnen sind.[35] Es zielt nicht nur darauf ab, bereits aufgetretene Schäden durch den Verursacher wieder beseitigen zu lassen, sondern es trägt ebenso - wie das Vorsorgeprinzip - dazu bei, künftiger Schadensentstehung vorzubeugen bzw. diese zu vermindern.

Die Instrumente und Regularien der Umweltpolitik, die in dieser Richtung wirken, sind so angelegt, daß Umweltschädigungen als „externe“ oder „soziale“ Zusatzkosten in den wirtschaftlichen Prozessen berücksichtigt werden müssen. Als Folge wird durch eine solche Internalisierung der Umweltkosten über die Preisstruktur auch die Produktions- und Konsumtionsstruktur (Nachfrage) angepaßt. Trotzdem lassen sich im täglichen Leben zahllose Beispiele finden, die mit dem Verursacherprinzip nicht in Einklang stehen. Eine wesentliche Ursache dafür besteht wieder in der schwierigen Erfassung der tatsächlichen Umweltkosten (Schadensumfangbewertung auch in zeitlicher Dimension) und in ihrer exakten Zuordnung zu den jeweiligen Verursachern (z. B. im Kfz-Verkehr). Hinzu treten außerdem verteilungs- und wirtschaftspolitische Probleme (Einkommen und Beschäftigung, Wachstum, Inflation). Unbestreitbar Anwendung finden wird dieses Prinzip immer dort, wo es zur unmittelbaren Gefahrenabwehr erforderlich ist.

Da die Probleme, die sich mit dem Verursacherprinzip verbinden (Identifizierungs-, Zurechnungs- u. Bewertungsprobleme), nicht ohne weiteres lösbar sind, muß in der Umweltpolitik auch das *Gemeinlastprinzip* zur Anwendung kommen. Danach werden die Kosten für Vermeidung, Beseitigung und Schadensausgleich von der öffentlichen Hand (Bund, Länder, Gemeinden) übernommen und somit gemeinsam von allen Steuerzahlern getragen. Auf diese Weise werden kaum zielgerichtete Anreize zum umweltpolitisch gewollten Verhalten ausgelöst. Außerdem entstehen dem Staat Zahlungsverpflichtungen, die möglicherweise zu Kürzungen in anderen Haushaltsbereichen (Zielkonflikte) führen.

Die hier nur in ihrem Kern dargestellten Prinzipien der Umweltpolitik können gewissermaßen als eine Art Zwischenzielparameter, als Kontroll- und Bewertungskriterium, aufgefaßt werden, mit deren Hilfe sich die Wirksamkeit und Reichweite der Umweltpolitik besser charakterisieren lassen. Ihre praktische Durchsetzung soll näher am Beispiel der Luftreinhaltung in den neuen deutschen Ländern unter Berücksichtigung ihrer regionalen Besonderheiten untersucht und diskutiert werden.

---

[35] Vgl. Bundesministerium des Innern (Hrsg.): Das Verursacherprinzip - Möglichkeiten und Empfehlungen zur Durchsetzung. Umweltbrief Nr. 1. Bonn 1973. S. 2.

Das Verständnis der hier umrissenen Problemkreise bildet die Voraussetzung für eine Beurteilung umweltpolitischer Instrumente. Selbst wenn in der gängigen Literatur der hier vorgelegte weite Rahmen, d. h. ein stärker reproduktives Herangehen, oft nicht genügend berücksichtigt wird, sondern vielmehr eine Reduktion der Umweltpolitik auf nachsorgenden Umweltschutz oder ausgewählte theoretische Fragestellungen und Formalisierungen zu beobachten ist, muß doch immer gefragt werden, inwieweit mit den Instrumenten die angestrebten Ziele tatsächlich erreicht werden bzw. erreicht werden können. Eine eingrenzende Betrachtung von ausgewählten Regionen kann dabei eine sinnvolle Hilfe sein.

1.3. Wirtschaftswissenschaften und Umweltschutz

Verschiedene Wissenschaftszweige befassen sich mit Teilkomplexen der Umweltproblematik, wie z. B. die Bio- und Technikwissenschaften oder in besonderem Maße die Ökologie, darunter Human-, Stadt-, Geoökologie, Ökologie des Weltmeeres etc. Auch die Wirtschafts- und Gesellschaftswissenschaften widmen sich in starkem Maße den Umweltproblemen, wobei die Erkenntnisse genannter Spezialdisziplinen integrativ aufgegriffen werden,[36] verlangt doch der Forschungsgegenstand vielfach interdisziplinäres Herangehen.

Die ökologischen Folgen menschlichen Handelns werden mehr und mehr neben und gemeinsam mit den ökonomischen und sozialen Implikationen in allen Entscheidungsprozessen einzubeziehen sein. Dabei ist anzumerken, daß auch in den Wissenschaften diese Einbeziehung ökologischer Belange unterschiedlich fortgeschritten ist. Der Umdenkungsprozeß hat in den Naturwissenschaften bedeutend früher eingesetzt als in den Wirtschaftswissenschaften. Hier machte zunächst die Volkswirtschaftslehre den Anfang, und erst mit einiger Verzögerung folgte die Betriebswirtschaftslehre. *Hampicke* äußert bezogen auf die jüngere Entwicklung zugespitzt sogar:

[36] Der in der *Schwarzmeer*hafenstadt *Odessa* tätige Wissenschaftler *M. T. Meleschkin* hält es sogar für gerechtfertigt, den speziellen Terminus „Ökonologie" zur Bezeichnung für die sich an der Grenzlinie von Ökonomie und Ökologie etablierende Wissenschaft einzuführen. Obwohl *Meleschkins* Absicht sinnvoll erscheint, sind die Meinungen über die semantische und wissenschaftstheoretische Richtigkeit dieser Bezeichnung geteilt. Vgl. hierzu Meleschkin, M. T.: Ökonomie und Ökologie des Weltmeeres. Verlag Die Wirtschaft. Berlin 1985. S. 16 f., 207 - 209.

„Die Betriebswirtschaftslehre überschlägt sich mit Veröffentlichungen über Recycling, Öko-Marketing, Öko-Management usw. Auf volkswirtschaftlichem Gebiet sind wir Zeugen der Entstehung einer sich von der Neoklassik teilweise abhebenden `Ökologischen Ökonomie`, der wir uns ... eingehender zu widmen haben werden.“[37]

Hauptuntersuchungsfelder der Ökonomen waren anfangs die Umweltprobleme als Ausdruck spätkapitalistischer Krisenerscheinungen[38] oder mehrheitlich als Probleme der Allokation. Schwerpunkte der volkswirtschaftlichen Sicht bilden insbesondere die Ressourcenökonomie, die Theorien zur Umweltproblematik, die Konkretisierung der Ziele der Umweltpolitik und die mögliche theoretische Ausgestaltung ihrer Instrumente.

Langsam etablierte sich die *Umweltökonomie*. Sie konzentrierte sich in makroökonomischer Hinsicht auf die Wirkungsanalysen umweltpolitischer Maßnahmen für Wachstum, Einkommen und Beschäftigung. Deren positive Erwartungen sprechen eindeutig für umweltpolitische Einflußnahme auf das Wirtschaften. Mit dem mikroökonomischen Handwerkszeug wurde gezeigt, welche Kostenwirkungen damit verbunden sind, daß die Lenkung der Umweltnutzung über den Preis gegenüber Vorschriften und Auflagen überlegen sei. Beide Richtungen machten deutlich, daß der Rahmen der marktwirtschaftlichen Ordnung den planwirtschaftlich-administrativen Ordnungsprinzipien vorzuziehen wäre.

Erst mit etwas größerem Abstand auf die genannten Hauptvertiefungsgebiete der Volkswirtschaftslehre in der Umweltökonomie folgen die Raum- und Regionalplanung und auch die Energiefragen. Vereinzelt werden Fragen der Umweltphilosophie in der Volkswirtschaftslehre behandelt.

Dabei leisten die Wissenschaften ihren Beitrag zur Erklärung und Lösung der Umweltkrise im Bereich der *Problemerkennung und -eingrenzung* mit unterschiedlichem Herangehen, das sich etwa so kennzeichnen läßt: „eindimensionale Herangehensweise“ versus Systemtheorie und inkrementaler versus umfassendem/zusammenfassendem Ansatz. Die Probleme der Umschreibung bzw. Definition des Forschungsgegenstandes liegen hauptsächlich im räumlichen, im zeitlichen Bezugsrahmen (ex post, status quo, ex ante) und im deskriptiven bzw. normativen Bezug. Vielfach wird nachvollziehend und

---

[37] Hampicke, U.: Ökologische Ökonomie. Individuum und Natur in der Neoklassik. Natur in der ökonomischen Theorie. Opladen 1992. S. 17.

[38] Dieses Herangehen war selbstverständlich auch unter DDR-Ökonomen, darunter vor allem Vertreter der „Politschen Ökonomie des Kapitalismus“, zu beobachten (Vgl. Kapitel C. 1. dieser Schrift). Im Westen reflektierte dies eine gewisse Marx-Renaissance. Vgl. Meißner, W.: Umweltökonomie und Politische Ökonomie. In: Vogt, W. (Hrsg.): Politische Ökonomie heute. Beiträge zur Tagung des Arbeitskreises Politische Ökonomie im Herbst 1987. Regensburg 1988. S. 67 - 87.

kritisierend erklärt und liegt ein Trend zur „Objektivierung“ und z. T. zu einer starken Technologieorientierung vor.

Hinsichtlich des Stellenwertes der Umweltforschung ist zu konstatieren, daß Umweltprobleme oft nach ihrer „Finanzierungswürdigkeit“ und nicht nach sachlich-rationalen Gründen eingestuft werden, und daß durch die Politik bestimmte Diskussionsthemen vorgelegt werden, wie z. B. die Abgabendiskussion im Zusammenhang mit einer anzustrebenden „Marktkonformität“,[39] die dann von den Wissenschaften nachbereitet werden.

Prinzipiell läßt sich das Verhältnis von Ökonomie und Umweltschutz von verschiedenen Fragestellungen her angehen: zum Beispiel hinsichtlich

- der Umwelteffekte ökonomischer Aktivitäten oder
- der ökonomischen Seiten umweltpolitischer Maßnahmen.

Bezogen auf das Untersuchungsziel vorliegender Arbeit gilt die Aufmerksamkeit dieser Arbeit den beiderseitigen Wirkungen, den Chancen und Risiken, die mit einer regionalbezogenen Anwendung verschiedener umweltpolitischer Instrumente im Immissionsschutz verbunden sein könnten.[40]

Bekanntlich hat die traditionelle Ökonomie auf wichtige Problemkreise mittlerweile gewissermaßen Standardantworten bereit. Sie bilden auch die Grundaussagen der Umweltökonomie,[41] der

> „Wirtschaftswissenschaft, die in ihren Theorien, Analysen und Kostenrechnungen ökologische Parameter miteinbezieht.“[42]

In diesem Zusammenhang ist *die* Umwelt ein *knappes Gut*, welches für zwei miteinander konkurrierende Zwecke verwendet wird: Umwelt als Konsumgut, wie z. B. die Atemluft, und in dieser Eigenschaft als *öffentliches Gut,* welches von allen im gleichen Umfang konsumiert werden kann, welches scheinbar nicht knapp ist, weil es für jedermann zugänglich ist. Heute kann aber gute Umweltqualität ein knappes Gut sein, aber keinen Zwang zu Knappheitskosten auslösen. Andererseits ist Umwelt aber auch ein Aufnahmemedium für Abfälle aller Art. In dieser Eigenschaft kann Umwelt ein *privates Gut* sein, für das sich Eigentumsrechte definieren und somit Emissionen begrenzen lassen.

---

39 Im praktizierten Staatssozialismus war es die "zu gestaltende Planwirtschaftskonfirmität".

40 Auf das Verhältnis der Wirtschaftswissenschaften in der ehemaligen DDR zum Umweltschutz wird gesondert eingangen.

41 Vgl. Wicke, L.: Umweltökonomie.

42 Deutscher Bundestag: Umweltprogramm der Bundesregierung 1971. Bundestagsdrucksache VI/2710. S. 63.

Für das Umweltmedium Luft ist diese Betrachtungsweise nicht unproblematisch, lassen sich Eigentumsrechte (mit entsprechenden Abgrenzungen) an ihr nicht ohne weiteres vornehmen. Beispielsweise gehen auch externe Effekte im Gefolge der Luftverschmutzung nicht vollständig in die Kostenkalküle der Wirtschaftssubjekte ein. Die auf diese Weise „unbezahlten Kosten" muß i. d. R. die Allgemeinheit tragen, was zu verschwenderischem Umgang mit der Umwelt führen kann. Die Stoffeinträge, die bei Konsum und Produktion anfallen und die Luft belasten, verlangen höhere Anforderungen an die Schadstoffvermeidung. Die Konsequenz ist: Die Verwendung von knappen Mitteln für den Umweltschutz, die Kosten der Umweltpolitik, führen zu Konsum- und Produktionsverzicht an anderen Stellen. Dieser Umstand zwingt zur effizienten Installation umweltpolitischer Regularien.

Die zunehmende Verknappung natürlicher Reserven oder Potentiale führt nach gängiger Auffassung zu steigenden Preisen, die dann Einsparungen der Nachfrager auslösen, aber auch Suchprozesse auf der Angebotsseite nach neuen Quellen (Energie, Ressourcen) und nach neuen Abgabe-Möglichkeiten (Exkremente, Abprodukte, Beseitigung, Endlagerung, Verbrennung o. ä.) oder aber nach Möglichkeiten der Verringerung und Vermeidung von Schadstoffemissionen. Dabei verschiebt der innovative Wettbewerb gleichzeitig die physikalischen Grenzen des Wachstums[43] immer wieder aufs neue, entstehen neue Produktions-, Konsumtions- und Vermeidungsmöglichkeiten, die möglicherweise wiederum mit neuen Umweltbelastungen und -verbräuchen aber auch Entlastungs- und Vermeidungseffekten verbunden sind (dynamische Untersuchungsansätze).

Doch auch diese Betrachtungsweise ist bezogen auf das Umweltmedium Luft wiederum nicht unproblematisch, wenn wir an die Bereitstellung von Reinluft in Belastungsgebieten denken, wie sie z. B. für bestimmte Hochtechnologien (Silizium-Chip) erforderlich sind. Dabei wird über den Umweg einer über bestimmte Instrumente organisierten künstlichen Verknappung des Abbaupotentials der Natur versucht, ökologischen Erfordernissen näher zu kommen.

Als grundlegende Ansätze zur Lösung beider Seiten des Umweltproblems (Ressourcen- bzw. Umweltverbrauch und Umweltbelastung), werden angeboten:[44]

---

[43] Vgl. Meadows, D.: Die Grenzen des Wachstums. Bericht des Club of Rome zur Lage der Menschheit. Stuttgart 1972. (Aus dem Amerikanischen von Hans-Dieter Heck. Titel der amerikanischen Ausgabe "The Limits to Growth", erschienen bei Universe Books. New York 1972 by Dennis L. Meadows.)

[44] Vgl. Kemper, M.: Das Umweltproblem in der Marktwirtschaft. Wirtschaftstheoretische Grundlagen und vergleichende Analyse umweltpolitischer Instrumente in der Luftreinhalte- und Gewässerschutzpolitik. Berlin 1989. S. 8 - 9.

- sogenannte *Pigou*-Steuern (Umweltsteuern für Differenz zwischen volkswirtschaftlichen und privaten Kosten),
- die Lösung nach *Coase* (freiwillige Internalisierung externer Effekte durch Verhandlungen),
- ökologische Rahmenwerte und
- die Abdiskontierung des Ressourcenabbaus nach Maßgabe der sozialen Diskontrate.

Das Problem der (*Pareto*-optimalen) Internalisierung der Externalitäten - so die Theorie - ist mit den vorhandenen Internalisierungsinstrumenten (Steuern, Abgaben, Preis- und Mengenlösungen) im Prinzip zu lösen. Entweder wird die Umweltgüter-Knappheit durch künstlich festgelegte und erhöhte Preise simuliert, oder sie geht durch Schaffung und Gestaltung eines entsprechenden Ordnungsrahmens (property rights) in das Kalkül der Wirtschaftssubjekte ein (Umweltökonomie).[45] Zumeist wird in diesem Zusammenhang auf die *Internalisierung* negativer, weniger die Internalisierung positiver externer Effekte abgestellt.

Trotzdem bleiben kritische Punkte anzusprechen: Sind die globalen und lokalen ökologischen Krisenfelder auf diese Weise ausreichend berücksichtigt? Sind die Zirkulation und Transformation von Stoffen und Energie bei Produktion, Konsumtion und Distribution, ihre Raum- und Zeitdimension, in der heutigen geld- und warendominierten sowie an Marktgleichgewichten orientierten Wirtschaftstheorie hinreichend erfaßt? Warum werden auf den Weltmärkten natürliche Ressourcen überreichlich angeboten, obwohl diese erschöpfbar sind? Die Preise vieler Rohstoffe sind nicht gestiegen, sondern gesunken; es besteht ein künstlich erzeugter Überfluß. Die ökonomische Theorie hat sich nur mit dem kurzfristigen Preisanstieg des Öls Anfang der 70er und 80er Jahre beschäftigt, der als Wachstumsbremse begriffen und verurteilt wurde.[46] Wie verhält es sich aber mit den Umweltmedien, für die keine eindeutigen Eigentumsrechte und damit keine direkte Verschmelzung von Markt und Verfügungsgewalt besteht (Bsp. Ozonloch)? Nicht alles kann auf Marktversagen (Preismechanismus, unvollständige Informationen, etc.) zurückgeführt werden. - Fragen, die die Wissenschaft dabei noch lange beschäftigen werden, die deutlich machen, wie kompliziert die umweltpolitischen Anforderungen sind. Deshalb gibt es bei der praktischen Umsetzung in der Umweltpolitik immer wieder Pro-

---

[45] Die engen Grenzen der Ökologiebetrachtung aus dem Blickwinkel der Marktallokation, die Unmöglichkeit verläßlicher Folgeabschätzungen (Treibhauseffekt, Atomenergie) werden auch kritisch diskutiert in: Beckenbach, F. (Hrsg.): Die ökologische Herausforderung für die ökonomische Theorie. Ökologie und Wirtschaftsforschung. Marburg 1991. Vgl. auch: Altvater, E.: Die Zukunft des Marktes. Münster 1991.

[46] Vgl. hierzu Massarat, M.: Endlichkeit der Natur und Überfluß der Marktökonomie. Schritte zum Gleichgewicht. Marburg 1993 (Reihe Ökologie und Wirtschaftsforschung, Bd. 8).

bleme, weil die ökologische Reichweite einer am Markt orientierten Präferenzhierarchie nachgeordnet ist, weil mehrere Akteure koordiniert werden müssen, wobei viele Verursacher, aber noch mehr Betroffene existieren. Außerdem bestehen unzureichende Informationen über die tatsächliche Schädigung.

Die uns umgebende natürliche Umwelt ist ein hochkomplexes, kompliziertes System unübersehbar vieler, teilweise noch unbekannter Faktoren, Komponenten und Interdependenzen. Daher wird eine räumliche und zeitliche Zergliederung ein sinnvoller Analyseschritt sein.

1.4. Die Luft und die Luftschadstoffe

Auch die Einteilung der natürlichen Umwelt in verschiedene Umweltmedien wie Boden, Wasser und Luft wird immer eine eingrenzende problematische, aber analytisch notwendige Komplexitätsreduktion sein. Die bisherigen allgemeinen Aussagen über Umweltpolitik und Umweltschutz, Umweltverbrauch und Umweltbelastung, lassen sich nur auf diese Weise präzisieren.

Neuere Untersuchungen und Befragungen bestätigen immer wieder die Aktualität und Notwendigkeit der Lösung der mit der Luftreinhaltung verbundenen Aufgaben. So ergab beispielsweise eine Umfrage des Bundesumweltministeriums zu den Umweltsorgen in Ost und West, wie wichtig den Deutschen all das ist, was mit dem lebensnotwendigen Sauerstoff in einer „sauberen" Atemluft zusammenhängt (Abbildung 2). Allerdings ist in jüngster Zeit auch ein „Erlahmen" bestimmter umweltpolitischer Prozesse zu sehen.

Will man ökologische, wohlfahrtstheoretische, wirtschaftspolitische oder sonstige Probleme der Umweltpolitik untersuchen, kommt man nicht umhin, sich mit der Komplexität der natürlichen Medien selbst, hier mit der Luft, zu befassen: Luft ist in reiner Form (*Reinluft*) ein Gasgemisch (ca. 20 Prozent Sauerstoff, 78 Prozent Stickstoff, 0,035 Prozent Kohlendioxid, Wasserdampf und verschiedene Edelgase). In industriellen Zentren wird diese Luft durch über 1.000 gas-, tröpfchen- oder staubförmige Fremdstoffe verunreinigt, wodurch die bekannten nachteiligen Wirkungen auf materielle und kulturelle Werte, auf das Wohlbefinden und die Gesundheit[47] und langfristig auf das Klima der Erde ausgehen.

---

[47] Laut Ex-Bundesumweltminister *Töpfer* gibt es keine umfassenden Angaben über durch Umweltfaktoren verursachte Krankheiten. Jedoch seien die Krankheitskosten durch *Luftverschmutzung* untersucht worden. Danach würden die der Luftverschmutzung anzulastenden Mehrkosten für die Behandlung von Atemwegserkrankungen auf 2,6 Mrd. DM und von Herz-Kreislauf-Erkrankungen auf 2,8 Mrd. DM pro Jahr geschätzt. Eine Studie des GSF-Instituts für Epidemiologie *Neuher-*

Abbildung 2: Umweltsorgen der deutschen Bevölkerung[48]

	West	Ost
Luftverschmutzung	36	37
Ozonloch	37	34
Waldsterben	16	27
Klimaveränderung	18	25
Verkehrsprobleme	9	24
Vernichtung der Regenwälder	8	16
Müll	20	41
Trinkwasser	17	27
Meeresverschmutzung	11	7
Bodenverseuchung	7	11
Belastete Lebensmittel	5	11
Aussterben Pflanzen/Tiere	6	11
Überbevölkerung	4	5
Kernkraft	4	1
Lärm	0	3

berg/Bayern kommt zu dem Ergebnis, daß eine einfache Gleichung "höhere Umweltbelastung gleich vermehrte allergische Erkrankungen" für *Ostdeutschland* nicht aufgeht. Immerhin sind für *Westdeutschland* Untersuchungen bekannt, die bei teilweise erheblich geringeren Luftschadstoffbelastungen eindeutig verstärkte allergische Reaktionen belegen. Am Beispiel der Sterblichkeitsziffern von *Erfurt* wiesen die Wissenschaftler nach, daß die Langzeitwirkungen der Schwefeldioxidbelastungen offenbar größer sind als die akuten. Deutlich stärker ist der Zusammenhang zwischen Schwebstaubbelastung und Sterblichkeit: Um bis zu 20 Prozent könne die Mortalität mit steigender Staubbelastung ansteigen. Vgl. Frankfurter Rundschau. Frankfurt/M., 1./2. Juni 1994. S. 44. Sowie: Neues Deutschland. Berlin, 29. März 1994. S. 14. Feiner Staub in der Luft scheint besonders gesundheitsgefährdend zu sein. Das zeigt eine Untersuchung in sechs *amerikanischen* Städten bei etwa 8000 Menschen über einen Zeitraum von 15 Jahren. Eliminiert man den Einfluß des Rauchens und anderer erkennbarer Gefahren, tritt die Luftverschmutzung, vor allem der Feinstaub, als Risikofaktor hervor. In der stark belasteten Stadt *Steubenville/Ohio* war die Sterblichkeit infolge von Lungenkrebs und Herz-Lungen-Krankheiten um rund ein Viertel höher als in *Portage/Wisconsin*, der Stadt mit der saubersten Luft. Vgl. Frankfurter Allgemeine Zeitung. Frankfurt/Main, 12. Januar 1994. S. N 3.

48 Bundesumweltministerium. Bonn 1993. (Angaben in Prozent der Befragten, Mehrfachnennungen möglich.)

„Emission“ und „Schadstoff“ sind hierbei nicht gleichzusetzen. Die *Schädlichkeit eines Stoffes* hängt von der Menge und Konzentration ab, in der er in der Umwelt unter ganz bestimmten Bedingungen vorkommt. Ökologisch entscheidend ist dabei die Immissionsmenge, die tatsächlich das entsprechende Umweltmedium erreicht. Zu berücksichtigen sind weiterhin die Diffusionsprozesse vom Zeitpunkt der Emission bis zur Wirkung der Immission. Die Umweltpolitik muß deshalb regelnd eingreifen, um die Emissionen so zu gestalten, daß über die Diffusionsprozesse hinweg letztlich durch Schadstoffimmissionen keine Gefahren oder Schäden auftreten können, daß ein „optimales“ Immissionsniveau erreicht wird.

Wenn schon die Bestimmung Schwierigkeiten bereitet, ab wann eine Emission als Schadstoff zu betrachten ist, so sind die Diffusionsprozesse mit ihren komplexen Vorgängen erst recht schwer bestimmbar. Ausbreitungseigenschaften, Abbaubarkeiten, Assimilationskapazitäten und gegenseitige Abhängigkeiten in bezug auf andere Umweltfaktoren sowie räumliche und zeitliche Aspekte spielen dabei eine Rolle, so daß die Wissenschaften oftmals keine eindeutigen Aussagen liefern können.[49] Besonders deutlich wird dies an den Stoffen Ozon und CO_2, wo hinsichtlich der ökologischen Auswirkungen Rückkopplungs-, Verstärkungs- und Gegeneffekte auftreten können.

Darüber hinaus ist für die vorliegende Betrachtung wichtig: Breitet sich ein Stoff nach seiner Emission gleichmäßig aus, und ist für die Emissionswerte der Standort der Emissionsquelle unerheblich, so kann von einem *Globalschadstoff* gesprochen werden, anderenfalls von *Oberflächenschadstoffen*.[50]

Betrachten wir im folgenden einige Luftbestandteile, ihre Herkunft und ihre *isolierten* Wirkungen etwas genauer, um zu erkennen, warum sie als Schadstoff anzusehen sind.[51]

---

[49] Vgl. Weimann, J.: Umweltökonomik. Berlin, Heidelberg, New York ... 1991. S. 132 ff.

[50] Doch auch die bodennahen Schadstoffkonzentrationen bereiten in der praktischen Umweltpolitik einige Schwierigkeiten: Fehlerhafte Meßmethoden führen nach Ansicht der Umweltschutzorganisation *Greenpeace* zu falschen Ergebnissen bei der Smogüberwachung. Aktivisten der Organisation setzten an einer vielbefahrenen Straße vor dem Hauptbahnhof in *Leipzig* das Absaugrohr einer amtlichen Luftmeßstation von vier Metern Höhe - in der erträgliche Werte gemessen würden - auf die "Kindernasenhöhe" von 1,20 Meter herab. Dabei liegen die realen Werte für Luftschadstoffe, etwa Sommersmog, Ozon, Benzol und Polyzyklen, oft weit über den von der Weltgesundheitsorganisation empfohlenen Grenzwerten. Dies gefährde vor allem die Gesundheit von Kindern, Alten und Menschen mit Atemwegserkrankungen. Bei Grenzwertüberschreitungen müßten Straßen gesperrt werden. Vgl. Frankfurter Rundschau. Frankfurt/M., 1./2. Juni 1994. S. 44.

[51] Die Zahlenangaben sind veröffentlicht vom Bundesministerium des Innern (Hrsg.): Was Sie schon immer über Umweltschutz wissen wollten. Bonn 1984. Siehe auch: Umweltbundesamt (Hrsg.): Umweltdaten. Berlin 1993, 1995 usw.

- Mengenmäßig am bedeutendsten ist das farb- und geruchlose *Kohlenmonoxid* (CO), das durch unvollständige Verbrennungsvorgänge in Motoren und Heizungsanlagen (Kfz-Verkehr ca. 65 Prozent, Hausbrand) entsteht und negative Auswirkungen für den Sauerstofftransport in den Zellen von Lebewesen hervorruft (Kopfschmerz, Schwindelgefühl, Übelkeit). Die CO-Emissionen nehmen im früheren Bundesgebiet seit Mitte der 70er Jahre ab; in der damaligen DDR stiegen sie zunächst bis 1987 noch an, um dann leicht abzusinken. Trotz sinkender absoluter Emissionen bleibt der Verkehr der bedeutendste Verursacher. Durch Umstellungen privater und kleiner Heizanlagen auf Brennstoffe mit erheblich günstigerem Emissionsverhalten konnten starke Minderungen erzielt werden, wovon auch in den neuen deutschen Ländern auszugehen sein wird.

- Einen hohen Anteil an den Luftschadstoffen haben die aus Verbrennungsvorgängen bei hohen Temperaturen (Kfz-Motoren, Heizwerke, Industrie) entstammenden *Stickoxide* (NO_x, Stickstoffmonoxid und Stickstoffdioxid), die mit Bronchialerkrankungen und Lungenversagen in Verbindung gebracht werden. Stickoxide gelten als „Vorläufer-Schadstoff" (Umweltbundesamt *Berlin*) für das Ozon. Wenn die Sonne scheint, bildet sich in Bodennähe aus den Industrie- und Autoabgasen Stickoxid und Kohlenwasserstoff das Gas Ozon (O_3). Es reizt in bestimmten Konzentrationen beim Menschen die Augenschleimhäute und greift die Bronchien an. Bei Pflanzen behindert es das Wachstum. Die Experten sind sich uneinig, wann ein Schaden zu befürchten ist (keine überzeugend eindeutige Grenzwertfestlegung).

- *Schwefeldioxid*, vom absoluten Mengenaufkommen den Stickoxiden vergleichbar, entstammt hauptsächlich aus kohlebefeuerten Kraft- und Fernheizwerken, aber auch aus Industriefeuerungsanlagen und zu einem geringeren Teil aus privaten Kleinfeuerungen, während lediglich ein Restanteil verkehrsbedingt ist. Die jeweiligen Hauptquellen der Emission wirken sich auch auf die Verteilung der beiden Schadstoffe aus: bodennah oder in höheren Luftschichten. Das zu 75 Prozent aus Großanlagen emittierte SO_2 gelangt durch hohe Schornsteine in höhere Luftschichten. Dadurch kommt es zu einem überregionalen Ferntransport (Diffusion). Außerdem weist SO_2 eine gegenüber NO_x vierfach längere Lebensdauer auf, worauf wir noch zurückkommen werden. Medizinisch gesehen ist SO_2 ein noch stärkeres Reizgas als NO_2.

- Einen weiteren bedeutenden Komplex von Luftschadstoffen stellt die Stoffgruppe der *Kohlenwasserstoffe* dar (organische CH-Verbindungen). Unter dem Familiennamen Kohlenwasserstoffe werden die verschiedensten Verbindungen mit sehr unterschiedlichen Wirkungspotentialen subsumiert. Herkunftsquellen sind mit fast 40 Prozent der Kfz-Verkehr, zu etwa 35 Prozent die Haushalte und Kleinverbraucher und zu ca. 25 Prozent die Industrie. CH-Verbindungen entstehen im Bereich des Verkehrs aus unvollständigen

Verbrennungsvorgängen, bei der Müllverbrennung sowie bei der Benutzung von lösungsmittelhaltigen Produkten. Sektorale Umweltpolitik greift in diesem Falle nicht, da die Herkunft sehr heterogen ist:[52] Einige organische Verbindungen werden zu einem großen Teil durch die privaten Haushalte (z. B. FCKW, chemisch stabil und langlebig, Ozonkiller) emittiert, während andere aus der Produktion (z. B. von PVC, Benzole, Krebsrisiko) entstammen. FCKW haben überdies wieder ganz andere Wirkungen als andere Kohlenwasserstoffverbindungen (z. B. PCB, Dioxine; Brandfall von *Seveso*).

- Am längsten bekannt und untersucht ist der stofflich ebenfalls sehr heterogene Bereich der Luftverschmutzung durch die Klasse der *Stäube und Partikel* (Ruß). Sie sind durch ihre Einatembarkeit gefährlich, besonders wenn an ihnen krebserregende (Asbest) oder toxische Stoffe (Schwermetalle) haften. Verbrennungsvorgänge sind auch hier der Hauptausgangspunkt (Dieselmotoren, Hausbrand). Auch diese Stoffgruppe ist sehr heterogen. In der ökonomischen Literatur[53] wird z. T. unterstellt, es handele sich um einen homogenen Schadstoff ähnlich wie SO_2.

- Als letzter klassischer Luftschadstoff ist das auch bei sauberer Verbrennung von fossilen Energieträgern anfallende ungiftige Gas *Kohlendioxid* (CO_2) zu nennen. Es ist als ein bereits natürlicher Bestandteil der Luft ein bedeutender natürlicher Klimafaktor, weil es infrarotes Licht absorbiert und reflektiert. Deshalb wird bei einer starken Zunahme dieses Gases langfristig der sogenannte Treibhauseffekt befürchtet (Klimaveränderung). Andere Arten von Luftverunreinigungen, wie natürliche (Vulkanismus) oder künstliche Ruß- und Staubemissionen können andererseits Abkühlungsphänomene bedingen. Analytisch ist dies gegenwärtig jedoch kaum exakt faßbar. Erhöhte CO_2-Konzentration in der Atmosphäre kann - zumindest partiell - positive Folgen haben: Die Photosysthese (und damit die Sauerstoffproduktion) der Pflanzen erhöht sich bei gleichzeitig reduziertem Wasserbedarf.

- Neben den hier abgehandelten Luftschadstoffen, die den Gegenstand der vorliegenden Betrachtung und der uns hier interessierenden Umweltpolitik darstellen, seien an dieser Stelle der Vollständigkeit halber die später nicht mehr betrachteten Emissionen von Abwärme und Lärm (Schallwellen an das Medium Luft) sowie von Radioaktivität, Elektrosmog, Strahlung, Aerosolen und Partikeln erwähnt.

---

[52] So umfaßt diese Stoffgruppe mehrere hundert verschiedene, für die Luftverschmutzung relevante Verbindungen. Vgl. Müller-Witt, H.: Der Pollution-Rights-Ansatz und seine Auswirkungen auf die amerikanische Luftreinhaltepolitik. In: Zeitschrift für Umweltpolitik. (4. Jg.) 1981. S. 395.

[53] So scheint es, als ob die Umweltpolitik in den USA für *die* Kohlenwasserstoffe bzw. für *die* Stäube jeweils *einen* pauschalen Immissionsstandard institutionalisiert hätte, wie *Bonus* kritisiert. Vgl. Bonus, H.: Marktwirtschaftliche Konzepte im Umweltschutz. Stuttgart 1984. S. 14 - 15.

Komplizierte Zusammenhänge ergeben sich aus der Eigenschaft vieler Luftschadstoffe, untereinander mit natürlichen Luftbestandteilen in Interaktion zu treten. Bekannte Beispiele für diese Synergien sind der „Smog" und der „Sauere Regen" sowie die hohen Ozonkonzentrationen an warmen Sommertagen. Auf Details soll hier aber nicht weiter eingegangen werden.

Trotz einer sehr großen Anzahl von Luftschadstoffen sind relativ wenige davon quantitativ und regelmäßig bedeutend, auf die sich die Umweltpolitik konzentrieren kann. Umweltpolitische Substitutionen von verschiedenen Schadstoffen sind nicht möglich, sie können nur innerhalb einer Schadstoffkategorie vorgenommen werden. Hinzu kommen Unsicherheiten in der wissenschaftlichen Erklärung von vielen Ursache-Wirkung-Zusammenhängen und menschlich nicht beeinflußbare Faktoren (Geographie, Wetter), so daß sich als zentrales Problem der (ökonomischen) umweltpolitischen Steuerung der Luftreinhaltung ergibt, die aus ökologischen Erfordernissen abgeleiteten qualitativen Ziele in ökonomisch und politisch operationale Ziele umzusetzen. Auch in diesem Zusammenhang spielen räumliche Fragen eine Rolle, die die Umweltpolitik berücksichtigen sollte.

1.5. Allgemeine Schlußfolgerungen

Faßt man die bisherige Betrachtung zusammen, so veranschaulichen die hier dargestellten allgemein anerkannten „facts" der Umweltwissenschaften (*Rat von Sachverständigen für Umweltfragen* 1976, 1978, 1985) die für Industriegesellschaften typischen Umweltprobleme und ihre charakteristischen Merkmale:[54]

1. Für die meisten Umweltbeeinträchtigungen sind mehrere Verursacher verantwortlich.

2. Immissionen unterliegen nach Kontamination des Ökosystems unterschiedlichen Veränderungen, die besonders bei Abschätzung ihrer ökologischen Wirkungen beachtet werden müssen (Metabolismus, Synergismus, Akkumulation, Kumulation, Abgänge, Zugänge).

3. Die Wirkung von Schadstoffen ist abhängig von den spezifischen ökologischen Standortbedingungen (Assimilations- und Abbaukapazitäten).

---

[54] Vgl. Pechan, B.: Die Bewertung der Natur im ökonomischen System der DDR. In: Landschaftsentwicklung und Umweltforschung. Schriftenreihe des Fachbereichs Landschaftsentwicklung der TU Berlin, Nr. 51. Berlin (West) 1987. S. 52.

4. Die Wirkung tritt häufig zeitlich sehr verzögert und in räumlicher Distanz zum Ort der Verursachung auf; Ursache-Wirkungs-Zusammenhänge sind nur eingeschränkt analysierbar (Diffusion, Global- und Oberflächenschadstoffe, Rückkopplungs-, Verstärkungs- und Gegeneffekte).

Diese Mehrdimensionalität und Multikausalität erschwert Analyse, Prognose und Aktion. Dem müßte auch das gesellschaftliche Steuerungskalkül gerecht werden, wenn dadurch der Stoffwechselprozeß hoch intensiv und unter Vorwegnahme reproduktiver Faktoren gestaltet werden soll.

Die Komplexität der Umweltwirkungen tritt in industriellen Agglomerationsräumen besonders hervor und steht im Zusammenhang mit der „Konkretheit" der Ökosysteme, ihren spezifischen Strukturen und Prozessen sowie den Wirkungen der Schadstoffe. Dieser Umstand jedoch konfligiert mit den Bemühungen um die Entwicklung allgemeingültiger Grenzwerte und abstrakt-optimierter Nutzungsmodelle und -konzepte, die der Vermeidung von Umweltproblemen dienen sollen.

Aus der Sicht der ökonomischen Wissenschaften werden nach wie vor unbefriedigend die zwei hauptsächlichen Erklärungsansätze für das Umweltmedium Luft bereitgehalten: Bei dem einen wird die Luft als öffentliches Gut betrachtet, beim anderen die Luftverschmutzung als negativer externer Effekt interpretiert.

Saubere Atem-Luft kann als menschliches und wirtschaftliches Bedürfnis, knappes oder freies Gut, als Konsumgut, als meritorisches Gut, Produktionsfaktor und Aufnahmemedium betrachtet werden. Diese alternativen Verwendungsmöglichkeiten werden aber höchstens zu einem kleinen Teil in den damit verbundenen Kosten widergespiegelt, weil z. B. deren Nutzen nicht richtig erkannt, Eigentumsrechte nicht eindeutig zugeordnet, Verursacher und Betroffene von Verunreinigungen nicht beteiligt und Marktprozesse unberührt bleiben. „Vollständige Information" bleibt auch hier nur eine Worthülse.

Dabei scheint es so, als ob diese Problematik zugunsten der Luftverschmutzung und somit unbefriedigend gelöst wird, weil der marktwirtschaftliche und ordnungspolitische Steuerungs- und Rahmenmechanismus nicht hinreichend greift. Saubere Atemluft ist aber als Naturpotential, wenn auch mit eigener Regenerationsfähigkeit ausgestattet, ein wichtiger wohlfahrtsbestimmender Standort- und z. T. Produktionsfaktor. Luftverschmutzungen entstammen bestimmten wirtschaftlich bedingten Prozessen und gehen in sie ein. Ebenso werden Schadstoffe von bestimmten Standorten (Regionen, Ländern) an andere abgegeben, wie umgekehrt von anderen Standorten „importiert". Deshalb müssen umweltpolitische Konstruktionen diese Verknüpfungen verarbeiten, um zur Problembearbeitung ihren wirksamen Beitrag leisten zu können.

Egal welche umweltpolitische Umsetzung man betrachten will, die Entstehungsweise und die „Optimalität" des ermittelten Verschmutzungsumfanges bleibt kritisierbar. Die Bestimmung eines „optimalen" Verschmutzungsumfanges jedoch kann von der Konstruktion und Installation eines diesen Umfang realisierenden angemessenen Instrumentariums isoliert werden. Die Staatsintervention ist notwendig zur Setzung eines ökologisch als vertretbar angesehenen Rahmens, weil die ökonomisch-determinierten Märkte vorher aufgrund falscher Signale nicht ökologisch sinnvoll funktionieren. Je überschaubarer dabei die räumlich-konstitutiven Bestimmungsgrößen (Subsidiarität) gehalten werden, umso besser wird man sich der ökologischen und ökonomischen Zielerreichung annähern.

2. Die heutige Situation der Luftreinhaltepolitik in der Bundesrepublik Deutschland

2.1. Überblick

Die Bundesrepublik Deutschland hat in puncto Umweltpolitik und -qualität bereits etliche Fortschritte gemacht, obwohl weiterhin große Anstrengungen nötig sind. Betrachtet man die wichtigen Kenngrößen der volkswirtschaftlichen Entwicklung und der Umweltbelastung, so scheint auf den ersten Blick die These vom Widerspruch zwischen Wirtschaft und Umweltschutz widerlegt, denn es ist tatsächlich gelungen, das Wachstum der Volkswirtschaft (gemessen mit dem Bruttoinlandsprodukt) und das Wachstum der Emission bedeutender Luftschadstoffe voneinander abzutrennen, zu entkoppeln (Abbildung 3).

Seit 1970 stieg das reale Bruttosozialprodukt um 60 Prozent. Gleichzeitig wurden die Schwefeldioxidemissionen um 75 Prozent verringert. Bei Stickoxiden wird inzwischen ein Wert wie Mitte der 70er Jahre erreicht. Von 1982 bis 1992 verringerten sich im Gefolge der Großfeuerungsanlagen-Verordnung die SO_2-Emissionen allein der für die öffentliche Versorgung arbeitenden Kraftwerke um fast 90 Prozent (= 1,3 Mio. t). Sie bewirkten damit rund 70 Prozent der in der damaligen Bundesrepublik insgesamt erreichten SO_2-Minderung, wobei ihre Beteiligung an dieser Luftbelastung 1982-90 von 54 auf 21 Prozent zurückging. Die NO_x -Emissionen der Kraftwerke lagen 1991 mit 210.000 t um rund 72 Prozent unter denen von 1982, womit dieser Anteil am gesamten westdeutschen NO_x-Ausstoß von 26 auf 9 Prozent sank.

Abbildung 3: Entkopplung der Wachstumsraten des Bruttoinlandsproduktes und des Bruttostromverbrauches[55]

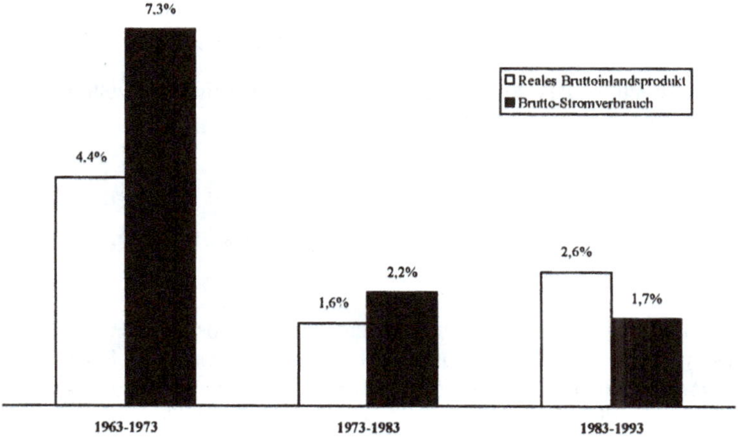

Quellen: Statistisches Bundesamt, VDEW

In den *neuen deutschen Ländern* - auf die noch gesondert eingegangen wird - kam noch 1990 mit 1,84 Mio. t fast zehnmal mehr SO_2 aus den Kraftwerken als im Westen. Bei Staub übertrafen die Ostkraftwerke mit 245.000 t den Westanfall ums 25fache. Die NO_x-Emissionen waren dagegen mit 145.000 t nur etwa halb so hoch wie bei den West-Stromversorgern.[56]

Über die Grundbedingungen für diese für Deutschland insgesamt positiv zu bewertende Entwicklung herrscht in Kreisen der Fachwelt keine Einigkeit.

Die praktische Umweltpolitik mußte vor allem in den 70er Jahren rasch handeln. Im Vordergrund standen dabei in erster Linie die umweltpolitischen Ziele, weniger die umweltpolitischen Instrumente. In der Bundesrepublik Deutschland ging es wie in den anderen entwickelten Industriestaaten zunächst in vielen Bereichen des Umweltschutzes darum, die Notbremse zu ziehen und eine zunehmende Belastung der Umweltmedien zu vermeiden sowie dringende Verbesserungen der Umweltqualität sicherzustellen. Der Staat hat dabei seine klassischen Eingriffsmechanismen eingesetzt. Mit Verfahrens- und Produktnormen, mit Verboten und Geboten, Vorschriften und Auflagen sollte erreicht werden, daß bestimmte Umweltbelastungen nicht überschritten werden.

---

55 Statistisches Bundesamt, VDEW. Wiesbaden, Frankfurt/M. 1994.

56 Vgl. Zeitung für kommunale Wirtschaft. München, 5. September 1992. S. 1.

Will man die Frage beantworten, was umweltpolitische Instrumente und andere Regularien leisten können, dann ist festzustellen, daß ihr Einsatz aus ökologischer Sicht sicherlich notwendig war.

Unter *umweltpolitischen Instrumenten* versteht *Wicke* diejenigen

> "Maßnahmen des Staates, mit denen dieser seine umweltpolitischen Zielvorstellungen durchsetzen will."[57]

Kemper stellt dabei auf die Wirtschaft ab, wenn er meint, es seien

> "allgemein wirtschaftspolitische Maßnahmen des Staates zur Erreichung ökologischer Ziele."[58]

Obwohl zu diesem miteinander verwobenen Netz von Vorschriften heute in der Bundesrepublik über 200 Regularien (*Gesetze, Verordnungen, Verwaltungsvorschriften*) zählen, hat auch dieses immer dichter werdende Netz von (insbesondere polizeirechtlichen) *Auflagen, von Abgaben, Subventionen, Zertifikaten* usw. nicht verhindern können, daß sich die Umweltqualität in einzelnen Gebieten und Medien nicht im gewünschten Maße verbessert, ja teilweise sogar verschlechtert hat. Außerdem verlagerten sich auch im Gefolge der Erfolge der Umweltpolitik manche Problemlagen, neue, vorher weniger wichtige, kamen hinzu.

Im Rahmen der Debatte um eine wirksame nationale Klimaschutzpolitik beispielsweise ist der Einsatz bestimmter Instrumente durchaus weiterhin umstritten. So hat die deutsche Wirtschaft wiederholt als Alternative zur geplanten CO_2-/Energiesteuer und zur Wärmenutzungsverordnung angeboten, mit *Selbstverpflichtungen*[59] zur Minderung der energiebedingten CO_2-Emissionen beizutragen. Wie das *DIW* dazu jedoch herausfand, ist eine generelle oder auch nur teilweise Befreiung der Industrie von dieser Steuer oder der Wärmenutzungsverordnung im Tausch gegen Selbstverpflichtungen einzelner Unternehmen oder Unternehmensverbände rechtlich nur sehr eingeschränkt zulässig, administrativ schwer zu handhaben und umweltpolitisch bedenklich. Auch aus ökonomischer Sicht weisen sie gegenüber alternativen umweltökonomischen Instrumenten wie Energiesteuer und Wärmenutzungsverordnung keine überzeugenden Vorteile auf, wie die Vergangenheit in *Deutschland* und den *Niederlanden* zeigte.[60]

---

[57] Wicke, L.: Umweltökonomie. S. 165.

[58] Kemper, M.: Das Umweltproblem in der Marktwirtschaft. Berlin 1989. S. 33.

[59] Auf die Selbstverpflichtungen wird im Zusammenhang mit den übrigen Instrumenten im Kapital B. 3.3. näher eingegangen.

[60] Vgl. Selbstverpflichtungen und Klimaschutz: Wenig Spielraum im Rahmen geplanter Gesetzesinitiativen. In: DIW-Wochenbericht 13/94. Deutsches Institut für Wirtschaftsforschung. Berlin, 31. März 1994. S. 179 - 183.

Damit sind die für die Praxis relevanten Instrumente bereits kurz genannt worden. Darüber hinaus wären als modifizierte Form der Umweltauflagen das *Glocken- und Ausgleichskonzept* zu nennen, weil diese besonders in den *USA* im Bereich der Luftreinhaltung erfolgreich praktiziert wurden.

Da jede wirtschaftliche Tätigkeit mit Eingriffen in den Naturhaushalt verbunden ist und die daraus entstehenden Schäden nur schwer zu beziffern sind, soll künftig mit *Ökobilanzen* ein Informationsinstrument geschaffen werden, das alle Auswirkungen von Gütern und Dienstleistungen auf die Umwelt erfaßt und bewertet.[61] Noch fehlt es aber an soliden Daten und allgemein akzeptierten Bilanzrichtlinien (Standards) für die ökologische Rechnungslegung.

Für die Abwasser- und Abfallbeseitigung sind außerdem die sogenannten *Betreibermodelle* interessant, die vorzugsweise zu einer finanziellen Entlastung des Staates bzw. der Gebietskörperschaften beitragen sollen.

Schon bei der Zielfindung und -setzung (Indikatoren, Zielkonflikte) sind Vor- und Nachteile jeglicher umweltbedingter Maßnahmen (Instrumente) gegeneinander abzuwägen, um somit die "optimale Umweltbeeinträchtigung" ermitteln und anstreben zu können. Deshalb läßt sich die Umweltpolitik in ihrem Herangehen von den bereits oben dargestellten Prinzipien leiten: *Kooperationsprinzip, Vorsorgeprinzip, Verursacherprinzip, Gemeinlastprinzip.* Diese Prinzipien sind aber nie gleichzeitig zu verwirklichen.

Auch die Zielsetzungen der Luftreinhaltepolitik - meist in Gesetzen abstrakt geregelt - sind insbesondere dadurch relativiert, daß sie jeweils im Kontext mit ökonomischen, sozialen, kulturellen, juristischen u. a. Erfordernissen gesehen werden müssen und dann zu Einschränkungen "nach dem Stand der Technik" oder der "wirtschaftlichen Zumutbarkeit" führen. Eine weitere Problematik liegt darin, daß die umweltrechtlichen Bestimmungen über "Grenzwerte", "Richtwerte", "Vorsorgewerte" u. dgl., die dann als (naturwissenschaftlich gesetzte) Zwischenzielgrößen dienen, gebrochen werden (müssen). (Für derartige Größen gibt es i. d. R. auch keine ökonomischen Entsprechungen, z. B. für eine ökologieorientierte Bilanz, was mit erheblichen Bewertungsproblemen verbunden ist.)

Instrumente, Mittel, Maßnahmen der Luftreinhaltepolitik - Begriffe, die oft synonym verwendet werden und einen heterogenen Katalog von Instrumententypen darstellen - sollen das Verhalten der jeweiligen Adressaten (umweltverträglich) beeinflussen. In der Vielzahl der bei den unterschiedlichen Entscheidungsträgern und Akteuren verwendeten Instrumente liegt eine der Ursachen dafür, daß sich diese Instrumente auf unterschiedliche Weise systematisieren lassen. Bei den Ökonomen überwiegen solche Systematisierungen,

---

[61] Vgl. das Beispiel einer regionalen Umweltbilanz in: Wicke, L.: Umweltökonomie. S. 104. (nach Marx, D./Knigge, R.), Anhang Abb. 12.

die nach der "Härte" des Eingriffs bzw. des Regulativs unterscheiden. Häufig werden dabei sogenannte marktwirtschaftliche Instrumente präferiert, deren Darstellungsbreite allerdings im umgekehrten Verhältnis zur praktischen Bedeutung steht (z. B. im Lehrbuch von *Wicke*).[62]

Oft wird auch unterschieden zwischen Instrumenten der direkten oder indirekten Verhaltenssteuerung, zwischen planerischen und informellen Instrumenten. Andere Systematisierungen wären nach dem Ausmaß der (Rechts-) Verbindlichkeit oder nach ihrer Effizienz (Wirksamkeit) usw. denkbar. In Praxi kommen viele Instrumenten-Mischformen vor.

Zu den wichtigen Anforderungen zur *Beurteilung der Instrumente* zählen nach *Kemper:*[63]

- ökologische Anforderungen nach
  - Ursachen und Aufkommen der Schadstoffe
  - Abbaubarkeit und Ausbreitung der Schadstoffe
  - räumlichen und zeitlichen Bedingungsgefügen (Standards für Emissionen/Immissionen: Auflagen, Abgaben, Zertifikate)
- ökonomischen Anforderungen
  - gesamtwirtschaftliche Kosten der Zielerreichung/der Instrumente
  - zeitliche und räumliche ökonomische Wirkungen von Standards
  - Wettbewerbs- und Wachstumswirkungen durch Instrumente
  - Wirkungen auf Prävention, Aktivitäten, Stimuli
  - Markt- und Verbraucherwirkungen
- institutionelle und politische Anforderungen
  - Praktikabilität
  - Durchsetzbarkeit
  - Akzeptanz in Verwaltung und Unternehmen, politischen Organisationen, Bevölkerung.

---

62 Vgl. Anhang: Abb. 7: Gesamtüberblick über die umweltpolitischen Instrumentenkategorien.

63 Vgl. Kemper, M.: Wirtschaftstheoretische Grundlage und vergleichende Analyse umweltpolitischer Instrumente in der Luftreinhalte- und Gewässerschutzpolitik. Berlin 1989.

Frey[64] betrachtet die Instrumente nach deren Verbindlichkeitscharakter und unterteilt nach:

a) Freiwilligkeit - Umweltethik, direkte Verhandlungen zwischen Schädiger und Geschädigten,

b) quantitativer Staatseingriff - nachsorgender Umweltschutz, Verbote, Strafen, Auflagen,

c) Steuern - auch Abgaben, Verursacherprinzip, Subventionen und

d) Marktkonformität - Handel von Verschmutzungsrechten, Zertifikate, Versicherungslösungen, Subventionen, Abgaben, Kompensationslösungen.

Eine Betrachtung der Instrumente und ihrer Anwendung ist auch möglich, wenn die mit ihnen verbundene Verwirklichung der o. g. *Prinzipien der Umweltpolitik* analysiert wird. Auf die räumlichen Spezifika einzelner Instrumente und daraus folgende Schlußfolgerungen wird gesondert im Abschnitt *B.* 3.3.eingegangen.

Als zentrales Gesetzeswerk der Bundesrepublik Deutschland zur Luftreinhaltung gilt das *Bundes-Immissionsschutzgesetz (BImSchG)*. Es verfolgt den Zweck, den Menschen und seine Umwelt vor schädlichen Umwelteinwirkungen zu schützen und darüber hinaus auch Vorsorge gegen das Entstehen derartiger Umwelteinwirkungen zu treffen. Dabei stützte sich das gesetzliche Regelwerk bislang weitgehend auf *anlagen-, verkehrs- und produktbezogene Regelungen.*

Das ordnungsrechtliche Instrumentarium lufthygienischen Umweltschutzes stellt zur Bekämpfung örtlicher und regionaler Luftverunreinigungen als *gebietsbezogene Regelungen* in erster Linie die

- Aufstellung von Luftreinhalteplänen,
- die Ausweisung von Belastungsgebieten und
- die Einrichtung von Emissionskatastern[65]

zur Verfügung.

Auf ein Problem der bundesdeutschen Genehmigungspraxis wird in der Literatur besonders hingewiesen.[66] So sehen bisherige Genehmigungen i. d. R. die

64 Vgl. Frey, B. S.: Umweltökonomie.

65 Wichtige Begriffe werden im Anhang näher erläutert.

66 Vgl. Kemper, M.: Das Umweltproblem in der Marktwirtschaft. S. 46 f. Vgl. auch: Wicke, L.: Möglichkeiten und Grenzen zur Milderung von Strukturproblemen und zur Umweltverbesserung im Ruhrgebiet durch flexible umweltpolitische Instrumente auf dem Gebiet der Luftreinhaltung. Ruhr-Forschungsinstitut für Innovations- und Strukturpolitik. Bochum 1984.

Begrenzungen der Emissionen in Frachtwerten (z. B. kg/h) vor oder basieren auf einer Begrenzung von zulässigen Konzentrationen eines Schadstoffes in einer Einheit des aufnehmenden Mediums (z. B. g/m^3 Abluft). Auf diese Weise genügt schlichtweg eine Steigerung des Luftdurchsatzes, um mehr emittieren zu können. Demzufolge müßten die Mengenbegrenzungen zusätzlich durch die maximale Betriebsdauer und den maximalen Durchsatz des schadstoffaufnehmenden Mediums ergänzt werden oder von vornherein auf Emissionsmengen, wie in der Luftreinhaltepolitik der USA, lauten.[67] Die Konstruktion der Instrumente unterliegt also einem vielfältigen Bedingungsgeflecht. Es zeigt darüber hinaus, daß jedes Instrument auch flexibel handhabbar bzw. verschärfbar sein sollte hinsichtlich

- der Gültigkeitsdauer,
- der Emissionshöhenkennzahl und
- eines einzelnen Schadstoffes oder seiner Emissionsbedingungen.

Kritisch ist anzumerken, daß das Gesetz die Abgabe von Emissionserklärungen hauptsächlich in *Belastungsgebieten* nach § 27 (BImSchG) vorschreibt, für Großanlagen auch außerhalb von Belastungsgebieten. Obwohl sich darin die Berücksichtigung räumlicher Erfordernisse äußert, ist nicht einzusehen, weshalb kein einheitlich geschlossenes Handlungsmuster für alle verschieden zu klassifizierenden Natur- oder Wirtschaftsräume in der Luftreinhaltepolitik vorliegt. Es wird nicht die Notwendigkeit erkannt, struktur- und umweltpolitische Aktivitäten in ihrer Kombination in die Regionen zu verlagern, d. h. die Struktur- und Umweltpolitik zu dezentralisieren. Es ist deshalb festzustellen, ob Umweltpolitik nicht viel zu sehr isoliert als selbständiger Politikbereich neben den anderen regional relevanten Politikbereichen praktiziert wird.

2.2. Bisherige Regionalisierungsvorschläge

Das bundesdeutsche Instrumentensystem der Luftreinhaltepolitik hält an gebietsbezogenen Regelungen also nicht viel bereit, wird einem regionalen Herangehen an die Probleme der Luftreinhaltung keine Priorität eingeräumt. Dabei werden seit längerem immer wieder verschiedene Regionalisierungsvorschläge diskutiert, wie sie u. a. vor allem aus der Gewässerreinhaltepolitik bekannt sind, auf die wir deshalb in Analogie zu den vornehmlich fachplanerischen Instrumenten der Luftreinhaltepolitik kurz einen Blick werfen wollen:

[67] Die gleichen Erfahrungen, wie Emittenten versuchten, mittels Zuschaltung von Gebläsevorrichtungen den Luftdurchsatz zu verändern, machten in der damaligen DDR die für die Kontrolle der Emissionen zuständigen Staatlichen Umweltinspektionen.

Schon 1974 hat der *Umwelt-Sachverständigenrat* in einem Sondergutachten zur Abwasserabgabe darauf hingewiesen, daß eine *Regionalisierung* der Emissionsabgaben entsprechend den hydrologischen Gegebenheiten zu erheblichen Kosteneinsparungen führen kann, und das vor allem, sobald der größte Nachholebedarf gedeckt ist. In diesem Zusammenhang hat er sich für drei Entwicklungsstufen der Gewässergütepolitik ausgesprochen:

Stufe 1:

Einführung einer Abwasserabgabe mit zeitlicher Steigerung bis zu einer für alle Gebiete erforderlichen Mindesthöhe unter Berücksichtigung der zweckgebundenen Mittelverwendung.

Stufe 2:

(nach etwa 4 - 6 Jahren) gestützt auf zwischenzeitliche Vorarbeiten: Regional differenzierte Anhebung der Abgabe und ggf. Ergänzung der Schädlichkeitsparameter für die Flußgebiete mit weitergehenden Reinhalteanforderungen, als sie mit der Abgabe nach Stufe 1 zu erfüllen sind.

Stufe 3:

(u. U. auch schon mit 2 gemeinsam) Umstellung auf wasserwirtschaftliche Selbstverwaltungsorganisationen für die Flußgebiete.[68]

Mit einer theoretischen Analyse der Vor- und Nachteile einer Regionalisierung der Emissionsanforderungen und Abgabensätze in Verbindung mit der Organisation der Wasserwirtschaft beschäftigte sich die *Berliner* Volkswirtin *Holm* (1988) ausführlich. Sie kommt zu dem Schluß, daß es *nicht* sinnvoll erscheint, *Abgaben* regional von Flußgebietsorganisationen festsetzen und von diesen im Flußgebiet als *Zuschüsse* wieder ausgeben zu lassen, weil die Ineffektivitäten hierbei zu hoch seien. Außerdem sei die Gefahr nicht von der Hand zu weisen, daß sich der Vollzug der weiterhin benötigten ordnungsrechtlichen Instrumente durch Flußgebietsorganisationen nach dem Vorbild der Genossenschaften nicht verbessert, sondern verschlechtert. Dennoch seien das Know-how in den Verbänden, der Motivationseffekt und die Möglichkeit eines "regional angepaßten Instrumenteneinsatzes" als *Vorteile* herauszustellen.[69]

Wicke kommt beispielsweise zu dem Ergebnis, daß die *Bewirtschaftungspläne* nach § 36 b WHG einen

---

[68] Vgl. Rat von Sachverständigen für Umweltfragen: Die Abwasserabgabe, wassergütewirtschaftliche und gesamtökonomische Wirkungen. Stuttgart/Mainz 1974. S. 44.

[69] Vgl. Holm, K.: Wasserverbände im internationalen Vergleich. München 1988.

"entscheidenden Ansatz zu einer Regionalisierung der Gewässergütewirtschaft (darstellen)",

die insbesondere dann geboten seien, wenn aufgrund einer besonders hohen Belastungsdichte oder einer besonders hohen Anforderung an die Gewässergüte eines Vorfluters die bundeseinheitlichen Vorschriften nicht zu den gewünschten gewässergütepolitischen Zielen führen können.[70] Er bezieht sich auf das Umweltgutachten 1978, das darin eine Möglichkeit sieht, gezielte Programme zu entwickeln, mit denen bestimmte Gewässerqualitäten innerhalb festzulegender Zeiträume mit ggf. elastischen Prioritäten unter Angabe des Investitionsbedarfs erreicht werden sollen, die mittelfristig klare Dispositionen zur Emissionsvermeidung, zum Immissionsschutz und zur Wasserversorgung erlauben sowie sektorübergreifende Beiträge zur Beurteilung der Belastbarkeit und Entwicklungsfähigkeit der Regionen leisten können.[71]

Ähnliche Überlegungen spielten auch bei den Diskussionen um die verschiedenen Novellen zum *Bundes-Immissionsschutzgesetz* immer wieder eine Rolle, z. B. die zweite Novelle 1980, als das Stichwort "regionalisierter Immissionsschutz" geprägt wurde. Einzelnen Regionen - sog. "Reinluftgebieten" - sollten restriktivere Immissionsgrenzwerte zugewiesen werden, damit diese Gebiete ihre spezifischen Umweltfunktionen besser erfüllen können. Außerhalb von "Belastungsgebieten" sollten die Immissionswerte unter den von der TA Luft vorgegebenen Schwellenwerten liegen können (Verschlechterungsverbot). Diese Variante der Regionalisierung des Immissionsschutzes scheiterte damals u. a. an dem Argument, es verstoße gegen Ziele der Raumordnung, die regional unterschiedliche Umweltqualität nicht für wünschenswert hält.

Heute wie damals wird im Zusammenhang mit ähnlichen Vorschlägen bezüglich einer differenzierten europäischen Luftreinhaltepolitik besonders das Wettbewerbsargument vorgebracht, auf rechtsstaatliche Probleme und auf das Subsidiaritätsprinzip hingewiesen. Es zeigt sich, daß diese Diskussion nach wie vor im Zusammenhang mit der Regionalpolitik aktuell ist.

Wird die regionale Differenzierung der Luftreinhaltepolitik wegen einleuchtender regional uneinheitlicher Belastungsgrade befürwortet, so bleibt problematisch - und das ist der große Unterschied zur Gewässerreinhaltung - *wer* die entsprechende räumliche Abgrenzung vornimmt und *wie* dies zu geschehen hat. Ein Fluß bzw. Flußgebiet ist eindeutig geographisch definiert (einschließlich aller seiner „Anlieger"-Emittenten). Bei Luftgebieten ist die Abgrenzung eines dazugehörigen Territoriums (mit Ausnahme einer staatlichen Hoheitsgebietes)

---

[70] Vgl. Wicke, L.: Umweltökonomie. S. 281.

[71] Vgl. Rat von Sachverständigen für Umweltfragen: Umweltgutachten 1978. Bundestagsdrucksache 8/1938. S. 120, Tz 433.

weitaus problematischer (einschließlich der Bildung von „Luftgebietskörperschaften").

Für die Raumplanung gibt es aber bereits eine Reihe von methodischen Möglichkeiten, die Zieldimension Luftreinhaltung regionalspezifisch zu berücksichtigen (Input-Output-Analysen, räumliche Optimierungs- und Gleichgewichtsmodelle, interregionale Verflechtungsmodelle). Ausgangspunkt ist dabei eine klare räumliche Einteilung eines Gebietes in Teilgebiete. Sie umfaßt auch die Zuordnung entsprechender Aufgaben und Instrumente.

> "Für den Ökonomen stellt die regionale Differenzierung ökonomischer Umweltinstrumente kein neues Problem dar",[72]

wie *Meißner* schon 1981 schrieb. Trotzdem ist die Sache seitdem nicht weiter vorangekommen.

Mit national isoliertem Vollzug der Umweltpolitik innerhalb der Harmonisierung der europäischen Umweltpolitik beschäftigen sich immer wieder verschiedene Wissenschaftlerteams, weil eine solche Harmonisierung angesichts unterschiedlicher Voraussetzungen der Länder als ökonomisch ineffizient angesehen wird.[73]

Auch die umweltpolitische Praxis des Sommers 1994 bestätigt die *Aktualität* der Regionalisierungsdiskussion. Der Ozonversuch von *Heilbronn* und *Neckarsulm*, der auf kleinräumliche Verbote gegen den Sommersmog setzte, förderte als Erkenntnis zutage, daß lokal begrenzte Fahrverbote und Tempobeschränkungen für den Kfz-Verkehr nicht ausreichen, um dem sommerlichen Bodensmog beizukommen. Zwar sanken die Konzentrationen der Ozon-Vorläufersubstanzen, am Boden blieben die Ozon-Konzentrationen jedoch ziemlich gleich.

Um die Lage zu verbessern sind diesbezüglich also flächendeckend abgestimmte Maßnahmen erforderlich, weil beim vorliegenden Versuch zuviel Immissionen aus anderen Regionen in das Versuchsgebiet hineingetragen worden waren. Auch haben Industrie und Gewerbe die Einschränkungen für den Autoverkehr nicht genügend flankiert. Freiwillige Maßnahmen halfen hier gar nicht. So werden immer wieder Fahrverbote für Autos ohne Katalysator bei Sommersmog angekündigt. Diesbezüglich sei eine Änderung des Bundes-Immissionsschutzgesetzes vorgesehen, die den Ländern ein eigenständiges Handeln

---

[72] Meißner, W.: Regionalisierte Umweltpolitik und ihre Auswirkungen auf den Wettbewerb. In: Gutzler, H. (Hrsg.): Umweltpolitik und Wettbewerb. Baden-Baden 1981. S. 235.

[73] Vgl. Feess, E./Hege, U./Maug, E.: Emissionsbesteuerung bei grenzüberschreitender Umweltbelastung. In: Steger, U. (Hrsg.): Arbeitspapiere des Instituts für Ökologie und Unternehmensführung. European Business School. Oestrich-Winkel 1990. Nr. 10.

bei bestimmten Wetterlagen ermögliche.[74] (Autos ohne geregelten Katalysator machen immer noch ca. 50 Prozent des Bestandes aus.)[75] Trotzdem ist auch hier nicht einzusehen, warum noch kein einheitlich geschlossenes Regelsystem vorliegt, das ein regional flexibles Handeln ermöglicht. Denn es wäre natürlich unpraktisch, daß ein Autofahrer zwischen *Berlin* und der *Bretagne* oder *Leipzig* und *Luxemburg* vier oder fünf verschiedene Regelungen zu beachten hätte.

Die Regionalisierungsdiskussion ist also nach wie vor ein wichtiges Thema. Die Vorschläge zu einer stärkeren teilräumlichen Berücksichtigung spezifischer umweltpolitischer Zusammenhänge resultieren also sowohl aus der Kritik des gegenwärtigen Standes der Luftreinhaltepolitk als auch aus den Erfahrungen mit anderen umweltmedialen Problemlagen. Jedoch ergeben sich in diesem Zusammenhang auch aus der föderalen Struktur der Bundesrepublik beachtenswerte Aspekte.

2.3. Rechtsstaatliche Probleme

Die staatliche Aufgabenverteilung richtet sich im Umweltschutz entsprechend der föderalen Struktur zwischen Bund und Ländern einschließlich der Gemeinden nach dem Grundgesetz. Während der Bund in den meisten umweltrelevanten Rechtsbereichen die Gesetzgebungskompetenz besitzt, insbesondere auch für die Luftreinhaltung, sind die Umweltverwaltung und der Vollzug des Umweltrechts hauptsächlich Aufgabe der Bundesländer. Die Länder wirken über den Bundesrat bei der Gesetzgebung mit. Die Zusammenarbeit von Bund und Ländern ist daher für den Erfolg der Umweltpolitik von großer Bedeutung. Nur

---

[74] Das geht aus einer Meldung des Evangelischen Pressedienstes (epd) hervor, die von verschiedenen Tageszeitungen verbreitet wurde; hier: Neues Deutschland. Berlin, 23. Januar 1995, S. 4.

[75] In den Ballungszentren der USA, die die höchsten Ozonwerte aufweisen, wurde ab dem 1. Januar 1995 ein neues "Superbenzin" eingeführt. Der bleifreie Treibstoff, 1990 per Gesetz durch den Clean Air Act verordnet, seit Anfang 1993 im Angebot, enthält sauerstoffhaltige Additive (Ether-Zugaben), wodurch er sauberer verbrennt und langsamer verdunstet. Man hofft, damit den Smog in den Millionenstädten drastisch zu reduzieren. Immerhin stellen die 40 städtischen Ballungsgebiete, in denen das neue Benzin eingeführt wurde, ein Drittel des US-Marktes dar. Der Ausstoß der Schadstoffe Kohlenmonoxid (CO), Stickoxide (NO_X) und Kohlenwasserstoffe (HC) wird um jeweils bis zu 28 Prozent reduziert. Die Smoggefahr sinkt sogar um 37 Prozent. Allerdings steigt der Ausstoß des Treibhausgases Kohlendioxid (CO_2), weil die so betriebenen Autos 3 bis 6 Prozent mehr Kraftstoff verbrauchen und bei der Raffinierung mehr Primärenergie benötigt wird. (Vgl. Neuer Sprit gegen Smog. In: Stern. Nr. 16. Hamburg 1993. Vgl. auch: Bessere Luft durch sauberes Benzin? In: Neues Deutschland. Berlin, 9. Januar 1995, S. 8.)

durch einen konsequenten Vollzug der Umweltvorschriften kann der Umweltschutz realisiert werden.[76]

Wegen des *Querschnittcharakters* des Umweltschutzes besitzen auch andere Bundesministerien neben dem Bundesministerium für Umwelt, Naturschutz und Reaktorsicherheit entsprechende Zuständigkeiten.

Das Beispiel der Hauptursachen der Waldschäden, die Abgase der Großfeuerungsanlagen und des Kfz-Verkehrs, zeigt: Für die Energieunternehmen ist das Wirtschaftsministerium, für den Immissionsschutz das Umweltministerium, für den Kfz-Verkehr das Verkehrsministerium und für die Waldschäden das Landwirtschaftsministerium zuständig. Koordination soll durch Fachausschüsse, Bundesbehörden und beratende Gremien, insbesondere den *Rat von Sachverständigen für Umweltfragen (SRU)*, ermöglicht und hergestellt werden.

Das Grundgesetz garantiert den kommunalen Gebietskörperschaften (Städten, Gemeinden, Landkreisen) die kommunale Selbstverwaltung bei Angelegenheiten der örtlichen Gemeinschaft (z. B. Bauleitplanung, Schutz von Freiräumen, Grünflächen, Parkanlagen, Energieversorgung, Stadtreinigung usw.). Bedenkenswert ist, daß die Voraussetzungen für das Tätigwerden des Bundesgesetzgebers auf bestimmten Gebieten, von denen der Landesgesetzgeber dann verdrängt wird, klarer und eingrenzender zu bestimmen sind als bisher (Stichwort: konkurrierende Gesetzgebung). Vor allem muß die Formel von der „Einheitlichkeit der Lebensverhältnisse im Bundesgebiet“ genauer gefaßt werden,[77] weil auch in anderen ereichen stärkere Differenzierungen vorhanden sind. Statt dessen wird diskutiert, von der Herstellung „gleichwertiger Lebensverhältnisse“ auszugehen.[78]

Gerade diese föderalistischen und politischen Implikationen bestimmen die Grenzen und Möglichkeiten einer Regionalisierungsdiskussion weit stärker als die ökonomischen Determinanten, wenn man von den Finanzierungsverflechtungen absieht.

---

[76] So gibt es immer wieder Konflikte bei bestimmten umweltpolitischen Entscheidungen der Länder und des Bundes, wie z. B. für die Standortgenehmigungen und Betriebserlaubnisse von Kernkraftwerken oder die Diskussion um Grenzwertfestlegungen und Fahrverbote bei Ozon(-Alarm), wo einzelne Bundesländer andere Auffassungen als die Bundesregierung vertreten (Hessen, Niedersachsen).

[77] Vielfach wird dies dazu genutzt, um allerlei Forderungen an den Bund zu richten. Dabei ist es durchaus hinzunehmen, wenn in einem relativ billigen Bundesland die realen Löhne niedriger sind als in einem Ballungsgebiet, wo die allgemeinen Lebenskosten viel höher sind.

[78] Das betrifft auch die vorliegende differenzierende Sicht auf die umweltpolitische Situation in Deutschland, insbesondere auch nach der deutschen Vereinigung, wo sich einheitliche Lebensverhältnisse ohnehin nicht von heute auf morgen einstellen können. Übrigens gibt es durchaus auch im alten Gebietsstand der Bundesrepublik diverse Unterschiede z. B. zwischen Nord und Süd. Vgl. Frankfurter Allgemeine Zeitung. Frankfurt/M., 15. Juli. 1993. S. 10.

Mit einer Konzentration auf die Funktionsweisen der ökonomischen Instrumente im Sinne von indirekten Steuerungsinstrumenten (Kompensations- und Zertifikatmodell, Umweltabgaben und Umwelthaftung) ist man politisch gewillt, von den traditionellen (ordnungsrechtlichen) Eingriffsmöglichkeiten des Staates abzugehen. Staatlicher Zwang und Bevormundung sollen abgebaut, mehr Umweltschutz durch weniger Staat ermöglicht werden. Als wesentlicher Vorteil wird die Anreizwirkung, die Fähigkeit zu fortlaufender Vollzugsautomatik und zum Verwaltungsabbau gesehen. Es wird angenommen, daß indirekte Steuerungsformen differenziertere mikro- und makroökonomisch kostengünstigere Umweltschutzmaßnahmen ermöglichen. Andererseits wird befürchtet, daß indirekte Steuerungsinstrumente mit Wirkungsunsicherheiten und -unvollständigkeiten (unmittelbare Gefahrenabwehr) verbunden sein würden. Daher könne es auch nur um eine Ergänzung der ordnungsrechtlichen Instrumente durch die ökonomischen Instrumente gehen und nicht um die Ablösung der ordnungsrechtlichen durch die ökonomischen Instrumente, wobei die Rechtsstaatsprinzipien beachtet werden müssen.

Bei diesen *rechtsstaatlichen Einzelproblemen* ökonomischer Instrumente spielen immer wieder eine besondere Rolle:[79]

- Gewaltenteilung,
- Gesetzesvorbehalt und Gesetzesbindung,
- Gleichheitsgrundsatz,
- Rechtssicherheit und Vertrauensschutz,
- Klarheit staatlichen Handelns und Verhältnismäßigkeit.

Auch die stärkere Ergänzung der ordnungsrechtlichen durch ökonomische Instrumente müßte diesen Prinzipien gerecht werden, wobei verschiedene Ziele mit verschiedenen Instrumenten durchgesetzt werden können, die sich im rechtsstaatlichen Sinne ergänzen könnten, aber mitunter auch im Widerspruch zueinander stehen (z. B. durch zusätzliche Abgaben oder zur unmittelbaren Gefahrenabwehr).

Ökonomische Instrumente werden nicht in ihrer Gesamtheit als rechtsstaatlich bedenklich angesehen,

> "wohl aber bestehen in einzelnen Punkten durchaus rechtsstaatsrelevante Probleme, die es verbieten, die ökonomischen Instrumente als grundsätzlich freiheitsfreundlicher und rechtsstaatlicher anzusehen.“[80]

---

[79] Vgl. Kloepfer, M.: Rechtsstaatliche Probleme ökonomischer Instrumente im Umweltschutz. In: Wagner, G. R. (Hrsg.): Unternehmung und ökologische Umwelt. München 1990. S. 241 - 261.

Somit führt die Existenz verschiedener Instrumente und verschiedener Träger der Umweltpolitik (lokal, regional, national, international) im Föderalismus zwangsläufig zu Zielkonflikten:

- eigene Umweltpolitik versus übrige Umweltpolitik,
- Verhandlungslösungen und Vereinbarungen versus gesetzliche Lösungen.

Eine zentrale Frage lautete demzufolge unter Berücksichtigung rechtsstaatlicher Anforderungen an den regionalorientierten Instrumenten-Einsatz: Wieviel Integration in eine nationale Umweltpolitik (hier: Luftreinhaltepolitik) muß sein, damit unbestreitbare gemeinsame nationale (internationale) Interessen wirksam wahrnehmbar sind?

2.4. Relevanz einer Fortentwicklunng der Luftreinhaltepolitik

Aus den soeben umrissenen Problemen eines rechtsstaatlichen Vollzugs regionaler Umweltpolitik und der Kritik des heute bei der Luftreinhaltung in der Umweltpolitik erreichten Standes lassen sich die relevanten Punkte für eine Fortentwicklung ableiten.

Zweifellos werden die positiven Ergebnisse der bundesdeutschen Umweltpolitik besonders im Vergleich zu den ostdeutschen Bundesländern sowie Mittel- und Osteuropa deutlich. Sie lassen sich indes in starkem Maße - wie oben erwähnt - auf den Einsatz nachgeschalteter, additiver Technologien zurückführen. Daraus ergibt sich,

- daß es zu Verschiebungen der medialen Belastungen kommt, z. B. von der Luft- zur Abfallproblematik,
- daß diese Erfolge z. T. durch weiteres wirtschaftliches Wachstum wiederum konterkariert werden,
- daß es sich entsprechend bei den Entkopplungstendenzen nur um zeitweilige Erfolge handelt (erster Zugriff),

[80] Vgl. Kloepfer, M.: Rechtsstaatliche Probleme ökonomischer Instrumente im Umweltschutz. In: Wagner, G. R. (Hrsg.): Unternehmung und ökologische Umwelt. München 1990. S. 257.

- daß damit eine Verlagerung verbunden ist von den sogenannten altindustriellen (Schwefelbelastung) hin zu den dienstleistungsorientierten Belastungen (Verkehr, Flächenverbrauch etc.).[81]

Für eine Fortentwicklung der Luftreinhaltepolitik wie der Umweltpolitik insgesamt kommt es also auf eine stärker vernetzte Betrachtungsweise an, die eine Bewertung stofflicher und energetischer Verbräuche und Ströme vornimmt, d. h. sich davon löst, nur die Emissionen zu sehen, die in der Regel mit nachsorgender Umwelttechnik bearbeitet werden, was selbst wiederum material-, energie- und umweltintensiv ist.

Die damit verbundenen Konsequenzen werden im Zusammenhang mit der CO_2-Problematik besonders deutlich: Hier sind Vermeidungs- und echte Reduktionsstrategien gefragt, weil technisch keine Ausweichstrategie zur Verfügung steht. Davon sind gleichermaßen die wirtschaftliche Wachstums- und Verteilungsphilosophie sowie Strukturbeziehungen berührt, d. h. die umweltpolitische Zielintegration in die Wirtschaftsweise.

Zu berücksichtigen ist allerdings, daß es im Gefolge der deutschen Einigung zu einer gewissen Überlagerung dieser Fragen bzw. zu einer Verschiebung der Prioritäten kommt. Im Einigungsvertrag (Artikel 34) wird die Bedeutung des Umweltschutzes für die Gesamtentwicklung in Deutschland besonders betont, wo Bund und Ländern die Aufgabe gestellt wird,

> "die natürlichen Lebensgrundlagen des Menschen unter Beachtung des Vorsorge-, Verursacher- und Kooperationsprinzips zu schützen und die Einheitlichkeit der ökologischen Lebensverhältnisse auf hohem, mindestens jedoch dem in der Bundesrepublik Deutschland erreichten Niveau zu fördern".[82]

Innerhalb von 10 Jahren soll das bestehende Umweltgefälle zwischen beiden Teilen Deutschlands ausgeglichen sein. Damit sind die Ziele der Umweltpolitik allgemein formuliert.

Zu diesen einigungsbedingten Spezifika der Fortentwicklungserfordernisse der Umweltpolitik und ihrer Instrumente kommen gewissermaßen als gesamtdeutsche solche Kriterien hinzu, die die *Ökonomieverträglichkeit*[83] und die *ökolo-*

---

[81] Vgl. Petschow, U.: Umweltpolitik unter veränderten politischen Rahmenbedingungen. In: IÖW-Informationsdienst. Institut für Ökologische Wirtschaftsforschung. Berlin, März/April 1993. S. 5.

[82] Vertrag zwischen der Bundesrepublik Deutschland und der Deutschen Demokratischen Republik über die Herstellung der Einheit Deutschlands (Einigungsvertrag). In: BGBl. 1990, Teil II, Nr. 35. Tag der Ausgabe: 28. September 1990.

[83] Diese Kriterien sind einem RWI/DIW-Gutachten zu entnehmen, die das Institut der deutschen Wirtschaft Köln in seinem Informationsdienst Nr. 30 vom 29. Juli 1993, S. 4, zitierte.

gische Reichweite[84] der Umweltpolitik auf dem Gebiet der Luftreinhaltung betreffen.

Dazu zählen aus *unternehmerischer Sicht*:

- Der unternehmerische Handlungsspielraum soll möglichst wenig eingeschränkt werden. Das umweltpolitische Regelungsdickicht soll abgebaut werden.
- Den Unternehmen sollen Anreize geboten werden, auch außerhalb des eigenen Betriebes Umweltschutzinvestitionen vorzunehmen. Klimaschutz geht über Landesgrenzen hinaus. Es soll dort investiert werden, wo unabhängig von den nationalen Vorschriften der größte ökologische Nutzen erwartet werden kann.
- Umweltschutz soll sich lohnen. Es dominiert anstelle des finanziellen Anreizes gegenwärtig das Auflagen-Prinzip.
- Umweltpolitik muß langfristig kalkulierbar sein und darf keinen kurzfristigen politischen Schwankungen unterworfen werden.

Diese vier Kriterien der Ökonomieverträglichkeit aus unternehmerischer Sicht erfüllt die aktuelle Umweltpolitik bisher noch unzureichend.

Die Forderung nach einer *marktorientierten* Ergänzung oder Umgestaltung der Umweltpolitik basiert auf der Überlegung, den Unternehmen und Konsumenten die Möglichkeit zu geben, in den umweltpolitisch vorgegebenen Grenzen flexibel zu agieren und sich möglichst kostengünstig im Umweltschutz zu engagieren. In diesem Zusammenhang werden genannt:

- Umweltabgaben für die Inanspruchnahme von Umweltgütern,
- umweltbewußte staatliche Beschaffungspolitik,
- Benutzervorteile für umweltfreundliche Produkte, Verfahren und Verhaltensweisen,
- Umweltlizenzen für staatlich zugelassene Umweltnutzung und
- Finanzierungshilfen des Staates.

Auf diese Weise sollen Gewinn- und Kosumstreben in den Dienst des Umweltschutzes gestellt werden.[85]

Auch der Sachverständigenrat zur Begutachtung der gesamtwirtschaftlichen Entwicklung hebt schon in seinem Jahresgutachten 1987/88 hervor:

---

[84] Vgl. Konferenzmaterialien der Tagung des Insituts für Ökologische Wirtschaftsforschung, Berlin, 18. - 20. Juni 1993.

[85] Vgl. Paul, I.: Umweltpolitik. In: Hewel, B./Neubäumer, R. (Hrsg.): Volkswirtschaftslehre. Wiesbaden 1994. S. 593.

> "Entscheidend sind daher die Instrumente, mit denen die Umweltschutzpolitik ihre Ziele ansteuert. Wo immer es möglich ist, sollte marktwirtschaftlichen Steuerungsinstrumenten der Vorzug gegeben werden: Sie wirken nicht diskriminierend, setzen daher in der Breite kräftige Anreize zur Umweltschonung frei und bewirken so eine Minimierung der Kosten."[86]

Die Instrumente der Umweltpolitik *wirken* darüber hinaus unter konkreten regionalen Bedingungen, Erfordernissen und Möglichkeiten (vgl. Beispiel der neuen deutschen Länder) z. T. erheblich anders als in der bisherigen Praxis der bundesdeutschen Umweltpolitik. So leitet sich - wie noch zu sehen sein wird - ein deutlicher Vorrang der Subventionen her. Außerdem erfordern die konkreten territorialen Gegebenheiten ihrerseits einen regional angepaßten Instrumenten-Einsatz, der in der gegenwärtigen nationalstaatlichen Umweltpolitik noch nicht hinreichend berücksichtigt wird, was zu prüfen wäre. Die Regionalisierung umweltpolitischer Instrumente der Luftreinhaltung stellt sich somit gleichzeitig als Ursache und Ergebnis der gegenwärtigen Situation dar. Deshalb werden die Instrumente hinsichtlich ihrer räumlichen Aspekte und Fortentwicklungserfordernisse einer eingehenden Betrachtung (im Abschnitt *B.* 3.3.) unterzogen.

Auf der anderen Seite läßt sich aus regionaler Sicht sagen: Da die Praktiker nicht auf neue Instrumentenkonstruktionen warten können, ergibt sich hieraus in erster Linie für die *Regionalpolitik* der "alten" Industrieregionen die Chance und Herausforderung, die mittel- und langfristigen Sanierungsaufgaben der Luftbelastung *vorsorgeorientiert* mit der Ausschöpfung der regionalpolitischen und anderen Förderinstrumenten (Förderung von Pilotprojekten, Kommunalkreditprogramm, ERP-Kreditprogramme, Förderung im Rahmen der Gemeinschaftsaufgabe "Verbesserung der regionalen Wirtschaftsstruktur" - Energie- und Wärmeerzeugung, Beratungsförderung) so zu *verbinden*, daß die wirtschaftlichen und ökologischen Aufgaben der Umstrukturierung und Anpassung gleichsam gelöst werden können. Denkbar ist bei der Lösung der damit verbundenen Aufgaben z. B. von potentialorientierten Ansätzen auszugehen. Ziel ist dabei, regionale Wirtschaftskreisläufe zu stärken, Standorte aufzuwerten und ggf. zu revitalisieren.

Längerfristig dürften die heute noch umfangreichen Subventionen aber nicht zur Verfügung stehen, so daß die Umweltpolitiker in den betreffenden Regionen schon jetzt eine Verlagerung der Instrumentennutzung ins Kalkül ziehen müssen, wie überhaupt eine Umorientierung der umweltpolitischen Diskussion auf die Steuern bzw. Umweltabgaben zu beobachten ist.

---

[86] Sachverständigenrat zur Begutachtung der gesamtwirtschaftlichen Entwicklung. Bonn 1987. Tz. 264.

Mithin gibt es für die weitere Ausgestaltung des Gesamt-Instrumentariums kein Patentrezept. Die Zusammensetzung des Instrumentariums muß sich nach den jeweils verfolgten inhaltlichen Umweltschutzzielen richten. Dies festzulegen ist und bleibt abhängig von der Politik. Das betrifft auch die Zuordnung von Entscheidungs- und Vollzugskompetenzen an die territorialpolitischen Gliederungseinheiten.

Beispiele für die Fortentwicklung der umweltpolitischen Regularien sind die Vorschläge über die CO_2-Abgabe bzw. Energie-Steuer und die Verknüpfung der Schuldenregelungen für Entwicklungsländer, die Gewährung von Krediten für Energieprojekte mit Umweltauflagen oder regionale Öko-Bilanzen. Bei der Frage nach der konkreten Ausgestaltung ökonomischer und anderer Umweltschutzinstrumente zeigt sich, daß eine bunte Mischung von Instrumententypen angesprochen ist, die unterschiedliche Ansatzpunkte, Funktionsbedingungen und Grenzen aufweisen, die im Einzelfall zu berücksichtigen sind.

Umweltprobleme haben immer eine räumliche Dimension, da die Umwelt über den Raum definiert ist.

Horst Siebert (1978)

3. Der Umweltschutz in seiner räumlichen Bestimmung als Grundlage einer regionalisierten Politik zur Luftreinhaltung

3.1. Verschiedene Ansatzpunkte einer Regionalisierung

Zu den Umweltaspekten, den Betrachtungsweisen der Umweltforschungen, die auf einzelne ausgewählte, genau umrissene Problemkreise des komplizierten Umweltsystems gerichtet sind, gehört u. a.[87] der

> "territoriale Aspekt, der das Zusammenwirken der einzelnen Umweltkomplexe und die Interferenz (verschiedener) ablaufender Prozesse in der Einheit eines Territoriums als dem konkreten Wirkungsfeld der Mensch-Umwelt-Beziehung zu untersuchen hat."[88]

---

[87] Weitere Aspekte, die anderen Ordnungskriterien unterliegen, sind z. B. der biologische (ökologische), der humanmedizinische, der gesellschaftliche (soziale), der technologische, der ästhetische Aspekt.

[88] Brockhaus Handbuch Umweltgestaltung/Umweltschutz. Leipzig 1977. S. 581.

Abbildung 4: Systematik räumlicher Umweltaspekte.

Umweltkomplexe
Umweltbelastung / Umweltverbrauch
Umweltprobleme (medial) territorial global - kontinental international - national regional - lokal
Umweltschutz

Zwischen den einzelnen räumlichen Aspekten (vgl.Abbildung 4) bestehen enge Zusammenhänge. Auch die territorialen Umweltbeziehungen gehen in regionale und kontinentale, nationale und internationale usw. ein und umgekehrt. Es entstehen und bestehen ökologische Wirkungen, die über den unmittelbaren Entstehungsort und -zeitpunkt hinausgehen. Einige Ökosysteme werden mehrterritorial genutzt. Von Territorien gehen ebenso Stäube, Gase o. ä. in die Kreisläufe der Natur anderer Territorien ein, wie sie von anderen Territorien derartige Stoffe "empfangen".

Neben der Umweltpolitik werden in den verschiedensten Politikbereichen infolge der zentralistischen Prägung der Regionalpolitik erhebliche Informationsdefizite deutlich, die eine Stärkung der Eigenverantwortung lokaler Entscheidungsgremien und -träger für die regionale Entwicklung nahe legen.[89]

Seit längerem wird auch unter dem Stichwort „Europa der Regionen" eine stärkere Berücksichtigung der regionalen Ebenen unterhalb der Ebene der Mitgliedstaaten in den europäischen Integrationsprozeß diskutiert. Integration wird dabei nicht nur von der Zentrale in *Brüssel* betrieben, sondern es bestehen teils schon seit Jahrzehnten viele regionale grenzüberschreitende Zusammenschlüsse und Gruppierungen. Dabei stehen die Regionen u. a. vor den Aufgaben: Förderung der Wirtschaftsstrukturen, verstärkte Zusammenarbeit bei der Raumordnungs- und in der Regionalpolitik, Ausbau der grenzüberschreitenden Verkehrsverbindungen, Förderung des Tourismus und Verringerung grenzüberschreitender Umweltbelastungen, kommunalpolitische Maßnahmen zur Eindämmung des Treibhauseffektes.[90]

---

[89] Vgl. Fiebig, K.-H.: Luftreinhaltung in den Städten: Rahmenbedingungen und Elemente einer kommunalen Luftreinhalteplanung. Deutsches Institut für Urbanistik. Berlin 1990.

[90] Der Rat der Gemeinden und Regionen Europas (RGRE), der International Council for Local Environmental Initiatives (ICLEI), der Club of Rome Deutschland und

Seit der Reform der Regionalpolitik der Europäischen Union im Jahr 1993 können erstmals auch Fördermittel aus den *Brüssel*er Kassen in Regionen fließen, die an die Union angrenzen. Grundsätzlich können so auch die nicht zur Gemeinschaft gehörenden Gebiete der deutsch-tschechischen und deutsch-polnischen Euregios von der EU gefördert werden. (Siehe "schwarzes Dreieck": *Sachsen-Böhmen-Schlesien*.)[91]

Andererseits hat nach der Überwindung der Spaltung Europas und nach dem Scheitern der Zentralverwaltungswirtschaft in Ostdeutschland auch der Standortwettbewerb der Regionen untereinander zugenommen.

Angesichts des anhaltenden wirtschaftlichen Problemdrucks in den ostdeutschen Bundesländern, ihres räumlich differenziert verlaufenden Transformationsprozesses, gewinnt der Gedanke einer Regionalisierung in der Wirtschafts- und Umweltpolitik unter Praktikern und Theoretikern wieder zunehmende Aufmerksamkeit, wird hier ein möglicher (instrumenteller) Lösungsschlüssel für die anstehenden Probleme gesehen.[92]

Wissenschaftstheoretisch lassen sich mindestens zwei Grundpositionen unterscheiden:

Eine regionalistische Position in Sachen Nationalökonomie ist nach Meinung des Ökonomen *Adolf Wagner* (1992) auf *Hegel* zu stützen. Eine universalistische Position, die Menschen, Gebietseinheiten und wirtschaftliche Größen als beliebig aggregierbare Recheneinheiten einstuft, stütze sich auf *Kant*.

---

der Deutsche Städtetag führten zu diesem Thema am 7. und 8. März 1994 in *Leipzig* eine internationale Konferenz durch, um auch kommunalpolitische Kräfte zur Eindämmung des Treibhauseffektes zu mobilisieren. Einerseits wären Städte und Gemeinden als Orte menschlichen Lebens von Klimaveränderungen besonders betroffen. Andererseits sind sie geradezu verpflichtet, aktiv zu werden, da die städtischen Regionen den größten Teil der vom Menschen "produzierten" Treibhausgase verantworten. Die Kommunen verfügen über die rechtlichen und politischen Möglichkeiten, die Produktion, Verteilung und den örtlichen Verbrauch von Energie zu beeinflussen. Allein die Energieerzeugung ist ursächlich für über 50 Prozent des Treibhauseffektes verantwortlich. Die beim Umweltgipfel in *Rio de Janeiro* beschlossenen Ziele in die Tat umzusetzen, hängt erheblich mit von den Kommunen ab.

91 Die EU unterstützt in *Ostdeutschland* neben der klassischen Förderung von Industriebetrieben und Infrastrukturvorhaben verstärkt Umwelt-, Forschungs- und Entwicklungsvorhaben. Mit dem Gemeinschaftlichen Förderkonzept (GFK) für die deutschen Regionen mit dem stärksten wirtschaftlichen Aufholbedarf ("Ziel-1-Regionen") wird über die durch die "Gemeinschaftsaufgabe Verbesserung der regionalen Struktur" (GA) in *Deutschland* vorgegebene Mittelbindung hinausgegangen. In der Europäischen Kommission wird die nicht zuletzt auf den Bau neuer Gewerbegebiete ausgerichtete bisherige *bundesdeutsche* Förderpolitik als "nicht mehr zeitgemäß" betrachtet. Vgl. Frankfurter Allgemeine Zeitung. Frankfurt/M., 22. Juni 1994. S. 15.

92 Vgl. Heimpold, G./Junkernheinrich, M.: Regionalisierung der Regionalpolitik - ein instrumenteller Hoffnungsträger? In: Institut für Wirtschaftsforschung (IWH): Wirtschaft im Wandel. Heft 2. Halle, 8. Februar 1995. S. 7 - 12.

Die *regionalistische Position* stehe einer angewandten Wirtschaftstheorie näher, die aus geographisch, historisch und kulturell begründeten Unterschieden von Menschen und Inhomogenitäten von ökonomischen Variablen zu gewissen Gebietsabgrenzungen kommt, die auch längerfristig bedeutsam bleiben. *Wagner* stellt im Zusammenhang mit der Klärung der Frage nach der Zweckmäßigkeit einer kontinentalen oder regionalen Dimensionierung zur Lösung menschlicher Probleme völlig richtig fest, daß, wenn man an eine demokratisch legitimierte Artikulation kleiner Gebiete, an eine Verfolgung kleinräumlicher Wirtschaftsinteressen oder etwa auch an eine selbständigere Handlungsfähigkeit wirtschaftsstarker europäischer Gebiete wie z. B. von *Baden-Württemberg*, *Jütland* oder *Norditalien* denke, dann muß einer regionalen, länderstaatlichen Organisation mehr Bedeutung zukommen.[93]

Zunächst einmal ist festzustellen, daß im Gegensatz zu staatlich-territorialen und zu natürlichen Räumen Wirtschaftsräume nicht grundsätzlich vorgegeben und fest umgrenzt sowie über längere Perioden fast unveränderlich vorgegeben sind. Sie können sich unter dem Einfluß verschiedenster Faktoren bilden und entwickeln oder auch zerfallen und umstrukturieren. Die Geschichte kennt dafür viele Beispiele.

In der heutigen Zeit (nach dem Wegfall der Spaltung Europas) wirken die geographischen, wirtschafts- und umweltpolitischen Rahmenbedingungen sozusagen als raumbildende und raumbestimmende Kräfte. Dabei stehen Wirtschaftsräume zunehmend in Konkurrenz zueinander. Räumlich orientierte Politik muß diesen Veränderungen und konkreten Gegebenheiten Rechnung tragen, ihr Zusammenwirken und ihr Gewicht erkennen und über angemessene Maßnahmen, Abgrenzungen und Gliederungen entscheiden. So ist auch abzuleiten, zu welchem Zweck *regionalisiert* werden soll:

- zur theoretischen Deduktion optimaler Landschaftsstrukturen,
- zur empirischen Analyse wirtschaftlicher Beziehungen in Standorten und deren Beziehungen zu anderen Teilen,
- zur Planung bestimmter Teilstrukturen,
- zur Politikabstimmung und Einflußnahme,
- zur Durchführung regionalpolitischer Maßnahmen z. B. des Staates zur bewußten Beeinflussung der räumlichen Verteilung ökonomischer Aktivitäten.

93 Vgl. Wagner, A.: Volkswirtschaft für jedermann. Die marktwirtschaftliche Demokratie. München 1992. S. 6/7.

Die räumlich differenzierte Betrachtung ökonomischer und ökologischer Tatbestände bedingt eine Disaggregation menschlicher Aktivitäten nach ihren unterschiedlichen Standorten innerhalb eines Gesamtgebiets. Damit rücken die örtlichen Besonderheiten der Erfüllung menschlicher Lebensfunktionen in den Vordergrund der wissenschaftlichen Analyse. Sofern nicht einzelne Raumpunkte herausgegriffen werden, erfordert eine derartige Sicht zunächst eine *Regionalisierung* als flächendeckende Einteilung eines Gesamtgebiets in Teilräume.[94] Für die Bezeichnung wirtschaftsräumlicher Einheiten hat sich der Begriff „Region"[95] durchgesetzt, worunter nach *Siebert* ganz allgemein eine

> "Zwischenkategorie zwischen einer aggregierten Volkswirtschaft und einem sehr disaggregierten ökonomischen System, das als Menge von Raumpunkten verstanden"[96] werden kann.

Prätorius meint, der Begriff „Region" sei nicht eindeutig definiert, sieht aber in ihr als sozial-psychologisch überschaubarer Einheit einen Bedeutungsgewinn der Mesobereiche und Auflösung staatlicher Kompetenzen.[97]

Die Raumdeterminiertheit der Umweltqualität impliziert eine raumdeterminierte Umweltpolitik, weil die Spezialität der Beschaffenheit eines Raumes und die Grundqualitäten der Raumform eine adäquate Gestaltung verlangen, was zur Herausbildung räumlicher Präferenzen führt.[98]

Die Spezifika der jeweiligen natürlichen Bedingungen und Gegebenheiten, die den Menschen umgeben, auf ihn einwirken und seinen Arbeits- und Lebensvollzug und das Assimilations- und Abbaupotential der Natur[99] beeinflussen, lassen den Umweltschutz als ein primär auf bestimmte räumliche Bedingungen und Zusammenhänge bezogenes Phänomen erscheinen. Hierin liegen die Ursachen für eine eingrenzende Betrachtung und Bestimmung der komplexen Kategorie Umweltschutz. Umweltschutz und die ihn organisierende Umweltpolitik

---

94 Vgl. Handbuch der Wirtschaftswissenschaften. Raumwirtschaft. Stuttgart u. a. 1988. S. 406.

95 Wir könnten auch von einem bestimmten Territorium sprechen.

96 Siebert, H.: Regionales Wachstum und interregionale Mobilität. Tübingen 1970. S. 17.

97 Vgl. Prätorius, G.: Bedeutung der sanften Standortfaktoren im Regionswettbewerb des europäischen Binnenmarktes. In: Institut für Ökologische Betriebswirtschaft Universität Gesamthochschule Siegen: Betriebliches Umweltschutzmanagement. Konferenzmaterialien. Siegen, 8./9. November 1990.

98 Vgl. Lauschmann, E.: Grundlagen einer Theorie der Regionalpolitik. Hannover 1973. S. 17.

99 Dafür läßt sich auch der Begriff *ökologische Infrastruktur* einführen, für die Gesamtheit der naturbelassenen und naturwirksamen Anlagen, Einrichtungen, Gegebenheiten und Ausstattungen, die für das Assimilations- und Abbaupotential der Natur erforderlich sind. Wichtige Gebiete der hier einzuordnenden *natürlichen Infrastruktur* sind die Reinheit von Luft und Wasser oder die Ruhe usw. (Vgl. Scitovsky, T. und A.: What Price Economic Growth. In: Scitovsky: Papers on Welfare and Growth. London 1964.) Bemerkung: Wegen der Probleme der Operationalisierung des weiten Infrastrukturbegriffs wird oft nur die materielle Infrastruktur erfaßt. Vgl. hierzu: Simonis, U. E. (Hrsg.): Infrastruktur. Köln 1977.

ist historisch determiniert und ein konkreter, objektiv an ein Territorium gebundener und notwendiger Teil der Wechselbeziehungen von wirtschaftlichen und natürlichen Prozessen und Gegebenheiten. Diese Wechselbeziehungen bleiben selbst zwar nicht auf diese Territorien begrenzt, treten aber hier konzentriert hervor.

Die Umweltpolitik steht in enger Wechselwirkung mit anderen Politikbereichen. Deshalb sind diese Interdependenzen auch von der ökonomischen Seite her stärker zu erforschen. Dazu zählen insbesondere die ökologisch bedeutsamen Wirkungen und Möglichkeiten der Bereiche Struktur- und Regionalpolitik, der Verkehrspolitik sowie der Energie- und Ressourcenpolitik.

Die zunehmende Berücksichtigung umweltpolitischer Aspekte in fast allen Politikfeldern führt einerseits zu der Forderung nach stärkerer Harmonisierung und Globalisierung des Umweltschutzes und andererseits zu der Forderung, in die regionale Wirtschaftspolitik auch Umweltüberlegungen mit einfließen zu lassen. Zumindest erscheint vielen der Gedanke naheliegend, die Umweltpolitik regionalen Erfordernissen, Bedingungen und Möglichkeiten besser anzupassen und das regionale Diagnosesystem, welches beispielsweise zur Auswahl von Fördergebieten verwendet wird, um die Umweltdimension zu erweitern oder/und das umweltpolitische Instrumentarium regionalspezifisch differenziert zu installieren und anzuwenden.

Wicke (1991) fordert daher:

> "In bezug auf die Regionalpolitik müssen Untersuchungen über die Wirkungen umweltpolitischer Instrumente auf verschiedene *Raumtypen*, das Problem der eventuellen materiellen Benachteiligung von Bewohnern von Ausgleichsräumen und eventuelle Kompensationsmöglichkeiten sowie über die Möglichkeit und Probleme des gezielten Einsatzes der Umweltpolitik als regionalpolitisches Förderungsinstrument durchgeführt werden ... (Damit) kann die ... Umweltökonomie einen wesentlichen Beitrag zur Erhöhung der Rationalität und Verbesserung der Umweltpolitik leisten." (Hervorhebung - U. T.)[100]

Die Frage jedoch, ob eine derartige Erweiterung sinnvoll und praktisch überhaupt möglich ist, wird noch immer sehr kontrovers diskutiert. Deshalb wird sie hier aufgegriffen.

In instrumentaler Hinsicht stehen Investitionszuschüsse und Subventionen, d. h. in der Regel zentral vergebene Fördermittel im Vordergrund des Interesses. Eine Regionalisierung zielt deshalb auf eine Dezentralisierung der Planungs-

---

[100] Wicke, L.: Umweltökonomie. München 1991. S. 25/26.

und Entscheidungskompetenzen, auf eine Verlagerung finanzieller Mittel in die Regionen.

Welche Kompetenzen dezentralisiert werden müssen oder sollen, wird von den Befürwortern und Gegnern einer Regionalisierung jedoch unterschiedlich gesehen. Die Spielarten reichen auch hier von den wettbewerbsorientierten Regionalisierungsvarianten,[101] die eine Dezentralisierung von Planungs- und Durchführungskompetenzen bei gleichzeitiger anreizorientierter Gestaltung des Finanzsystems vorsieht, bis zu stärkeren Staatseingriffsmöglichkeiten und Forderungen nach der Durchsetzung des Subsidiaritätsprinzips, wobei die Abgrenzungen der Kompetenzen oft sehr verschwommen erscheinen.

In diesem Zusammenhang interessieren zunehmend die sogenannten marktwirtschaftlichen oder marktkonformen Instrumente der Umweltpolitik, wobei einerseits die Überlegenheit einer preisgesteuerten Umweltnutzung behauptet wird, aber andererseits insbesondere die Umweltpraktiker diesen Regularien mit einiger Skepsis gegenüberstehen und deren Leistungsfähigkeit bezweifeln. Trotzdem könnte gerade eine Chance der eher regionalen Betrachtungsweise darin bestehen, den Übergang von administrativ-kontrollierenden Methoden und Sanktionen zu stärker informativ-ökonomischen Prinzipien zu erleichtern (Operationalisierung, Kalibrierung).[102]

Eine endgültige Positionierung aus der Sicht der Raumordnung, Landesentwicklung und Regionalpolitik ist bislang nicht deutlich auszumachen. Dieses Thema wird in gewissen Abständen immer wieder diskutiert, war es doch schon Mitte der 70er Jahre Gegenstand verschiedener Debatten (Abwasserabgabe als Instrument der Raumordnung, *Voerde*-Urteil[103] und regionaler Immissionsschutz). Insofern liegt es nahe, den Stand der wissenschaftlichen Diskussion zu diesem Themenkomplex zusammenzufassen, um hieraus Schlußfolgerungen für Theorie und Praxis zu ziehen, wobei sich heute mit Blick auf eine ökologisch orientierte Steuerreform die Fragestellungen eher noch erweitert haben.

---

[101] Vgl. z. B. van Suntum, U.: Regionalpolitik in der Marktwirtschaft. Baden-Baden 1981. sowie: Sachverständigenrat zur Begutachtung der gesamtwirtschaftlichen Entwicklung: Arbeitsplätze im Wettbewerb. Jahresgutachten 1988/89. Stuttgart 1988.

[102] Vgl. Kothe, P.: Marktwirtschaftliche Instrumente in der Luftreinhaltung als Modell situationsgerechten Verwaltungshandelns: ein Beitrag zur instrumentellen Erfassung des Kooperationsgedankens. (Diss.) Bonn (Univ.) 1990.

[103] Gemeint ist das sogenannte *Voerde*-Urteil des Bundesverwaltungsgerichts vom 17. Februar 1978, nach dem Immissionswerte keine generell "verordnete" Grenzwerte, sondern lediglich Verwaltungsvorschriften sind, die weder die Betreiber genehmigungsbedürftiger Anlagen noch die Gerichte, sondern nur die zuständigen Verwaltungsbehörden binden, und auch für von Immissionen betroffene Personen keine normativen Grenzlinien zwischen zulässigen und unzulässigen Immissionen ziehen.

Biehl und andere taten dies bereits für die raumwirksamen Einnahmen und Ausgaben. Wenngleich nicht explizit mit Bezug zur Umweltpolitik, so werden trotzdem wesentliche Seiten der umweltpolitischen Instrumente berührt. Sie fordern zusammenfassend beispielsweise:

> "In ... Studien zur *Regionalisierung* raumwirksamer Mittel müßten zunächst die zu untersuchenden Ziele erörtert ... und so formuliert werden, daß eine Operationalisierung des Zielerreichungsgrades möglich wird. ... Da sich die bisherigen Regionalstudien hauptsächlich mit der Ausgabenseite der öffentlichen Haushalte beschäftigen, wäre in weiteren Regionalstudien eine intensivere Beschäftigung mit der Einnahmenseite des Budgets wünschenswert. Die räumliche Zuordnung der Einnahmen bereitet den Autoren größere Probleme als die räumliche Zuordnung der Ausgaben. Auf der Einnahmenseite ist die Diskussion über die Steuer*regionalisierung* am weitesten fortgeschritten. ... Am wenigsten Beachtung fand in der Literatur eine *Regionalisierung* der Kredite. ... Wünschenswert wären flächendeckende Untersuchungen. ... In den bisherigen Studien wurden, was die Ausgabenseite anbelangt, vergleichende Untersuchungen für die Subventionen an die gewerbliche Wirtschaft zwischen den Regionen vernachlässigt. Ähnlich verhält es sich mit öffentlichen Finanzhilfen für die Infrastruktur. ... Mit Hilfe des Potentialfaktoransatzes ... wäre es auch möglich zu prüfen, inwieweit dadurch das regionale Entwicklungspotential, das durch naturräumliche Faktoren, Agglomeration ..., sektorale Wirtschaftsstruktur und Infrastrukturausstattung bestimmt wird, überlastet oder nicht ausgelastet ist und inwieweit die Fördermittel in die 'falschen' Regionen gelangt sind. (Hervorhebungen - U. T.)"[104]

Die umweltpolitische Erweiterung dieser wichtigen Fragen führt zu neuen Konsequenzen und könnte u. a. darin bestehen,[105]

- daß nicht nur ein Instrument von Bedeutung sein kann, sondern die Vielzahl der Instrumente zu betrachten sind,
- daß nicht nur die Chancen und Risiken einer regionalen Integration, sondern auch die Wirkungsanalysen dieser umweltpolitischen Instrumente interessieren,
- daß nicht nur die ökologischen Lenkungswirkungen, sondern auch die Einnahme- und Ausgabenseite zu untersuchen wären.

---

[104] Biehl, D./Ullrich, H. H./Wolf, W.: Regionalisierung raumwirksamer Einnahmen und Ausgaben von Bund, Ländern und Gemeinden. Beiträge der Akademie für Raumforschung und Landesplanung. Band 98. Hannover 1988. S. 148 - 151.

[105] Vgl. Bergmann, E./Kanzlerski, D.: Marktwirtschaftliche Instrumente der Umweltpolitik - ein Thema für die Raumordnung? In: Bundesforschungsanstalt für Landeskunde und Raumordnung: Informationen zur Raumentwicklung. Heft 2/3. Bonn 1992. S. I.

Da Regionalpolitik im wirtschaftspolitischen Verständnis[106] mit regionaler Wirtschafts- und Strukturpolitik gleichgesetzt und als explizit räumlich ausgerichteter Zweig der allgemeinen Strukturpolitik interpretiert wird, werden der Regionalpolitik in jüngster Zeit zunehmend auch umweltpolitische Aufgaben angetragen. So wird z. B. eine engere Verzahnung zwischen Regional- und Umweltpolitik mit einer umweltpolitischen Ausrichtung der über die "Gemeinschaftsaufgabe Verbesserung der regionalen Wirtschaftsstruktur" induzierten Realkapitalmobilisierung vorgeschlagen.

Regionalisierung bedeutet in diesem Zusammenhang die Verlagerung strukturpolitischer Aktivitäten in die Regionen, d. h. eine Dezentralisation der Strukturpolitik. Neben dem primären wirtschaftlichen Ausgleichs-, Effizienz- und Wachstumsanliegen soll das Umweltschutzziel den Zielhorizont der Regionalpolitik ergänzen. Doch dadurch wird die vorliegende Ziel-Problematik zusätzlich unschärfer.

Hierzu lassen sich mindestens zwei divergierende Schlußfolgerungen (Zielkonflikte) ableiten:

- Umweltbelastungen signalisieren eine Überbeanspruchung der Natur und verbieten eine weitere Ansiedlung/Expansion von Unternehmen unabhängig von der "Förderbedürftigkeit" der betreffenden Region (Umweltengpaßindikator).
- Umweltdefizite (Belastungsniveau) verlangen regelrecht nach Förderung (z. B. UWS-Technik, neue Technologieansiedelung) im Sinne einer regionalen Sanierungsstrategie, die Umweltschutzinvestitionen besonders unterstützt, vor allem in altindustriellen Ballungsräumen (Förderbedürftigkeitsindikator).

Eine eindeutige Ausrichtung der Regionalpolitik nach der ersten oder zweiten Variante ist bisher nicht erkennbar. Zielkonflikte dieser Art sind der praktischen Regional- und auch Wirtschaftspolitik ohnehin nicht fremd (Bsp.: Tourismus versus Umweltschutz, Gewerbeflächen/Verkehrsinfrastruktur versus Naturschutz, Vollbeschäftigung versus Preisniveaustabilität usw.). Bisher beschränkte sich Regionalpolitik vornehmlich auf Elemente und Teilanliegen des Einkommensziels (Arbeitsmarkt).

Raumordnung, Standortfragen und Standortfixierung waren in der Nachkriegszeit, vor allem der Wachstumseuphorie der 60er Jahre, auf die klassischen Agglomerationsvorteile ausgerichtet: Regionen wurden danach ausgewählt und gefördert, welcher Beitrag für das Wachstum zu erwarten sei. Die Ökologie spielte nur im Sinne einer ökonomischen Negativ-Auswahl eine Rolle, indem bestimmte Regionen für Erholungszwecke bereit gehalten wurden (funktionale

---

[106] Vgl. Woll, A.: Wirtschaftslexikon. 5. Aufl. München/Wien 1991. S. 614.

räumliche Trennung von Wohnen und Arbeiten). Hierin liegen auch wesentliche Ursachen für die heutigen Agglomerationen. Die Standortfixierung ist durch den Kapitalfaktor bestimmt; Arbeit wurde mobil gehalten.

Seit Beginn der 70er Jahre ist eine Ökologisierung der Raumordnung langsam erkennbar. Eine aktive Sanierung in der Raumordnung wird unter den Stichworten "endogene Regionalentwicklung", "potentiale Regionalentwicklung" und "innovationsorientierte Regionalentwicklung" diskutiert, die aber weitgehend ökonomisch bestimmt bleibt, die von der Mobilität des Kapitals und dezentraler Konzentration in kleinen Ballungsgebieten mit Mindestagglomerisationsvorteilen ausgeht: Freiraumsicherung, Überbauungsverhinderung, In-Frage-Stellung tiefstrukturierter Arbeitsteilung, Internalisierung von Transport- und Ballungskosten gemäß Verursacherprinzip.[107]

Wie sich eine stärker umweltpolitisch ausgerichtete Regionalpolitik auswirken wird, hängt ihrerseits wiederum entscheidend davon ab, welche Inhalte in den entsprechenden Umweltindikatoren berücksichtigt werden sollen, und welche Schlußfolgerungen sich mit diesen Indikatoren verbinden. Hier liegt noch ein riesiger Forschungsbedarf vor, der mit der vorliegenden Arbeit nicht befriedigt werden kann. Wie sähen beispielsweise Umweltindikatoren aus, die die Umweltfunktion einer bestimmten Region verdeutlichen sollen, die zugunsten der gesamten Gesellschaft zu erhalten und zu pflegen wären?

Wenn in der Umweltpolitik und in der Theorie über eine *Regionalisierung* nachgedacht, gesprochen oder geschrieben wird, dann kann darunter sowohl eine Dezentralisierung der Entscheidungsmacht als auch eine unterschiedliche Anwendung des umweltpolitischen Instrumentariums verstanden werden. Letzteres findet seine Ursache zum Teil in den unterschiedlichen Umweltqualitätszielen für die betreffenden Regionen, zum Teil aber auch in den unterschiedlichen Aufwendungen, die für ein in allen Regionen gleichwertiges Umweltqualitätsniveau (gleiche Lebensbedingungen, konstantes Qualitätsziel) notwendig sind, worauf u. a. *Siebert*[108] aufmerksam macht.

Während eine mögliche Dezentralisierung der Entscheidungsmacht in der Umweltpolitik offensichtlich in ihrer Folge auch mit einem unterschiedlichen Instrumenteneinsatz verbunden ist, lassen sich regional differenzierte Instrumente sowohl mit zentraler als auch dezentraler umweltpolitischer Kompetenz vereinbaren. Deshalb werden wir uns zunächst den Vor- und Nachteilen einer

---

[107] Vgl. Malinsky, A. H.: Regionale Komponenten einer präventiven Umweltpolitik. In: Institut für Ökologische Betriebswirtschaft Universität Gesamthochschule Siegen: Betriebliches Umweltschutzmanagement. Konferenzmaterialien. Siegen, 8./9. November 1990.

[108] Vgl. Siebert, H.: Ökonomische Theorie der Umwelt. Tübingen 1987. S. 124.

regionalen Differenzierung des Instrumentariums zuwenden und erst danach die Frage der Zuweisung von Entscheidungskompetenz betrachten.[109]

Wie bereits herausgearbeitet, kann es beim proaktiven Umweltschutz nicht mehr nur darum gehen, die Emissionen als Kernproblem zu sehen, sondern es geht zunehmend um die präventive Vermeidung unerwünschter Ströme.[110] Auch aus diesem Grunde muß der unmittelbare Produktions- und Konsumtionsstandort im Mittelpunkt umweltpolitischen Interesses stehen.

So wird in jüngster Zeit im Zusammenhang mit dem Leitbild der "Nachhaltigkeit"[111] der räumlich-funktionalen Arbeitsteilung in den Regionen eine Schlüsselfunktion beigemessen. Wachsende Zersplitterung und das Nebeneinander von absteigenden und aufsteigenden Regionen vor dem Hintergrund des wirtschaftlichen Strukturwandels erfordern neue Vernetzungen von funktionsräumlichen arbeitsteiligen Prozessen der Ver- und Entsorgung (Abfall, Atomindustrie, etc.) in allen Teilräumen eines Gebietes.

Hesse sieht für die Umsetzung des Leitbildes der Nachhaltigkeit auf regionaler und übergeordneter Ebene folgende Anknüpfungspunkte:

a) die Frage nach der Zukunft des Primärsektors und besonders der Landwirtschaft,

b) die Aktionsräume der Versorgung, die auch an die jeweiligen Kreisläufe der Entsorgung gekoppelt sind.

Nachhaltigkeit in der lokalen Ökonomie sollte da ansetzen, wo es um alltäglich wiederkehrende Grundbedürfnisse geht, die raumnah realisierbar sind. Dazu sei erforderlich:

---

[109] Auch *Meißner* widmet sich der Regionalisierung der Umweltpolitik als einem Beispiel dafür, daß die Zielsetzung der Umweltpolitik hinsichtlich Effizienz oder Gleichheit und ihre entsprechende Instrumentalisierung der Zielpriorität im ökonomischen Bereich zuwiderlaufen kann. Er versteht unter Regionalisierung „entweder eine regionale Differenzierung der (angestrebten) Umweltqualität oder aber der ökonomischen Instrumente der Umweltpolitik." Und er präzisiert diese Aussage: „Der Hauptansatzpunkt der Umweltschutzpolitik ist die Schadstoffentstehung (Emissionsseite). Regionalisierung von Umweltpolitik wird deshalb in erster Linie bedeuten: Regional differenzierte Emissionsstandards ..." Vgl. Meißner, W.: Regionalisierte Umweltpolitik und ihre Auswirkungen auf den Wettbewerb. In: Gutzler, H. (Hrsg.): Umweltpolitik und Wettbewerb. Baden-Baden 1981. S. 230/231. Siehe außerdem: Siebert, H./Walter, I./Zimmermann, K. (Hrsg.): Regional Environmental Policy. New York 1979.

[110] Außerdem sei auf die Ausführungen über die Luft und die Luftschadstoffe, die Komplexität der Emissions-, Diffusions- und Immissionsfaktoren sowie die Multikausalität hingewiesen.

[111] Vgl. Hesse, M.: Nachhaltigkeit und Region. Querdenken, Vernetzen, Modernisieren. In: IÖW-Informationsdienst. Nr. 6. Institut für ökologische Wirtschaftsforschung. Berlin, November/Dezember 1994. S. 10 - 12.

1. Verknüpfung räumlicher Planungsebenen mit ökologischen Handlungsstrategien,
2. Vernetzung sektoraler Planungen in der Region,
3. Aufwertung der lokalen und regionalen Handlungs- und Problemlösungskompetenzen,
4. Verbindung von Zielen und Inhalten privater und öffentlicher Entscheidungsträger.[112]

Zu berücksichtigen sind das bestehende Standortgefüge der Industrie, die territoriale Differenzierung der Standortverteilung der besonders emissionsintensiven Industrien, Altlasten, Proportionen, Strukturen, Kreisläufe, Verkehrsaufwand usw. Darüber hinaus bedürfen Territorien, die innerhalb einer Volkswirtschaft einem überdurchschnittlichen ökologischen Verschleiß unterworfen sind oder waren, zur Sicherung ihrer Reproduktion gegebenfalls adäquater Umverteilungen aus der gesamten Volkswirtschaft und differenzierter Strategien in der Umweltschutzpolitik, um das erforderliche Niveau der territorialen Reproduktion zu gewährleisten.

Als Ansatzpunkte einer proaktiven umweltpolitischen Regionalisierung sind neben den bereits vorhandenen Vorbelastungen die sowohl emissionsseitigen als auch immissionsseitigen Faktoren, sind alle regionalen ökologisch bedeutsamen Bedingungen und Gegebenheiten für die Inanspruchnahme des Assimilations- und Abbaupotentials der Natur zu berücksichtigen:

Lemser zählt bezogen auf das Immissionsniveau die folgenden Einflußfaktoren auf:

a) urbane, industrielle und infrastrukturelle Agglomeration (Bebauung, Bebauungsdichte, Funktionsüberlagerungen Wohnen-Industrie, Verkehrsdichte, dominierende Verkehrsmittel, Verkehrsnetzdichte usw.
b) Industriestruktur (Branchen, Erzeugnisse, Rohstoffe)
c) technisch-technologische Faktoren in der Industrie bzw. Landwirtschaft (Abscheide- und Filteranlagen, Höhe, Art und Entwicklungsstand von Ableitanlagen)
d) Feuerungsprozesse, industrielle und kommunale Wärmeversorgung und Abluftbehandlung (Brennstoffe, Kapazität, Wirkungsgrad, Zentralisation, Verbundsysteme)

---

[112] Vgl. Hesse, M.: Nachhaltigkeit und Region. In: IÖW-Informationsdienst. Nr. 6. Institut für ökologische Wirtschaftsforschung. Berlin, November/Dezember 1994. S. 11.

e) natürliche Faktoren (geographisches Milieu, meteorologisch-klimatisch, Inversionsschichten usw.)[113]

Nicht die Konzentration der Produktion und der Bevölkerung an sich sind die Ursache der Umweltproblemzuspitzung, sondern deren mangelhafte Reflexion in den ökonomischen Beziehungen und umweltpolitischen Regularien. Dadurch verkehren sich die objektiven Ballungsvorteile. Offensichtlich bestehen noch unzureichende Grundlagen für eine wirksame Übereinstimmung von Ökonomie und Ökologie, für einen durchgängigen, umfassenden Umweltschutz auf ökonomischen Grundlagen. Die Verknüpfung von mikro- und makroökonomischen Grundbeziehungen, Zielen und Interessen sowie von unterschiedlichen volkswirtschaftlichen Ebenen stellt sich daher als eine aktuelle und komplizierte Aufgabe dar, wobei in den Regionen, als einem wichtigen Konzentrationspunkt, ein möglicher Ansatz gefunden werden könnte.

Die Vernachlässigung der ökologischen Standortfaktoren beeinträchtigt auch die Stabilität der übrigen Standortfaktoren. Eines ihrer entscheidenden Merkmale ist ihre *Unabkömmlichkeit* für die Lebens- und Produktionsprozesse (Boden/Fläche, Wasser, Luft, Arbeit, technische und soziale Infrastruktur). Von der Qualität und Quantität ihrer Existenz und Entwicklung werden die Interessen aller Wirtschaftssubjekte in einer Region berührt.

Dabei ist in der Wissenschaft nicht exakt geklärt, welche Rolle (Ausmaß, Engpaß) spezifische Standortfaktoren (Wachstumsfaktoren) und Disparitäten für die regionale Wirtschaftsentwicklung spielen: Ist eine schlechte Umweltsituation nur als ein Hemmnis weiterer wirtschaftlicher Entwicklung anzusehen oder könnte die Herbeiführung bzw. der Erhalt einer bestimmten Umweltqualität ein Motor für die Entwicklung einer Region sein? Oder erweisen sich hohe Umweltstandards als unerträgliche wirtschaftliche Last für die Unternehmen einer Region?

Die *Regionalwissenschaft* tut sich i. d. R. schwer mit eindeutigen Antworten auf derartige Fragen.[114] Sie kennt verschiedene theroretische Modelle, um die räumliche Verteilung wirtschaftlich relevanter Aktivitäten - sowohl deren gleichmäßige Verteilung als auch die Konzentration - zu erklären. Unterstellt man eine zufallsbedingte Verteilung der immobilen Ressourcen und der Nach-

---

[113] Vgl. Lemser, B.: Der Einfluß der Schadstoffbelastung der Luft. S. 17.

[114] So können beispielsweise die Wirtschaftsforschungsinstitute in ihren Gutachten bezüglich der Forderung zur Erhaltung sogenannter „industrieller Kerne“ in Ostdeutschland keine eindeutigen Empfehlungen für die Wirtschaftspolitik vorlegen. Wörtlich heißt es dort: „Die Wirksamkeit der Konzepte ... kann nicht abschließend bewertet werden.“ (Gesamtwirtschaftliche und unternehmerische Anpassungsfortschritte in Ostdeutschland. In: DIW-Wochenbericht. Nr. 15. Deutsches Institut für Wirtschaftsforschung. Berlin 1994. S. 227.)

frage, müßte sich durch den Mechanismus des Faktorpreisausgleichs eigentlich eine gleichmäßige räumliche Streuung der mobilen Produktionsfaktoren Arbeit und Kapital ergeben: reichlicheres Vorhandensein eines Faktors, führte dazu, daß auch seine Produktivität und Entlohnung entsprechend geringer wäre. Damit bestünde ein Anreiz, diesen Faktor an einem anderen Ort einzusetzen, wo seine Produktivität und Entlohnung höher sind.

Tatsächlich findet sich jedoch permanent eine sehr unterschiedliche räumliche Verteilung wirtschaftlicher Aktivitäten. Neben schwach industrialisierten Regionen gibt es hochverdichtete Regionen. Die Regionalökonomie hat die Herausbildung und Existenz von Ballungsräumen lange Zeit vor allem mit Transportkosten erklärt (Rohstoffe und Absatzorientierung). Viele Ansiedlungen lassen sich auf diese Weise aber nicht hinreichend erklären. Historische und zufällige Gründe gehören ebenso dazu, wie das Arbeitskräftepotential, Dienstleistungsangebote, Informationen und weitere, auch weiche Standortfaktoren. Die Produktivität der mobilen Faktoren Arbeit und Kapital hängt danach von ihrer Kombination mit immobilen Faktoren (z. B. Naturraumausstattung, Umweltsituation, Naturpotentiale) sowie von den davon ausgehenden positiven und negativen Effekten ab.

Die *regionalökonomische Standortdiskussion* hält in diesem Zusammenhang zwei kontroverse Hypothesen bereit:

Die Kernaussage der älteren Standorttheorie, daß langfristig die Entwicklung der einzelnen Regionen gegeneinander konvergiert, wird aus der Überlastung dynamischer Zentren und daraus folgenden Produktionsverlagerungen in das Umland abgeleitet (Deagglomeration). Im Gegensatz dazu geht die neuere Standorttheorie davon aus, daß durch sogenannte Fühlungsvorteile von Zentren (gut ausgebaute Infrastruktur, informationelle Netze, hochqualifiziertes Humankapital) die Unternehmen vermehrt zu einer Niederlassungsentscheidung zugunsten dynamischer Wirtschaftszentren bewegt werden.[115]

In Anbetracht der Konsequenzen, die sich aus den unterschiedlichen Verdichtungsgraden von Wirtschaftsräumen ergeben, unterscheidet die Bundesforschungsanstalt für Landes- und Raumkunde (BfLR) folgende Raumtypen:

Regionen mit großen Verdichtungsräumen (RGV)
* Kernstädte,
* Hochverdichtete Kreise,
* Verdichtete Kreise
* Ländliche Kreise

---

[115] Vgl. IWH-Kurzinformationen. Institut für Wirtschaftsforschung. Nr. 30. Halle, 30. September 1994. S. 3.

Regionen mit Verdichtungsansätzen (RVA)
* Kernstädte
* Verdichtete Kreise
* Ländliche Kreise

Ländlich geprägte Regionen
* Verdichtete Kreise
* Ländliche Kreise

Neue Bundesländer

Es war erforderlich, die neuen Bundesländer auf Grund ihrer Ausgangslage, ihres komplizierten Wandlungsprozesses und der zu bewältigenden Aufgaben als einheitliche Region, als einen gesonderten Raumtyp zu betrachten. Darauf werden wir in unserem Abschnitt über das methodische Vorgehen (*B.* 4.) zurückkommen, weil der Transformationsprozeß und die Luftreinhaltepolitik eine solche Klassifikation und Typisierung begründen.

3.2. Regional unterschiedliche Umweltqualitätsniveaus

Regionale Gestaltung muß eine Volkswirtschaft nach bestimmten Gesichtspunkten in (Wirtschafts-) Regionen aufteilen. Um die regionalen Bedingungen bzw. Produktionsfaktoren beeinflussen zu können, müssen sie mobil oder veränderbar sein. Bei totaler Immobilität aller Faktoren und Güter käme es zu keiner Arbeitsteilung und zu keinen Austauschbeziehungen. Andererseits ist bei vollkommener räumlicher Mobilität sämtlicher Güter und Faktoren auch eine Regionalisierung problematisch, da bei allen Raumpunkten der Volkswirtschaft gleiche Produktions- und Nachfragebedingungen bestehen. Hier entfallen regionale Besonderheiten.

In der Realität sind in sämtlichen Regionen sowohl immobile als auch mobile Güter und Faktoren vorhanden. Immobil sind interregional nicht transportierbare bzw. nicht handelbare Güter und Faktoren, wie z. B. natürliche Assimilations- und Abbauprotentiale, Boden und Klima sowie die materielle Infrastruktur. Für mobile Faktoren und Güter sind raumwirtschaftliche Austausch- und Handelsbeziehungen möglich.[116] Einzelne Regionen unterscheiden sich qualitativ, was z. T. mit unterschiedlichen Kosten verbunden ist. Nachteilige Faktoren

[116] Vgl. Hemmer, H. R.: Wirtschaftsprobleme der Entwicklungsländer. 2. Auflage. München 1988. S. 587 f.

können durch infrastrukturelle Maßnahmen zumindest teilweise beseitigt werden.

Eine Diversifikation der regionalen Wirtschaftsstruktur kann durch die Ansiedlung und gezielte Förderung bestimmter Sektoren erfolgen. Zur Beeinflussung der regionalen Entwicklung kommen verschiedene Faktoren zur Anwendung. Bei *Hemmer* werden z. B. zwei Faktoren betrachtet, die bei der ökonomischen Segmentierung einer Volkswirtschaft angewandt werden: Die Abgrenzungs- und Umfangskriterien.[117] Als Abgrenzungskriterien werden in der Literatur vor allem das *Homogenitäts-* und das *Funktionsprinzip* vorgeschlagen.

Das Homogenitätsprinzip bezieht sich auf geographisch-physikalische Eigenschaften, auf das sozio-kulturelle System und auf rein ökonomische Grundelemente. Beim Funktionsprinzip handelt es sich um ökonomische Interdependenzen infolge funktioneller Beziehungen, wobei das Gesamtsystem der ökonomischen Verflechtungen zugrundegelegt wird.

Die Umfangskriterien dienen zur Bestimmung der zweckmäßigsten Größe der Regionen. Hiernach sollen die einzelnen Regionen klein genug sein, um die verantwortlichen Institutionen in die Lage zu versetzen, die Voraussetzungen, Probleme und Vorstellungen der dortigen Bevölkerung zu erkennen, zu verstehen und schließlich zu berücksichtigen. Die Regionen sollten aber groß genug sein, um die intersektorale und interinstitutionelle Komplementarität zu nutzen. Hier werden sektorale Verflechtungen als wichtige Hauptbedingung und die Homogenitätskriterien u. a. als Nebenbedingungen aufgenommen. Legen wir die Umfangskriterien zur Einteilung von Wirtschaftsregionen zugrunde, da eine ausreichende Größe der Standorte für die Entfaltung der wirtschaftlichen Aktivitäten wichtig ist,[118] so besteht ein enger Zusammenhang zur jeweiligen Umweltsituation in den betreffenden Regionen.

Sehr kompliziert und praktisch nicht realisierbar ist die Bestimmung eines exakten *Indexes für Umweltqualität* (d. h. die Bindung von Umweltqualität an ein Wohlstandsoptimum) sowohl für eine Region als auch innerhalb eines so großen Raumes wie der Bundesrepublik Deutschland oder Europa. Das liegt daran, daß die Umweltqualität aus einer Vielzahl von Umweltverbrauchs- und -belastungskomponenten besteht, die auf die verschiedenen Umweltmedien einwirken und außerdem in verschiedenen Regionen unterschiedlich auftreten.

---

[117] Vgl. Hemmer, H. R.: Wirtschaftsprobleme der Entwicklungsländer. 2. Auflage. München 1988. S. 587 f.

[118] In der Bundesrepublik wurden z. B. Regionen in 64 Analyseräume für eine regionalisierte Strukturberichterstattung segmentiert. Vgl. Braun, H. G.: Konzept und Probleme der dezentralen Industrialisierung in Entwicklungsländern. In : Timmermann, V.: Beiträge zur Industriealisierungs- und Handelspolitik der Entwicklungsländer. Berlin 1980. S. 45. Vgl. Deutsches Institut für Wirtschaftsforschung - Beiträge zur Strukturforschung. Heft 64. Berlin 1981. S. 22 ff.

In einem solchen Umweltqualitätsindex, wie er zu einer wohlstandsoptimierenden Zielerreichung erforderlich wäre, müßte also z. B. entschieden werden, ob eine Senkung der Luftbelastung mit Schwefeldioxid hinsichtlich der gesamten Umweltqualität höher, geringer oder gleich bewertet wird wie eine in deren Folge hervorgerufenen Zunahme der Wasser- oder Abfallbelastung (Verlagerung des Umweltproblems von einem Medium in ein anderes).[119] Verschiedene Belastungsarten sind zu vergleichen und zu bewerten. Eine Vielzahl medial und auch regional unterschiedlicher Belastungen sind gegeneinander zu gewichten und in einen Umweltqualitätsindex einzubringen, der die Grundlage für die umweltpolitische Präferierungsstrategien bilden müßte. Da eine solche exakte Bestimmung unmöglich zu sein scheint, wird auch aus diesem Grunde im Sinne einer politikberatenden Hilfe durch die Umweltökonomie häufig auf *Kosten-Nutzen-Untersuchungen*[120] abgestellt. Eine weitere, erfolgversprechende wissenschaftliche Stoßrichtung der Umweltökonomie stellt aus dem selben Grunde auch die *Bewertung und Entwicklung umweltpolitischer Instrumente* dar. Dazu zählt auch eine Berücksichtigung regionaler Disparitäten bei der Nutzung des breiten Instrumentariums.

Politische Wertungen sind daher unerläßlich, um sowohl wirtschafts- wie auch umweltpolitische Maßnahmen durch den Staat so zu ergreifen, damit es bei Abwägung aller Vor- und Nachteile insgesamt zu einer Verbesserung der Wohlfahrt der Gesellschaft kommt. Darum haben derartige Gedanken ihre Berechtigung, auch wenn sie keinesfalls eindeutige wirtschaftswissenschaftliche Antworten für konkretes Handeln liefern können.

Die hier angestellten Überlegungen beziehen sich zunächst auf Umweltqualitätsniveaus, die von (Luft-) Schadstoffen beeinflußt werden, deren Auswirkungen im wesentlichen innerhalb einer abgrenzbaren Region anfallen. Diese können ohne oder mit Wirkung auf andere Regionen sein.

Ein flächendeckendes Bild von der durchschnittlichen Belastung beispielsweise mit Schwefeldioxid haben Wissenschaftler der Universität *Mainz* (Institut für Physik) aus Routinemessungen abgeleitet. Bislang werden in der Bundesrepublik Immissionswerte nur punktuell gemessen, *Immissionskataster* nur für bestimmte Ballungsräume aufgestellt, in denen man eine besonders hohe Belastung erwartet. Es wurde ein spezielles Auswertungsverfahren entwickelt, bei dem außer Schadstoffkonzentrationen auch Windrichtung und Windgeschwindigkeiten berücksichtigt werden. Für jede Meßstation wurden dazu sogenannte Konzentrationsrosen erstellt. Da ihre Sektoren sich vielfach überschneiden,

---

[119] Vgl. Wicke, L.: Umweltökonomie. S. 17.

[120] Siehe auch im Anhang (S. 21/22) die Abbildungen 2 bis 4: „Nutzen und Kosten verschiedener Luftqualitäten", „Geschätzte luftverschmutzungsbedingte Kosten durch Atemwegserkrankungen in der Bundesrepublik Deutschland" und „Geschätzte luftverschmutzungsbedingte Materialschäden in der Bundesrepublik Deutschland."

lassen sie Rückschlüsse auf besonders hohe oder besonders niedrige Werte auch für Regionen zu, in denen (noch) nicht direkt gemessen wird. Testrechnungen ergaben, daß sich mit diesem Verfahren die Mittelwerte der einzelnen Stationen mit Fehlern von weniger als 10 Prozent reproduzieren lassen. Mit den Meßergebnissen für Schwefeldioxid, Schwebstaub und Kohlenmonoxid aus dem Jahr 1985 werden die Immissionen in der damaligen Bundesrepublik und (soweit die Meßwerte reichten) auch in Teilen der DDR flächendeckend wiedergegeben.

Die Abbildung 5 zeigt Schwefeldioxidbelastungen. Dabei stehen weiße Flächen für eine durchschnittliche Konzentration von weniger als 30 Mikrogramm, die dunkelsten Flächen für eine durchschnittliche Belastung mit mehr als 100 Mikrogramm pro Kubikmeter Luft. Für grobschraffierte Flächen lagen keine Werte vor. Für den Südwesten Ostdeutschlands zeigt schon die Auswertung der damaligen westdeutschen Meßergebnisse großflächig Konzentrationen von mehr als 120 Mikrogramm Schwefeldioxid pro Kubikmeter Luft. Berücksichtigt man die Abnahme der Konzentration während des Transports und die Lebensdauer der Substanz, so liegt der Schluß nahe, daß die tatsächlichen Werte bis zu 300 Mikrogramm pro Kubikmeter erreichen. Eine spätere Überprüfung mit DDR-Daten bestätigte diese Vermutungen. (Siehe hierzu Untersuchungsergebnisse in Kapitel C.) Mit vergleichsweise geringem Rechenaufwand kann mit dieser Methode ein realistisches Bild der regional differenzierten Luftbelastung, trotz Lücken der bisherigen Messungen, gezeichnet werden.

Außerdem läßt sich auf diese Weise die Belastung in verschiedenen Jahreszeiten oder an Werk- und Feiertagen getrennt ermitteln. Daraus ließe sich ein *Emissionskataster* entwickeln, das nicht wie bisher auf Schätzungen, sondern auf Meßwerten basiert. Belastungsregionen sind dadurch flächenmäßig abgrenzbar. Auch andere Raumtypen ließen sich identifizieren.

Immer wenn sich Umwelt als ein eindeutig regionales oder nationales Gut abgrenzen läßt (heimisches Flußsystem, bodennahe Emissionen), kann auch die Umweltpolitik das *Quellenprinzip bzw. das Verursacherprinzip* nutzen. Umweltbelastungen der Luft haben aber länder- und regionenübergreifenden Charakter (Ferntransporte von Schadstoffen, Ozonloch, etc.) Jedoch sollte das nicht a priori dazu führen, regionalen Überlegungen keine Chance einzuräumen und sie gleichsam als globale Probleme einzuordnen, weil nicht nur die Immissions- und Distributionsproblematik, sondern das Emissionsaufkommen gesehen und beeinflußt werden muß. Zudem können Umweltpotentiale, die diese Immissions- und Emissionssituation beeinflussen, von Land zu Land, von Region zu Region unterschiedlich knapp sein: Die Aufnahmefähigkeit für Schadstoffe kann unterschiedlich ausgeprägt sein. Die Besiedlung kann besonders dicht sein, Verkehr und Erholung, Wohnen und Arbeiten lassen sich nicht gut räumlich trennen; Umweltpräferenzen werden in verschiedenen Regionen unterschiedlich gesetzt. Selbst bei gleichen Präferenzen wird die Umweltqualität angesichts der Umweltrestriktionen und Nebenbedingungen unterschiedlich bewertet! Folglich können Umweltqualität und Umweltinstrumente von Region zu Region, von Land zu Land verschieden sein, sind auch hier entscheidende

Abbildung 5: Berechnete durchschnittliche Belastung mit Schwefeldioxid [121]

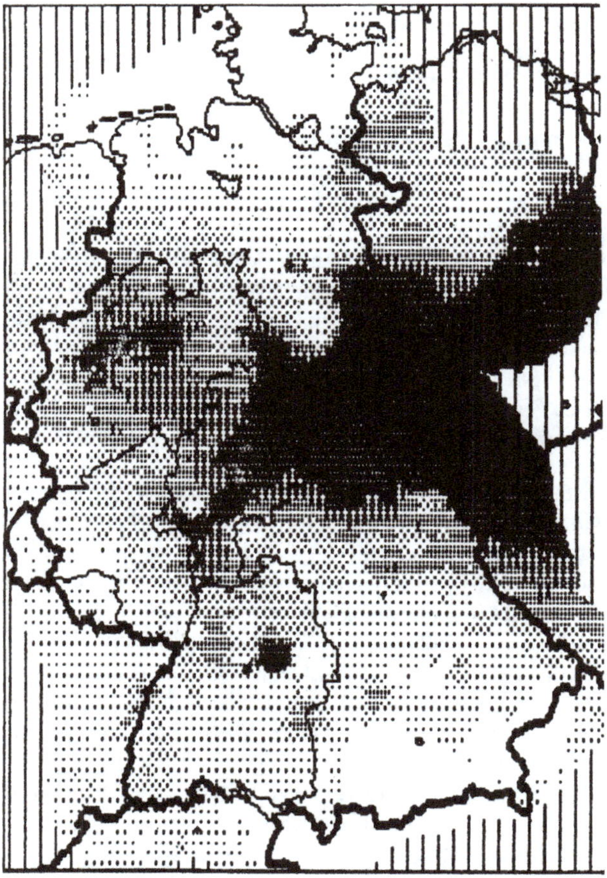

[121] Vautz, W.: Schwefeldioxydbelastungen. Modell. Universität Mainz. Institut für Physik. Mainz 1985.

Disparitäten vorhanden. Die Einstufung oder Abgrenzung einer bestimmten Region nach ihrem Umweltqualitätsniveau müßte somit den Ausgangspunkt für weitere Regionalisierungsschritte bilden. Wie wir noch sehen werden, bilden folgerichtig die neuen Bundesländer im Unterschied zu den alten Bundesländern eine solche Region. Dieses Beispiel Ostdeutschlands ist gleichermaßen auf andere Regionen (z. B. in Mittel- und Osteuropa) übertragbar, wenn bestimmte Umweltqualitätsstandards beigezogen werden.

3.3. Regional unterschiedliche Instrumentierung der Umweltpolitik

3.3.1. Luftreinhalteplanung und Belastungsgebiete

Die Betrachtung der Umwelt (z. B. Sonnenschein, Wind, saubere Luft, Wälder) als einen immobilen Faktor entkräftet das Argument von den gleichen Produktions- und Wettbewerbsbedingungen. Hier handelt es sich um einen Faktor (wie Arbeit und Boden), der die komparativen Standortvorteile oder Nachteile kennzeichnet. Auch umweltpolitische Regularien und Rahmenbedingungen (Emissionssteuern, Emissionslizenzen, Auflagen usw.) stellen einen standörtlichen (Kosten-) Faktor dar, was natürlich den komparativen und absoluten Preisvorteil eines Standortes (Region, Land) gegenüber einem anderen reduzieren oder verbessern kann.

Eine andere Frage ist es, auf welcher Basis die (umweltpolitischen) Instrumente (der Luftreinhaltung) differenziert angewendet werden. Ohne den Ergebnissen dieser Arbeit vorzugreifen, muß es sich dabei unter Berücksichtigung regional unterschiedlicher Umweltqualität um ein einheitliches, aufeinander harmonisch abgestimmtes Instrumentensystem handeln, wobei sich nur die Einsatzvarianten (Steuer- und Gebührensätze, Emissionszertifikatpreise, etc.), nicht aber die Gesamt-Instrumentierung unterscheiden. Für die Emissions- und Immissionsmessungen, für Klassifikationen und Typisierungen, müssen die gleichen Methoden vorgeschrieben sein. Auf diese Weise bestünde Transparenz, könnten ungerechtfertigte Marktsegmentierungen vermieden und sinnvolle nationale oder international angestrebte Vereinheitlichungen der umweltpolitischen Grundlagen bei gleichzeitiger Beachtung regionaler und lokaler Bedingungen, Erfordernisse und Möglichkeiten verwirklicht werden.

Während über das genau zu erreichende Ziel höchstens vom Standpunkt der Naturwissenschaften und der Umweltforschung Ansätze geliefert werden, kann wegen der Komplexität des politischen Entscheidungsprozesses wenig exakt Definierbares zu den Zielvorgaben gesagt werden („Stand der Technik", Grenzwert- und Tempolimitdiskussion, politische Prioritäten usw.).

Allerdings besteht zumindest über den allgemeinen Wirkungsmechanismus der Instrumente theoretisch weitgehende Einigkeit. Zwar finden wir heute ökonomische Instrumente lediglich bei der Abwasserabgabe[122] und in Ansätzen in Gestalt der Kompensations-Lösung im Immissionsschutz, doch werden sie gegenüber den ordnungsrechtlichen Instrumenten von den Theoretikern weitgehend als überlegen akzeptiert.

Prinzipiell lassen sich alle umweltpolitischen Instrumente räumlich differenzieren. (Zu berücksichtigen sind jedoch die rechtlichen/grundgesetzlichen Bedingungen bzw. EU-Regelungen.) In der Literatur werden diesbezüglich schwerpunktmäßig die *Abgaben, Steuern, Subventionen* und die *Zertifikat-Lösung* beschrieben. Ein Vergleich europäischer Luftreinhaltepolitik (stationäre Quellen) wurde vom *Wissenschaftszentrum Berlin* (1985) durchgeführt, der auf Unterschiede beim Instrumentarium und seinem Einsatz in den einzelnen europäischen Staaten hinwies, welche in der Zwischenzeit durch Harmonisierungsschritte weitgehend beseitigt sind.[123]

Für die räumlich-orientierte Umweltpolitik sind vor allem die Oberflächenschadstoffe, ihre Quellen und ihr zeitliches Auftreten relevant, weil sie sich nicht gleichmäßig ausbreiten, sondern eine lokale bzw. regionale Gefährdung darstellen können (z. B. Phosphate und Stickstoffe).[124] Andererseits sind bei den Globalschadstoffen, die sich gleichmäßig ausbreiten, räumlich konkrete umweltpolitische Aktivitäten nicht zu vernachlässigen. Beides führt aber bei der Umsetzung zu erheblichen Problemen.

Gegenwärtig sehen die gesetzlichen Bestimmungen in der Bundesrepublik als grundlegendes Instrument der Luftreinhaltung die *Luftreinhalteplanung* vor, für die aber selbst eigene unmittelbare Rechtsmittel fehlen. Demzufolge müssen gemäß § 44 BImSchG die zuständigen Behörden (Landesregierungen über Rechtsverordnnungen) in den Belastungsgebieten Art und Umfang bestimmter Luftverunreinigungen fortlaufend feststellen und ihre Entstehungs- und Ausbreitungsbedingungen untersuchen. Deshalb müssen gewissermaßen als Ausgangspunkt regionaler Luftreinhaltepolitik *Belastungsgebiete* festgelegt werden. Das sind Gebiete,

> "in denen Luftverunreinigungen auftreten und zu erwarten sind, die wegen der Häufigkeit und Dauer ihres Auftretens, ihrer hohen Konzentration oder der Gefahr des Zusammenwirkens verschiedener Luftverun-

---

[122] Vgl. Ewringmann, D./Schafhausen, F.: Abgaben als ökonomischer Hebel in der Umweltpolitik. In: Umweltbundesamt: Berichte. Nr. 8. Berlin 1985. S. 88 - 98.

[123] Vgl. Knoepfel, P./Weidner, H.: Luftreinhaltepolitik (stationäre Quellen) im internationalen Vergleich. (5 Bd.) Berlin 1985.

[124] Vgl. Abschnitt *B*. 1.4. „Die Luft und die Luftschadstoffe".

reinigungen in besonderem Maße schädliche Umwelteinwirkungen hervorrufen können."[125]

Treten im gesamten Belastungsgebiet oder Teilen des Gebietes schädliche Umwelteinwirkungen durch Luftverunreinigungen auf, so soll nach § 47 BImSchG für dieses Gebiet ein *Luftreinhalteplan* aufgestellt werden, der Art und Umfang der Luftverunreinigungen, deren Ursachen und Maßnahmen zur Verminderung und Vorsorge enthält.

Derartige Luftreinhaltepläne wurden z. B. seit 1975 systematisch für Gebiete mit hohen Industrieanteilen in *Nordrhein-Westfalen*[126] erstellt für: *Köln/Rheinschiene Süd, Duisburg/Ruhrgebiet West, Dortmund/Ruhrgebiet Ost, Essen/Ruhrgebiet Mitte* u. a. Ihre Maßnahmekataloge zielen ab auf: Einhaltung des Standes der Technik, Minderungsmaßnahmen durch neue Technologien, Umstellung auf emissionsärmere Roh- und Brennstoffe, Stillegung emissionsintensiver Anlagen usw. Der staatliche Einfluß ist dabei jedoch eingeschränkt durch die Bindung an den "Stand der Technik" oder die "wirtschaftliche Vertretbarkeit" bzw. "Verhältnismäßigkeit". Der damit verbundene umweltpolitische Verwaltungsaufwand, bei dem die Verwaltungen damit beschäftigt werden, dem technischen Fortschritt ständig hinterherzulaufen, dürfte entsprechend hoch sein. Trotzdem zeigt sich, daß neben der unmittelbaren Gefahrenabwehr und dem Einsatz nachsorgender Umweltschutztechnik schon der Gedanke präventiver Veränderungen von Wirtschaftsstrukturen in Gestalt neuer Technologien enthalten ist.

Die Luftreinhaltepläne haben die Aufgabe, für die genannten Belastungsgebiete die Anteile der jeweils relevanten Emittenten an den Belastungen zu ermitteln und Sanierungsmaßnahmen (über die Gewerbeaufsicht) einzuleiten. Darin einbezogen waren in der zurückliegenden Zeit hauptsächlich Maßnahmen zur Entstaubung, Entschwefelung und Entstickung von Kraftwerken auf der Basis von umwelttechnischer Nachrüstung gemäß TA Luft.

In den *USA* unterscheidet man Belastungsgebiete und Reinluftgebiete. Hier sind keine unterschiedlichen Immissionsvorschriften berücksichtigt, aber unterschiedliche technologische Emissionsanforderungen, Massen, Frachten festgelegt. Anders als in den *USA* sind in der Bundesrepublik Luftreinhaltepläne als gebietsbezogene Maßnahmen autonom von den Ländern nur für Belastungsgebiete aufzustellen. Spezielle Regelungen, die eine Verschlechterung der Situation in Reinluftgebieten verhindern sollen, sind im BImSchG nicht explizit ausgewiesen. Allerdings ist es verboten, neue oder modifizierte Anlagen zu

---

[125] Bundes-Immissionsschutz-Gesetz. § 44 Abs. 2.

[126] *Willy Brandt* prägte 1961 das Schlagwort vom "Blauen Himmel über der Ruhr", um visionistisch auf die Notwendigkeit der Luftreinhaltepolitik in dieser stark belasteten Industrieregion aufmerksam zu machen.

errichten, wenn die vorgeschriebenen Immissionswerte in einer Region verletzt werden. Trotzdem unterscheiden die Anlagen-Anforderungen eben nicht zwischen Reinluftgebieten und Belastungsgebieten. Hier könnte sich ein Widerspruch zur Raumordnung ergeben, wenn dadurch wirtschaftliche Wachstumsprozesse aus Belastungsgebieten heraus unerwünscht in unbelastete Räume hinein gelenkt werden.

So bleibt kritisch anzumerken, daß sich diese regionalen Ansätze der Luftreinhalteplanung für Belastungsgebiete in der Bundesrepublik nur auf Problemgebiete beziehen und kein komplexes Herangehen erkennbar ist. Demzufolge gibt es entweder Belastungsgebiete, für die die Luftreinhaltung planerisch angegangen werden soll, oder es gibt sonstige für die Luftreinhaltung unrelevante Gebiete, für die die übrigen allgemeinen gesetzlichen Bestimmungen der TA Luft gelten.

Betrachten wir deshalb einzelne Instrumente der Luftreinhaltepolitik unter besonderer Berücksichtigung der räumlichen Spezifika etwas genauer:

3.3.2. Auflagen

Die Auflagen sind ein sehr traditionelles und sehr häufig benutztes Instrument, mit dem ein bestimmtes umweltpolitisches Ziel erreicht werden kann, indem für jede einzelne Quelle des betreffenden Schadstoffes die zulässige Emission durch eine Vorschrift begrenzt wird. Damit läßt sich dieses Instrument sehr gut an räumliche Anforderungsprofile anpassen, was jedoch bei immer präziserer Handhabung zu einem immer höheren Verwaltungsaufwand führen dürfte.

Eine räumliche Differenzierung wenigstens von Immissionsstandards ist auch heute schon, wenn auch nur in geringem Umfang, aber in Gestalt bestimmter Übergangsfristen für *Ostdeutschland,* im Auflagensystem realisiert bzw. rechtlich möglich. Rein ökonomische Instrumente und auch gänzlich neue Technologien sind - wie noch gezeigt wird - viel zu langsam, um die akuten oder aktuellen Probleme der Luftreinhaltung unmittelbar zu lösen. In aller Regel gelten einheitliche Auflagen in Form technischer Standards, die in zeitlich gestaffelten Fristen den Einsatz von end-of-pipe-Techniken erfordern. Erst in zweiter Linie signalisieren sie dem Emittenten, Vorsorgemaßnahmen einzuleiten. Sie lassen aber über die Grenzwertfestlegungen bzw. den „Stand der Technik" hinausgehende Restemissionen zu. Unterschiedliche Vermeidungsaufwendungen bleiben unberücksichtigt.

Der Hauptnachteil einer feinen Differenzierung der Auflagen und ihre stete Anpassung an das jeweils erreichte Vermeidungsniveau bzw. die „Reste" an Emissionen nach räumlichen Gesichtspunkten der Assimilations- und Diffusionsvorgänge besteht also darin, daß er die Umweltverwaltung überfordert und verteuert. Auch aus unternehmerischer Sicht ergeben sich erhöhte Aufwendungen, die durch die Administration hervorgerufen werden.

Maßnahmen, wie die Stillegung von Betriebsanlagen oder die Pflicht zum Einbau von Reinigungsanlagen o. dgl., lassen sich relativ schnell festlegen und realisieren. Unterschiedliche Vermeidungskosten oder Innovationsanreize werden dabei nicht berücksichtigt.

Sprenger kritisiert deshalb insbesondere das *Ordnungsrecht*, denn der überwiegende Anteil (ca. 60 - 80 Prozent) der in der Bundesrepublik und auch in der ehemaligen DDR angewendeten Umweltinstrumente ist dem Ordnungsrecht (Auflagen) zuzuordnen. Er schreibt:

> "Gleichwohl leistet sich diese Umweltpolitik nach der Rasenmähermethode den gesamtwirtschaftlichen Luxus, Schadstoffe nicht dort zu vermindern, wo dies am kostengünstigsten erfolgen könnte. ... die gegenwärtige Umweltqualität wird im Vergleich zu anderen Maßnahmekombinationen zu teuer erkauft."[127]

Das deutsche Auflagensystem sei nicht innovationsförderlich, denn neue Technik sei nur dort installiert worden, wo sie kostengünstiger ist. An einer Induktion umwelttechnischen Fortschritts mangelt es; das Instrument sei nicht dynamisch angelegt, wie z. B. Steuern. Ein wirtschaftliches Eigeninteresse der Verschmutzer an einer stetigen Verminderung der Emissionen über die gesetzlichen Mindestanforderungen hinaus wird nicht stimuliert. Eine Übererfüllung der auferlegten Norm (nach dem letzten Stand der Technik) verursacht nur Kosten, bringt aber keine Erträge. Im Ergebnis der Auflagenpolitik wurden hauptsächlich die End-of-Pipe-Technologien immer mehr perfektioniert, nicht aber die Entstehungsursachen der Schadstoffe und ihre Vermeidung angegangen (d. h. vereinfacht: kaum Vorsorge, nur Nachsorge). Trotzdem wird das Ordnungsrecht auch künftig zur Gefahrenabwehr eine wichtige Rolle spielen.[128]

---

[127] Sprenger, R.: Was können umweltpolitische Instrumente leisten? In: IÖW-Informationsdienst. Institut für Ökologische Wirtschaftsforschung. Berlin, Juli/August 1990. S. 10.

[128] Vgl. ebenda.

3.3.3. Abgaben/Umweltsteuern

Abgaben, ihre Gestaltung und ihr Bezug zum gesamten Steuersystem (als Ergänzung oder mit radikalem Umbau?) stehen im Vordergrund der gegenwärtigen umweltpolitischen Diskussionen (Öko-Steuern, *E. U. v. Weizsäcker*).[129] Aus Sicht des Fiskus sind sie immer willkommene Einnahmen[130] und erscheinen geradezu prädestiniert, unter regionalen Gesichtspunkten umweltpolitisch eingesetzt zu werden. Mit ihnen sollen Anreize und Finanzierungsmöglichkeiten geschaffen werden, sind aber auch größere allokative Wirkungen verbunden. Je nach dem, ob es sich um ganz spezielle Umweltsonderabgaben (*Pigou*-Steuer auf konkrete Schäden, konkrete Kosten) oder um allgemeinere Umweltsteuern (Energieverbrauch, Naturinanspruchnahme) handelt, sind sie an spezifische Tatbestände und exakte Bemessungsgrundlagen gebunden. Das Abgaben-Aufkommen ist i. d. R. zweckgebunden zu verwenden.

Die Steuern als geeignete Zwischenzielvariablen sollten folgenden Anforderungen genügen:

- Die Größe muß in einer theoretisch und empirisch hinreichend abgesicherten und stabilen Beziehung zu den wirtschaftlichen und ökologischen Zusammenhängen sowie wirtschafts- und umweltpolitischen Zielen stehen (Endzielkriterium).
- Die Größe muß vom umweltpolitischen Entscheidungsträger eindeutig steuerbar sein (Kontrollkriterium).
- Eine schnelle und leichte Beobachtbarkeit der Variablen muß gewährleistet sein. Angaben über quantitative und qualitative Veränderungen sollen in kurzen Abständen und ohne große zeitliche Verzögerung zur Verfügung stehen (Informationskriterium).
- Sie sollten für die Öffentlichkeit und Akteure verständlich und leicht interpretierbar sein, so daß die Erwartungen im Sinne der politischen Absichten beeinflußt werden können (Transparenzkriterium).

---

[129] Hierzu liegen inzwischen umfangreiche Diskussionsbeiträge vor, wobei es nicht mehr nur um die Auseinandersetzung über zweckmäßige umweltpolitische Instrumente geht. Vielmehr werden Umweltsteuern von ihren heißesten Befürwortern als wichtiger Schritt auf dem Weg zum notwendigen ökologischen Umbau angesehen. Vgl. Meißner, W.: Von der Umweltpolitik zum ökologischen Umbau. In: Akademie der Arbeit in der Universität Frankfurt am Main. Mitteilungen. Neue Folge 41. Frankfurt/M., September 1991. S. 9 - 16. Vgl. auch: Voss, G.: Ökologische Steuerreform. Rechnerisch richtig. In: Institut der Deutschen Wirtschaft: Informationsdienst Nr. 24. Köln, 16. Juni 1994. S. 7.

[130] Es handelt sich um Geldleistungen, die von einem öffentlich-rechtlichen Gemeinwesen kraft seines Hoheitsrechts eingefordert werden, um in diesem Falle umweltpolitische Zwecke zu verfolgen. Vgl. Ewringmann, D./Schafhausen, F.: Abgaben als ökonomischer Hebel in der Umweltpolitik. In: Umweltbundesamt: Berichte. Nr. 8. Berlin 1985. S. 18.

Die Naturinanspruchnahme, die Schadstoffaufnahmepotentiale und die Nachfrage danach schwanken regional und zeitlich. Räumlich divergente Abgaben sind dadurch gekennzeichnet, daß die Abgabenhöhe ganz bestimmter Schadstoffe je Emissionseinheit abhängt von der Lage der Emissionsquelle, die die Abgabe zu zahlen hätte, zum Meßpunkt für die Immissionsnorm. Sie böten die Möglichkeit, im Steuersystem sauber ausgewiesene ökologische Erfordernisse widerzuspiegeln. (Eine Verwendung für allgemeine öffentliche Ausgaben ist mit ihnen nicht möglich). Ihre Bemessung könnte auf der Grundlage der Schadensermittlung oder des Schadensbeseitigungsaufwandes erfolgen. Damit wäre aber möglicherweise wieder ein hoher Verwaltungsaufwand (z. B. zur Festlegung von Abgabenzonen, zur Erfassung der Daten usw.) und weiter zunehmende Unübersichtlichkeit des Steuersystems verbunden.

Ähnliche Argumente und Diskussionen lassen sich zu verschiedenen Abgaben-Instrumenten (z. B. im Zusammenhang mit der CO_2-Abgabe) anführen. Als problematisch erweist sich, daß die zielkonforme Abgabenhöhe durch ein trial-and-error-Verfahren festzulegen wäre, das zudem ständigen Wachstums- und Inflationseinflüssen unterliegt. Eine ständige Variation von Abgabensätzen ist sowohl für Emittenten als auch für die Administration unzumutbar und wenig praktikabel. Unternehmen stünden dem Instrument wegen der generellen Abgabenlast negativ gegenüber, was ein Standortnachteil wäre.

In *Ostdeutschland* tritt das Problem auf, daß die Einrichtungen, bei deren Nutzung Schadstoffe anfallen, z. T. erst gebaut werden, so daß diese Abgaben noch nicht verursachergerecht abverlangt werden können (sehr augenscheinlich z. B. auch im Bereich Abwasser, Abfall). Außerdem müssen bei der Abgabenberechnung noch die verteilungspolitischen Besonderheiten berücksichtigt werden.[131]

Für die Zukunft dürfte bei diesem Instrument mit einigen Veränderungen zu rechnen sein, wobei umweltverträgliche Produktionsverfahren und Produkte steuerlich gering, umweltschädliche Produkte dagegen stärker zu belasten wären, vor allem der Energieverbrauch mit einem zusätzlichen Steueraufschlag belegt werden müßte, weil Preissignale einsichtiger machen als Vorschriften (Bsp. Mineralöl- und Energiesteuer).

Diskutiert wird,[132] die aufkommensneutrale ökologische Steuerreform, die die Energie und die Primärrohstoffe langsam verteuern soll, damit Sekundärrohstoffe einen sinnvollen Preis erhalten und langfristig die Stoff- und Energie-

---

[131] Vgl. Blazejczak, J. u. a.: Ökologische Sanierung in den neuen Bundesländern - Voraussetzung für ökonomisch und sozial verträgliche Gestaltung. In: Wochenbericht, Nr. 10. (58. Jg.). Deutsches Institut für Wirtschaftsforschung. Berlin 1990. S. 100.

[132] Vgl. Voss, G.: Ökologische Steuerreform. Rechnerisch richtig. In: Institut der Deutschen Wirtschaft: Informationsdienst Nr. 24. Köln, 16. Juni 1994.

intensität vermindert wird. Gleichzeitig soll der Faktor Arbeit z. B. über die Reduktion der Lohnsteuer und der Sozialabgaben billiger gemacht werden. Obwohl damit Deutschland natürlich nicht zum Billig-Lohn-Land gemacht werden kann und die ökologische Steuerreform kein Königsweg zur Lösung aller Probleme darstellt, würde sich die Konkurrenzsituation der deutschen Wirtschaft nicht verschlechtern, im Hinblick auf den Arbeitsfaktor sogar verbessern und außerdem zu Innovationen im Bereich der verteuerten Primärenergien und -rohstoffe anregen.

Mit einer ökologischen Steuerreform verbindet sich aber nicht nur rechnerisch eine umfangreiche Umverteilungsprozedur: Die relativen Preise änderten sich in Richtung des gewünschten Strukturwandels, der Faktor Energie wird tendenziell teurer und der Faktor Arbeit billiger, Arbeitsplätze würden gefördert, umweltbelastender Energieverbrauch vermindert. Die entsprechenden Vorschläge von Experten, die Konsequenzen durch eine abgestimmte Regionalpolitik wieder auszugleichen, bestätigen - nach Meinung der Kritiker - den interventionistischen Charakter der Öko-Steuerreform.[133]

Makroökonomisch interessant ist, daß empirische Untersuchungen, die im Auftrag des *Umweltbundesamts* durchgeführt wurden, durchweg zu positiven Beschäftigungswirkungen umweltpolitischer Maßnahmen kommen,[134] insbesondere aufgrund des Anwachsens privater und öffentlicher Investitionen. Dagegen sind hohe Treibstoffpreise (infolge einer Erhöhung der Mineralölsteuer) nicht sofort und unmittelbar mit einer Reduzierung des Verkehrsaufkommens verbunden, wie das Beispiel *Frankreichs* oder *Italiens* zeigt, wo die Kraftstoffe teurer als in Deutschland sind. Infolge der alten Siedlungspolitik (zu geringe Siedlungsdichte für öffentlichen Nahverkehr) ist die Preiselastizität hier zu gering. Langatmigkeit und eine geänderte Siedlungspolitik sind daher nötig.

Regional trifft die Erhebung der Abgabe die traditionellen Energiestandorte (*Ruhrgebiet, Saarland, Lausitz*) und *Ostdeutschland* insgesamt tendenziell stärker. Allerdings können in diesen Regionen voraussichtlich auch die meisten Maßnahmen und Investitionen zur Erhöhung der Energieeffizienz aus dem Abgabeaufkommen finanziert werden.

Die Verwendung der Einnahmen aus der Kohlendioxid-Abgabe (z. B. zum Ausbau der Fernwärme oder alternativen Energieversorgung, zur Verbesserung des öffentlichen Personennahverkehrs oder zur Wärmedämmung an Gebäuden)

---

[133] Vgl. Voss, G.: Ökologische Steuerreform. Rechnerisch richtig. In: Institut der Deutschen Wirtschaft: Informationsdienst Nr. 24. Köln, 16. Juni 1994. S. 7.

[134] Vgl. Deutsche Umwelttechnik weltweit Spitzenreiter. Studie von RWI und IWH. In: Süddeutsche Zeitung. München, 24. Januar 1995. S. 12.

dürfte tendenziell den Beziehern unterer und mittlerer Einkommen zugutekommen.[135]

Für die vorliegende Thematik ist gleichzeitig darauf zu verweisen, daß Umweltpolitik mittels Abgaben und Steuern trotz Interessengegensätzen zwischen alten und neuen Bundesländern (Solidarbeitrag, etc.) "Aufschwung Ost" und "Fortschritt West" ermöglichen sollte.

Zusammenfassend ist zu diesem Instrument festzustellen, daß es zu den im politischen Willensbildungs- und Entscheidungsprozeß kompliziertesten Instrumenten gehören dürfte, das zwar als grundsätzlich marktkonform angesehen werden kann, jedoch ebenfalls einen relativ hohen (staatlichen) Verwaltungsaufwand erforderlich macht. Vermeidungs- und Lenkungswirkungen sind hinsichtlich der Produktion und der Produkte (auch von Branche zu Branche, von Region zu Region) nicht unbedingt identisch, weil Überwälzungs- und unvorhersehbare Prozesse hinzukommen können. Für dieses Instrument spricht in erster Linie, daß mit ihm der umweltpolitisch so bedeutsame Vorsorgegedanke verwirklicht werden kann. Es setzt dynamische Anreize, sowohl Umwelt- und Ressourcenverbrauch als auch Umweltbelastungen permanent zu verringern. Außerdem können auf diese Weise Mittel aufgebracht werden, die für aktive strukturpolitische Maßnahmen erforderlich sind. So könnten Steuern bzw. Abgaben auf der einen Seite und Subventionen auf der anderen Seite sich zumindest fiskalisch ergänzen, denn es ist hierbei zu berücksichtigen, daß mit immer größeren umweltpolitischen Fortschritten die Steuereinnahmen kleiner würden und gleichzeitig die Subventionserfordernisse zurückgingen.

3.3.4. Subventionen

Angesichts der strengen Prinzipien der Umweltpolitik dürften die Umweltsubventionen gar keine Anwendung finden, denn sie sind Steuer-Einnahme-finanziert, belasten die Haushalte, sind schwer wieder abschaffbar und bringen das Gemeinlastprinzip zum Ausdruck. Ein Anreiz, Umweltbelastungen von vornherein zu vermeiden, wird von ihnen nicht ausgelöst. Ihr entscheidender Vorteil besteht aber darin, sie ganz zielgerichtet, d. h. auch im Sinne vorsorgenden Umweltschutzes in ganz bestimmten Bereichen, Branchen, Regionen usw. einzusetzen, also strukturelle Veränderungen herbeizuführen. Manchmal werden auch nur Demonstrationslösungen verwirklicht oder Impulse ausgelöst.

Vor dem Hintergrund der Situation in den neuen Ländern lassen es die gleichen Gründe, die auch die Dominanz des Gemeinlastprinzips gegenüber dem Verur-

---

[135] Vgl. Umweltbundesamt: Jahresbericht für 1991. In: Zeitschrift für kommunale Wirtschaft. München, September 1992. S. 15 f.

sacherprinzip begründen, zu, daß dieses Instrument vorübergehend verstärkt zur Geltung kommt (Anschubfinanzierung, Infrastruktur, Steuervergünstigungen, Kredit- und Zinsvergünstigungen, Bürgschaften, ABM). Entscheidend sind die ökologischen und wirtschaftlichen Effekte, die deshalb auch als „Kontrollkriterium" zu untersuchen sind. In Anknüpfung an *Biehls* Forderung zur Untersuchung raumwirksamer Einnahmen und Ausgaben[136] und *Wickes* Hinweis, verschiedene Raumtypen auf die Wirkung einzelner umweltpolitischer Instrumente hin zu untersuchen, wird im Kapitel C. das Beispiel Ostdeutschlands[137] - soweit es die Datenlage gestattet - diesbezüglich analysiert.

3.3.5. Umweltzertifikate

Umweltzertifikate, besonders Emissionszertifikate wurden in den zurückliegenden Jahren in der theoretischen Diskussion sehr stark beachtet. Gleichwohl ist das Zertifikatmodell in ein Schattendasein abgerückt. Ausführlich beschäftigte sich *Weimann*[138] mit diesen Fragen.

Mit dem Ziel, das Eigeninteresse der Wirtschaft am Umweltschutz zu stärken, die Forderung durchzusetzen, daß sich umweltfeindliche Produktionsverfahren nicht lohnen dürfen, und sich umweltfreundliches Verhalten auch wirtschaftlich auszahlen soll, wird dieses marktwirtschaftliche Instrument übertragbarer, handelbarer Emissionsrechte (Zertifikate), wie in den *USA* erfolgreich praktiziert,[139] auf lokal fixierte absolute Emissionsobergrenzen ausgerichtet.

---

[136] Vgl. Biehl, D./Ullrich, H. H./Wolf, W.: Regionalisierung raumwirksamer Einnahmen und Ausgaben von Bund, Ländern und Gemeinden. Beiträge der Akademie für Raumforschung und Landesplanung. Band 98. Hannover 1988. S. 148 - 151.

[137] In Gestalt umfangreicher Programme wurde allein 1991 ein Förder- und Kreditvolumen von rund 17 Mrd. DM (Unternehmen und Gebietskörperschaften) zur Verfügung gestellt. In der Lackiererei *Eisenach West* der *Adam Opel AG* wurde z. B. die Verwendung von Wasserlacken gefördert, mit denen bessere Ergebnisse bei der Luftreinhaltung, bei der Abwassermenge und -beschaffenheit sowie bei der Reststoffverwertung erzielt werden. Die Kosten der Umweltschutzinvestitionen von ca. 26 Mio. DM wurden mit einem Zuschuß von 9 Mio. DM gefördert. Viele dieser Programme haben auch strukturelle und Arbeitsmarktwirkungen. Vgl. Bundesumweltministerium: Wegweiser zu Starthilfen im Umweltschutz. Informationsschrift. Bonn 1991. Vgl. außerdem: Bundesumweltministerium: Umweltschutzprojekte in den neuen Bundesländern. Informationsschrift. Bonn 1991. S. 56 - 57.

[138] Vgl. Weimann, J.: Umweltökonomik. Berlin, Heidelberg, New York 1991. S. 164 ff.

[139] Ein reger Handel mit "Schadstoff-Gutscheinen" hatte in den USA eingesetzt, schon lange bevor zum Jahreswechsel 1994/95 das Programm gegen den sauren Regen in Kraft trat. Ziel dieses US-Programmes ist es, den Schwefeldioxid-Ausstoß der Elektrizitätswerke bis zum Jahr 2010 auf einem Niveau einzufrieren, das 10 Mio. t unter dem Jahresausstoß von 1980 liegt. Danach gelten als Maximum 8,95 Mio. t. Die Regelung sieht vor, daß Kraftwerke, die weniger Schadstoffe emittieren als erlaubt, Gutscheine erhalten, die an den Grenzwert überschreitende Anlagen-Be-

In der Luftreinhaltung der Bundesrepublik wurden entsprechende Möglichkeiten unter dem Begriff der *Kompensationsregelung*[140] (auch Verhandlungslösung, Bubble-Politik, Offset-Politik, Ausgleichspolitik) erstmals 1986 in der TA-Luft geschaffen und in der aktuellen Novelle zum BImSchG erweitert. Demzufolge können mehrere Betriebe gemeinsam entscheiden, welche Maßnahmen sie durchführen wollen, um die Gesamtemission stärker zu reduzieren als dies bei Einzelauflagen möglich wäre. Leider hat sich dieses Instrument mit Ausnahme von Pilotprojekten bisher in Deutschland nicht als Selbstläufer und tragende Säule des Umweltschutzes entwickelt.

Bei den Varianten der Politik des kontrollierten Emissionshandels werden entsprechend der Zertifikatpolitik Emissionsrechte von einzelnen Anlagen abgelöst und auf andere Anlagen übertragen. Grenzwertüberschreitungen haben Ausgleichzahlungen zur Folge; Gutschreibungen von Emissionsvermeidungen können in den *USA* im sogenannten Emissions-Banking gehandelt werden. Diese Variante der Luftreinhaltepolitik wird im Vergleich zur Auflagenpolitik als kostengünstiger und treffsicherer Umweltschutz angesehen.[141] Hinzuweisen ist darauf, daß sich Gleichgewichtspreise bzw. -mengen für Emissionseinheiten nicht automatisch auf dem Markt bilden, sondern staatlich von der Umweltbehörde festgelegt werden. Somit handelt es sich um Auflagen mit marktwirtschaftlichen Optionen oder marktbezogenen Kooperationsstrategien.

Es bleiben auch hier eine Reihe von Fragen offen, wie z. B. die nach dem besten Prinzip (Quellenprinzip oder Standortprinzip) zum Festlegen des geographischen Gültigkeitsbereichs oder nach der Gültigkeitsdauer (Zeitraum) oder Emissionszertifikat versus Immissionszertifikat usw.

3.3.6. Selbstverpflichtungen/Selbstkontrolle

Immer wieder tauchen in umweltpolitischen Diskussionen Selbstverpflichtungen der Wirtschaft auf, vor allem dann, wenn mit der staatlichen Umweltpolitik unter dem Eindruck von Wachstumsschwäche und schlechter Konjunkturlage in der Volkswirtschaft kaum etwas umweltpolitisch zu bewegen sei. Die Un-

---

treiber verkauft werden können. Der Handelswert der Papiere hat sich auf 150 - 200 US-Dollar je t Ausstoß eingepegelt. Vgl. Zeitung für kommunale Wirtschaft (ZfK). München, Januar 1995. S. 17.

[140] Vgl. Huckstein, B.: Anforderungen an Kompensationslösungen im Immissionschutzrecht der Bundesrepbulik Deutschland. Möglichkeiten der Implementierung ökologisch, ökonomisch und rechtlich vertretbarer Ausgleichsregelungen in der Luftreinhaltung. In: Zeitschrift für Umweltpolitik & Umweltrecht. 12. Jg. S. 1 - 24.

[141] Vgl. Endres, A./Hopfmann, J.: Philosophie und Ökonomie zur Einheit von Natur und Gesellschaft. In: Wirtschaftswissenschaft. Heft 10. Berlin 1990 (38. Jg.). S. 1366 ff.

ternehmen können sich mit diesen freiwilligen Selbstverpflichtungen selbst aussuchen, wozu und in welchem Maße sie sich verpflichten möchten, und sie können die Ergebnisse von wem auch immer kontrollieren lassen.

Zu bemerken ist allerdings, daß es in der Umweltpolitik schon lange um das umweltpolitisch Notwendige geht, gibt es doch Bereiche, in denen die Gesellschaft keine beliebigen Optionen hat. Hier greifen also diese Selbstverpflichtungen nicht. Aber natürlich ist nirgendwo (gleich einem Naturgesetz) vorgeschrieben, wie hoch z. B. der Recycling-Anteil oder ähnliches sein muß und wieviel externe Kosten von der Gesellschaft getragen werden. Daher können Selbstverpflichtungen nicht generell abgelehnt werden. Außerdem haben sie den Vorzug, für die jeweiligen Branchen kostengünstig zu sein.

Sinnvoll sind sie, wenn alternativ nur sehr aufwendig zu kontrollierende ordnungsrechtliche Lösungen zur Verfügung stehen. Wo dagegen leicht Ge- und Verbote möglich sind, ist kaum einsichtig, warum Selbstverpflichtungen vorteilhafter sein sollen. Zu prüfen ist allemal, ob als Alternative zu Selbstverpflichtungen andere marktwirtschaftliche Instrumente - wie etwa Zertifikate - zu besseren Ergebnissen führen.

Entscheidet man sich für Selbstverpflichtungen, sind eine Reihe von Rahmenbedingungen zu beachten. Dazu zählen insbesondere:

- Einhaltung von Umweltqualitätszielen
- transparente Umsetzung
- glaubwürdige Kontrolle
- Sanktionen
- breite demokratische Mitwirkung von Interessengruppen
- keine Verlagerung bzw. Substitution der Umweltprobleme.

Die EU-Kommission geht darüber hinaus sogar von einer Rechtsverbindlichkeit derartiger Selbstverpflichtungen aus. Möglichst alle Verursacherpotentiale sollten einbezogen sein. Vorbedingungen, wie etwa der Verzicht auf andere staatliche (ordnungsrechtliche und fiskalische) Instrumente oder die Laufzeitverlängerung für Kernkraftwerke, müßten ausgeschlossen sein, wenn diese Selbstverpflichtungen glaubwürdig sein sollen.[142]

Selbstverpflichtungserklärungen von Wirtschaft und Industrie werden in der Instrumentendiskussion z. T. als unzureichend angesehen, weil sie ein ökolo-

---

[142] In Deutschland soll beispielsweise das Rheinisch-Westfälische Institut für Wirtschaftsforschung in *Essen* den Erfolg von Selbstverpflichtungserklärungen des Bundesverbandes der Deutschen Industrie zum Klimaschutz kontrollieren. (Die Daten liefert aber der Verursacher von Emissionen!)

gisch wenig wirksames marktwirtschaftliches Instrument sind. Dagegen seien die ökologische Steuerreform mit Energieverteuerung, Wärmeschutzbestimmungen, Förderung alternativer Energien und Einbeziehung des Verkehrsbereichs einschließlich eines Tempolimits notwendig, um den Endenergieverbrauch und damit die Umweltbelastung verbindlich und streng kontrolliert zu mindern.

3.3.7. Fazit

Obwohl die Instrumentendiskussion bislang noch keinen nennenswerten praktischen Niederschlag gefunden hat, werden die Vorzüge der indirekten Umweltsteuerungsinstrumente nicht angezweifelt. Möglicherweise könnte eine Regionalisierung beim Einsatz des breiten umweltpolitischen Instrumentariums der Luftreinhaltung einen gangbaren Weg darstellen.

Auflagen bedeuten nur einen ersten Schritt. Ihr direkter Steuerungsmechanismus ist ineffizient und berücksichtigt nicht die Leistungsfähigkeit der einzelnen Emittenten bzw. Alternativen kostengünstigerer Vermeidungstechniken bzw. anderer technologischer Lösungen. Ihre regionale Differenzierung und permanente Aktualisierung erfordert einen hohen Verwaltungsaufwand, hätte aber einen regionalen Entscheider.

Nach dem Stand der theoretischen Forschung ließe sich mit indirekten ökonomischen Instrumenten (Abgaben oder Emissionszertifikate) ein - vielleicht regional differenziert - vorgegebenes umweltpolitisches Ziel ökonomisch effizient, d. h. zu gesamtwirtschaftlich minimalen Kosten, erreichen. Außerdem bestünden für die ökologische Reichweite bessere Aussichten (Stimuli für präventiven Umweltschutz).

3.4. Regional unterschiedliche Zielerreichung

Selbst wenn der "optimale" Zustand der gewünschten natürlichen Umwelt nicht exakt bestimmbar ist, so steht jedoch einem sinnvollen Instrumenten-Einsatz nichts entgegen, betrachtet man die Tatsache, daß die Umwelt aus verschiedenen Bereichen mit ganz verschiedenen Merkmalen besteht. So läßt sich einerseits medienbezogen ein bestimmtes Qualitätsniveau festlegen, andererseits ist aus der Diskussion der umweltpolitischen Instrumente bekannt, daß diese mit ungleichen Vor- und Nachteilen behaftet sind und demzufolge für jeden Umweltbereich anders zu kombinieren sind.

Die Ziele können im einzelnen auf verschiedenen Wegen ermittelt werden. Sie lassen sich zumindest durch Experten bereichsgebunden relativ gut bestimmen, besser zumindest als dies für die gesamte Umweltsituation eines Landes möglich wäre. Und trotzdem ist es nun häufig nicht möglich, die regionalen Umweltbedingungen völlig unter Kontrolle zu bringen, da großräumige, grenzüberschreitende Transporte von Schadstoffen stattfinden. Für eine Region oder ein Land entsteht offensichtlich ein doppelter Nachteil, wenn sie bzw. es in einer solchen Situation die Umweltbestimmungen verschärft. Einmal erhöht das die Produktionskosten (dies könnte eventuell durch niedrigere Löhne kompensiert werden); zugleich kann nicht verhindert werden, daß von außen weiterhin Schadstoffe einfallen. Schlimmer noch, in der Nachbarregion könnte mehr emittiert werden, weil mehr in die strengere Region "wegtransportiert" werden kann. Ein regionaler Alleingang scheidet wegen dieses Arguments wohl aus. (Besonders deutlich wird dies am Beispiel von Inselstaaten wie *Großbritannien* oder *Japan*.)

Dichte Besiedelungsstrukturen und regional eng beieinanderliegende Ballungen wie in *Mitteleuropa* machen eine wirkliche Verbesserung der Umweltqualität so schwierig. Die innerhalb einer Region oder eines Landes erzielten Einigungen und Kompromisse zu den politisch zu setzenden Prioritäten müssen mit den angrenzenden Partnerregionen abgestimmt werden, in denen die materiellen Prioritäten anders gesetzt sein können.

Ein weiteres Problem kommt hinzu: Da die Umwelt über einen sogenannten Selbstreinigungsmechanismus und über bestimmte Aufnahme- und Toleranzkapazitäten verfügt, womit schädliche Emissionen abgepuffert werden können, bis sie als Umweltzerstörung und Schaden sichtbar werden, spielen die Größe eines Landes oder einer Region, die Industrialisierungsdichte und -struktur usw. eine ganz entscheidende Rolle (Bsp. *Rußland*). Danach entscheidet sich, ob und wann Rückhaltetechniken und kostspielige Umweltinvestitionen notwendig sind, anders z. B. als in kleinen, stark verdichteten Regionen (Bsp. *Rußland*).

Die *Bundesrepublik Deutschland* hat diesbezüglich sehr ungünstige Bedingungen. Deshalb ist es kein Wunder, daß sie in Europa das erste Land war, in dem eine Umweltbewegung auftrat und in dem so weitreichende Festlegungen in der nationalen Umweltpolitik getroffen wurden. Ähnliches ließe sich über die *Niederlande, Dänemark* oder die ehemalige *DDR* sagen.

Umweltpolitische Zielerreichung und Umweltbewußtsein sind eng miteinader verknüpft und kommen in Gestalt des Subsidiaritätsprinzips zum Ausdruck: Maßnahmen zur Reinhaltung der Luft werden dort am stärksten artikuliert, wo gravierende Mängel als Konflikt spürbar sind, wo ein bestimmtes Reinhalteziel noch nicht erreicht ist. Sie sind deshalb auf der möglichst unteren, eng mit diesem Phänomen verbundenen Handlungsebene zu treffen und umzusetzen.

3.5. Dezentralisierung der Entscheidungsbefugnis

Der Umweltpolitik kommt die Aufgabe zu, über einen politischen Entscheidungsprozeß das Umweltqualitätsziel zu bestimmen und mittels geeigneter Instrumente die Umweltnutzer und -verschmutzer zur Zielkonformität zu führen. Dabei plädiert heute eigentlich keine wissenschaftliche Position für einen rigorosen Zentralismus.

Es gibt jedoch eine ganze Reihe von Gründen für eine einheitliche und zentral gelenkte Umweltpolitik: Umweltsysteme und -verschmutzungen sind grenzüberschreitend; jedem Menschen sind prinzipell umweltqualitativ gleiche Lebensbedingungen zu gewähren. Auch die Wirtschaft fordert gleiche Umweltstandards, damit es nicht zu Kostenunterschieden und Wettbewerbsverzerrungen kommt. Andererseits scheint es jedoch auch so zu sein, daß eine viel differenziertere Antwort auf die Frage nach einer wirkungsvollen gezielten nationalen oder europäisch-harmonisierten Umweltpolitik von der *Ostseeküste* bis zu den *Mittelgebirgen*, zwischen *Mecklenburger Seenplatte* und *Leipziger Tiefebene* oder von *Jütland* bis *Sizilien, Holland oder Irland,* gegeben werden muß, und daß dafür durchaus Gründe und Möglichkeiten bestehen.

Dezentralisierung der Umweltpolitik kann in Anlehnung an *Siebert* zweierlei bedeuten:

- Erstens, eine Differenzierung der angestrebten Umweltqualität nach Regionen, d. h. der Verschmutzungs- oder Belastungsgrad darf verschieden sein.
- Zweitens, eine Differenzierung der Instrumente der Umweltpolitik, in der sich die jeweilige Knappheit des Faktors Umwelt widerspiegelt, und zwar selbst dann, wenn ein national oder international einheitlicher Standard, wenn identische Qualitätsziele vorgegeben sind.

In diesem Sinne können Regionalisierung und Dezentralisierung identisch sein. Entscheidend ist dabei, daß die Kasuistik der Umweltprobleme, speziell der Luftreinhaltung, beachtet wird.

Neben dieser Unterscheidung von Zielen und Instrumenten ist die Trennung von kurz- und langfristiger Betrachtung wichtig, die sich sowohl auf die Ziele als auch die Instrumente der Umweltpolitik bezieht. Kurzfristig wird die Umweltknappheit einer Region durch ihre Industriestruktur, durch den Stand der Technik usw. bestimmt. Als Konsequenz daraus können sich die Instrumente durchaus von Region zu Region unterscheiden, und zwar in Abhängigkeit von der jeweiligen Umweltknappheit. Langfristig aber werden sich die Technikentwicklung und regionalen Umweltinstrumente wahrscheinlich einander angleichen.[143]

Trotzdem ist zunächst von unterschiedlichen Ausgangsniveaus auszugehen. Eine weitgehende Dezentralisation der Entscheidungskompetenzen im Vollzug der Luftreinhaltepolitik kann dabei durchaus im Widerspruch zur allgemeinen Marktharmonisierung und Marktintegration (Deutsche Einigung, Europäischer Binnenmarkt, Osterweiterung der Europäischen Union) stehen. Minimalstandards und strengere Emissionsnormen stehen dann im Wettbewerb (Wettbewerbsnachteile versus Standortvorteile).

Ein Mindestbedarf gesellschaftlicher (staatlicher) und kollektiver Entscheidungen halten neben den Anhängern der freien Marktwirtschaft viele Ökonomen ohnehin für unumgänglich. So heißt es bei *Kenneth J. Arrow* (Wirtschaftsnobelpreisträger 1972):

> "Das allgemeine Konkurrenzgleichgewicht gibt vor allem Aufschluß darüber, in welchem Ausmaß unabhängige private Entscheidungen, die vom Markt koordiniert werden, eine gesellschaftlich erwünschte Allokation von Ressourcen sicherstellen können. Wir sind der festen Überzeugung, daß nicht nur irgendeine Allokation erreicht werden kann, sondern daß das Ergebnis *pareto*effizient sein wird. Aber dieser Prozeß kann nicht garantieren, daß das Ergebnis gerecht ist. Tatsächlich lehrt uns die Theorie, daß die endgültige Allokation von der Verteilung der Anfangsausstattung abhängt. Verlassen wir uns auf die Vorzüge des Marktes und wollen zusätzlich eine gerechte Verteilung erreichen, legt die Theorie eher die Veränderung der Anfangsausstattung nahe als Eingriffe in den Allokationsprozeß auf einer späteren Stufe. Folglich besteht selbst unter der Annahme der vorteilhaftesten *Dezentralisation* der Entscheidungsfindung bezüglich der Verteilung ein Mindestbedarf an gesellschaftlicher oder kollektiver Entscheidung. In der Tat gibt es eine große Anzahl anderer Situationen, in der anstelle des Marktes gesellschaftliche Entscheidungen erforderlich oder zumindest wünschenswert wären. Sowohl Politiker als auch Ökonomen haben auf unterschiedliche Weise die notwendige Rolle des Staates diskutiert. Unter Wirtschaftswissenschaftlern konzentrieren sich die Diskussionen auf Begriffe wie externe Effekte, wachsende Gewinne und Marktversagen." (Hervorhebung - U. T.)[144]

Und *Kazimierz Laski*, Direktor des *Wiener Instituts für internationale Wirtschaftsvergleiche*, meinte: Wer behaupte, der Staat mache alles schlecht,

---

[143] Vgl. Siebert, H.: Umweltpolitik in der Europäischen Gemeinschaft. Zentralisierung oder Dezentralisierung? In: Umweltschutz, Herausforderungen und Chancen für die Wirtschaft. Beihefte der Konjunkturpolitik. Heft 38. Berlin 1991. S. 11.

[144] Zitiert nach: Recktenwald, H. C.: Die Nobelpreisträger der ökonomischen Wissenschaft 1969 - 1988. Düsseldorf 1989. S. 351.

unterläge dem Trugschluß, der Markt würde alles besser machen. Auch umgekehrt treffe zu: Nicht überall, wo der Markt versage, könne der Staat automatisch die bessere Lösung anbieten.[145]

Der Umweltschutz ist in den meisten Industrieländern überwiegend eine Aufgabe des Staates und seit mehr als 20 Jahren eine eigenständige politische Aufgabe. Allerdings ist fast überall eine Privatisierungstendenz zu beobachten. In *Großbritannien* sank der Beitrag des Staates an den gesamten Umweltschutzausgaben von 51,5 Prozent (1980) auf 18,5 Prozent (1994); in *Westdeutschland* beträgt der Staatsanteil derzeit 48,7 Prozent - verglichen mit 56,7 Prozent 1980. In *Japan* dagegen fallen 1994 über 81 Prozent der gesamten Umweltschutzausgaben im staatlichen Sektor an; in *Kanada* 80 Prozent, *Frankreich* 66 Prozent, *Österreich* 63 Prozent.[146]

Andere Länder und die gesamte Region *Ostdeutschlands* haben gegenüber den westdeutschen Umweltschutz-Standards, besonders im Bereich der Luftreinhaltung, wo die private Wirtschaft traditionell führend ist, noch erheblichen Nachholbedarf, der durch die Harmonisierungsbemühungen der EU nach und nach gedeckt und durch deren Förderpolitik unterstützt wird. Nach großen Investitionsschüben in den 70er und 80er Jahren normalisieren sich die Umweltschutzaktivitäten wieder. So haben sich in *Westdeutschland* nach der durch die Großfeuerungsanlagen-Verordnung von 1983 veranlaßte Umstellung der Kraftwerke die Investitionen zur Reinhaltung der Luft seit 1989 wieder auf einem normalen Niveau eingepegelt.[147] Nach der deutschen Vereinigung konzentrieren sie sich auf die neuen Bundesländer.

Das deutsche Beispiel zeigt außerdem, daß nationale Alleingänge und regionale Besonderheiten nicht von vornherein schädlich sind. Auch die *Vereinigten Staaten* und *Japan* haben bewiesen, daß es möglich ist, ohne sichtbare Schäden für ihre Volkswirtschaft einige Umweltsteuern und -abgaben einzuführen. Langfristig betrachtet dürfte es eher von Vorteil sein, wenn ein Land die Kosten für nachträgliche Umweltmaßnahmen vermeidet, hohe Standards einführt und auf diese Weise die Wirtschaft ökologisch stimuliert.

Anders hingegen sieht es offensichtlich bei den grenzüberschreitenden globalen Schadstoffen aus, wo nationale oder regional begrenzte Lösungen nicht ausreichen, wie im Falle der CO_2-Emissionen. Die verursachenden Industrien würden in andere Regionen abwandern, wodurch sich die weltweite CO_2-Bilanz nicht verbessern würde. Über Importzölle könnten im Gegenzug zwar Aus-

---

[145] Vgl. Luft, C.: Die nächste Wende kommt bestimmt. Auf der Suche nach wirtschaftlichen und sozialen Alternativen. Berlin 1994. S. 160.

[146] Vgl. Voss, G.: Umweltschutz. Weniger Staat - mehr Privatinitiative. In: Institut der deutschen Wirtschaft: Informationsdienst Nr. 24. Köln, 16. Juni 1994. S. 6.

[147] Vgl. ebenda.

gleichsmechnismen organisiert werden, jedoch liegt die Kompetenz für die Außenhandelspolitik bei der Europäischen Union.

Innerhalb dieses Komplexes grundlegender wirtschaftsstruktureller Veränderungen sind in der jüngeren Entwicklung der Wirtschaftsorganisation auch in Deutschland zwei parallel verlaufende Prozesse beobachtet worden:

Erstens zeichnet sich eine neue und stärkere Bedeutung von kleinen und mittleren Unternehmen ab, zeichnet sich ein Trend zur Dienstleistungsgesellschaft ab. Von den großen Konzernen sind steigende Beschäftigtenzahlen nicht mehr zu erwarten. Diese Entwicklung gründet sich vor allem auf den Übergang von der *ford*istisch-*taylor*istischen Wirtschaftsorganisation zu einer entgegengesetzten, für die es bisher keinen anderen Namen gibt als "post*ford*istische Produktionsweise".[148] Nicht mehr Massenfertigung mit ihren großen Wirtschaftseinheiten, relativ starren Automatisierungslösungen und mit der Tendenz zu zentralistischen, hierarchischen Strukturen und tiefen Zergliederungen der Arbeitsaufgaben, sondern diametral entgegengesetzte Entwicklungen mit flexiblen technologischen Lösungen, die auch effektive Automatisierung im Bereich der Kleinserien- und Einzelfertigung ermöglichen, bestimmen mehr und mehr das Bild. Schnell voranschreitende massenhafte Technisierung aller informationsverarbeitenden Vorgänge, die das wirtschaftliche Handeln innerhalb der Betriebe und überbetrieblich auf neue Weise verflechten, neuartige Synergie- und Kooperationseffekte hervorbringen; Abbau von Hierarchieebenen, Dezentralisation von Entscheidungen, weitgehend selbstorganisierte Gruppenarbeit, wachsende Anforderungen an Bildung und Qualifikation. All dies läuft zusammen genommen darauf hinaus, daß die Chancen von kleineren, flexibleren Wirtschaftseinheiten im Ringen um die wettbewerbsgerechte Ideenfindung und deren Produktionsumsetzung immer weiter zunehmen. Ein staatliches Regularium hat diese Entwicklung zu reflektieren.

Ein *zweiter* Aspekt desselben Vorgangs ist die Tendenz zur Regionalisierung der Wirtschaftsentwicklung, die zunehmende Bedeutung regionaler Struktur- und Beschäftigungspolitik, Forschungs-, Technologie- und Umweltpolitik. Unter Region sind hier die Funktionsräume, die in einem hohen Grade ökonomisch, sozial, politisch, kulturell und ökologisch verflochten sind, zu verstehen.[149]

Mit der Globalisierung der Ökonomie zeichnet sich z. T. eine Entkopplung der Großunternehmen von ihren Heimatgebieten ab. Regionen werden zu Operationsbasen, denen zeitlich befristet Funktionen zugeordnet werden. Unternehmen formulieren innerhalb ihrer globalen Strategien Konzepte für ihre lokalen

---

[148] Vgl. Nick, H.: KMU und Region - zunehmend Brennpunkte der Wirtschaft. In: Neues Deutschland. Berlin, 01. November 1994. S. 9.

[149] Wie bereits erwähnt, müssen diese nicht mit den Grenzen der Länder oder Kommunen identisch sein.

Standorte, verstehen sich aber nicht mehr einer einzigen Region zugehörig. Darauf müssen die Regionen ihrerseits reagieren.

Die Regionalisierung vollzieht sich durchaus in einem Spannungsfeld zur Gegentendenz der Internationalisierung und Globalisierung der Märkte (wie auch der Umweltprobleme), die ebenfalls besonders von der Entwicklung der Informations- und Kommunikationstechnik beschleunigt werden. Dies äußert sich z. B. im immer leichteren Zugang zu vernetzten Systemen zentralisierter Daten- und Wissensbanken vom einzelnen Arbeitsplatz aus (der auch zu Hause sein kann), im schnellen Zugriff auf Know-how wie auch im gesamten Bereich der Finanzsysteme.

Die Energie- und Stoffgewinnungs- und -verarbeitungsprozesse unterliegen dagegen in viel stärkerem Maße der Tendenz der Regionalisierung. Soweit es wirtschaftlich und ökologisch sinnvoll ist, muß diese Tendenz gefördert werden. Dabei geht es vor allem um optimal strukturierte regionale, sich selbst nachhaltig entwickelnde Wirtschaftsräume und -kreisläufe. (Für Ostdeutschland bedeutet das, wie es gelingen wird, daß die hier erzeugten Waren und Dienstleistungen in die transformierten Wirtschaftskreisläufe einfließen. Zu einem radikalen ökologischen Umbau ist es bisher nicht gekommen. Die regionalspezifische Anwendung des bundesdeutschen Instrumentariums stellt aber einen Fortschritt gegenüber dem Ausgangsniveau dar.)

Eine erfolgreiche Regionalpolitik wird immer nach einer hohen Qualität regionaler Konzepte und Strategien, aber auch Umsetzungsmöglichkeiten in Gestalt eines entsprechenden Instrumentariums verlangen.

Dabei ist allgemein die Diagnose der Prognose oder der Therapie voraus. Problemefelder im Bereich der staatlichen Subventionspolitik im Umweltschutz wie in der Forschungs- und Technologie-Förderpolitik sind u. a.:

- regionalorientierte Projektprüfung und Fördermittelvergabe,
- wirtschafts- und ökologieförderliche Bündelung der Finanzierung, insbesondere, wenn Wirtschaftsregion und Verwaltungsgliederung differieren,
- kräftigere Förderung kleiner und mittlerer innovativer Unternehmen bei der erforderlichen Kapitalausstattung für neue Technologien nicht nur durch den Staat, sondern auch durch die Banken,
- eingeschränkte Realisierbarkeit der Verknüpfung von finanziellem Know-how, technologischer und ökologischer Kompetenz und staatlicher Förderung.

Im Aufbau regionaler Netzwerke sehen denn auch Wissenschaftler (z. B. *F. Naschold, Wissenschaftszentrum Berlin)* eine Antwort auf derartige Umbruchprozesse und die Zukunft staatlicher Handlungsmöglichkeiten, um Akteure bei der Problemlösung in dauerhaften Koordinationsformen als Mikrosteuerung auf betrieblicher und zwischenbetrieblicher Ebene zu vernetzen. Netzwerke bilden sich allerdings nicht spontan, ohne den staatlichen Anstoß zur Kooperation. Sie können keine interventionistischen Zwangseinrichtungen sein, sondern nur kooperative Lernprozesse, d. h. Kommunikation organisieren. Deshalb stellt das bessere Kennenlernen der Akteure in derartigen Netzwerken noch keinen Idealweg zur Lösung der Umweltprobleme und damit zur Zukunftsfähigkeit der Gesellschaft dar.

Fazit: Offensichtlich ergeben sich hier eine Reihe von Berührungspunkten zur regionalen Kompetenz bei der Einschätzung der Umweltsituation, dem Festlegen der umweltpolitischen Ziele und der Auswahl und Anwendung der geeigneten Instrumente, wobei wiederum die indirekten Steuerungsinstrumente, insbesondere die Kompensationslösung, die Abgaben, aber auch die Subventionen hervortreten. Die Dezentralisierung dieser Entscheidungsbefugnisse hängt andererseits eng damit zusammen, wie es gelingt, den Entscheidungsprozeß mit allen seinen Akteuren auf dieser Ebene mit Hilfe von (computergestützten) Netzwerken zu führen.

4. Methodisches Vorgehen in der Untersuchung

4.1. Begründung des methodischen Vorgehens

In Konsequenz des in der vorliegenden Schrift bisher entwickelten präventiven und reproduktiven Herangehens an die Probleme der Regionalisierung der Luftreinhaltung wäre ein Untersuchungskonzept erforderlich, das sich für eine empirische Erhebung und vergleichende Auswertung als insgesamt zu komplex und zu breit angelegt darstellen würde. Selbst eine Beschränkung auf *Ostdeutschland* vereinfachte dieses Unterfangen nicht.

Zielsetzung ist es daher, eine regional bezogene Beobachtung durchzuführen, d. h. für das regionale Segment der staatlich einheitlichen Luftreinhaltepolitik zu untersuchen, unter welchen Bedingungen und mit welchen Möglichkeiten und Erfordernissen umweltqualitätsorientierte Zielgrößen zustande kommen, in staatlichen Programmen ihren Niederschlag finden und schließlich regional implementiert werden (können). Ein Anliegen ist es dabei, Vorschläge für konkrete Handlungsinstrumente in Gestalt von Kennziffern oder Modell-Ansätzen zu unterbreiten.

Die Analyse der Region *Ostdeutschland* und *ostdeutscher* Teilregionen konzentriert sich zunächst auf die Zeit bis 1989 und dann auf die Periode von 1989 bis 1994[150] und nur auf die maßgeblichen Luftschadstoffe. Sie ist vorwiegend auf Verbrennungsprozesse orientiert, gemessen hauptsächlich in Gestalt des Energieverbrauchs sowie des Ausstoßes von Luftschadstoffen wie CO_2, CO, NO_x, SO_2 und Staub, die nicht nur aufgrund ihrer weiten Verbreitung und ihres Vorkommens in großen Mengen, sondern auch wegen ihrer engen Verbindung zu energiepolitischen (strukturpolitischen) Maßnahmen ein erhebliches umweltpolitisches Problem darstellen. Dabei werden die Betrachtungen weitgehend auf stationäre Emissionsquellen konzentriert.

Zu den Schadstoffen Staub und SO_2 liegen langfristig die meisten Daten vor. Es erscheint reizvoll, Immissions- und Emissionsentwicklungen zu vergleichen. Bezogen auf den Operationalisierungsanspruch und die Meßbarkeit kann eigentlich erwartet werden, daß sich die angestrebte Untersuchung als durchführbar erweist. Schwieriger ist die Situation hingegen beim Schadstoff CO_2.

Ungünstiger sieht es auch aus, wenn qualitative und präventionsbezogene Analyseaspekte einbezogen werden sollen. Eine Vielzahl der Regelungsinstrumente entwickelt sich erst nach und nach (wg. politischer Konstellationen in Veränderung). Auch das Zusammenwirken der umweltpolitischen Interakteure (Verwaltungen, Behörden, Emittenten) sowie weiterer Einflußgrößen (Wirtschaftssituation und Energiestrukturen, technologische Komponenten) erweisen sich als problematisch.

Bestimmte Einflußgrößen brauchen andererseits nicht näher erfaßt und aufbereitet werden, wie z. B. meteorologische oder geographische Faktoren, weil sie vom politischen Einfluß unabhängige und auch relativ konstante Größen sind.

Die Untersuchung geht in drei Hauptschritten vor und wird regional bzw. lokal angelegt:

Zunächst erfolgt ein grundlegender Einstieg über die *ostdeutsche* Ausgangssituation und ihre Ursachen in der Wirtschaftstheorie und -praxis der ehemaligen DDR. Daraus leitet sich ab, daß die regionalisierte Betrachtungsweise für die Umweltpolitik in den ostdeutschen Ländern sowohl ein Ergebnis der bisherigen Entwicklung als auch eine Bedingung für das weitere Vorgehen darstellt. Das betrifft zugleich die staatliche Vereinigungspolitik und die Wirtschaftstransformation. Im zweiten Schritt werden ausgewählte Teilregionen und danach drittens ein lokaler Standort näher betrachtet.

---

[150] Einige Angaben reichen auch über 1994 hinaus. Aber insgesamt ist die Datenlage unbefriedigend.

4.2. Das Referenzsystem und die Bedingungen für die Luftreinhaltung

Verschiedene Indikatoren sollen die Umweltsituation (Luft) der betrachteten Regionen illustrieren. Setzen wir z. B. nach DDR-Terminologie das Nationaleinkommen, d. h. das Bruttoinlandprodukt abzüglich der Dienstleistungen in Beziehung zur Regionalfläche, so erhalten wir bei diesem zugegebenermaßen groben Indikator vergleichbare Hinweise auf die tatsächliche Umweltinanspruchnahme durch industrielle Produktion (oder Konsum, Agrarproduktion), denn man kann unterstellen, daß jede Produktion in gewissem Umfang (negative) Umwelteffekte hat. Gleichermaßen werden Relationen hergestellt zur Bevölkerungszahl, zum Schadstoffausstoß usw.

Von besonderem Interesse sind die Struktureffekte. In der Bundesrepublik beschäftigen sich eine ganze Reihe von Forschungseinrichtungen und Ingenieurbüros mit Umweltschutz- und Energieeinsparmaßnahmen, mit entsprechenden Wirtschaftlichkeitsberechnungen, Ermittlungen von Schäden, von CO_2-Minderungspotentialen, mit Kosten-Nutzen-Analysen usw. Allerdings unterliegen Datenbestände und Untersuchungsmethodiken oftmals dem Wettbewerbsschutz, da die Konkurrenz auf diesem Feld sehr groß ist.

Bei entsprechenden Regional-Untersuchungen werden methodisch häufig die folgenden beiden Begriffe verwendet:

- RIS = regionales Implementationssystem
  Dabei handelt es sich um einen Untersuchungsraum, der aus mehreren Einzelgebieten besteht. Definiert ist das RIS in der Regel als Verwaltungseinheit, in dem eine überörtliche Instanz maßgebliche Vollzugskompetenzen hat.
- LIA = lokales Implementationssystem
  Dabei handelt es sich um ein Untersuchungsgebiet, das Teil eines RIS ist, entweder Städte oder Kommunen.

In der vorliegenden Untersuchung bildet anfangs das gesamte Gebiet der ehemaligen DDR das regionale Implementationssystem (RIS). Später werden auch einzelne neue Bundesländer betrachtet.

Nach dem Aufriß der DDR-bezogenen Umweltsituation sollen zwei Regionen exemplarisch herausgegriffen werden, deren Profile bei Unterstreichung von Grundgemeinsamkeiten gravierende Gegensätzlichkeiten erwarten lassen: Dabei handelt es sich um die ehemaligen Bezirke *Leipzig* und *Neubrandenburg*, bevor die Untersuchung auf eine spezielle Modellkommune (*Lützschena-Stahmeln bei Leipzig*) weiter focussiert wird. Diese beiden Bezirke und diese Kommune bilden das lokale Implementationssystem (LIA).

Als Meßkonzepte werden verwendet:

Bevölkerungsvergleich pro Flächeneinheit; Relationen zur Industriefläche und Produktion; entsprechende Anteile bzw. Belastungsvergleiche zu einzelnen Luftschadstoffen.

Es erfolgt eine Darstellung der Belastung je km^2 im Jahr, insbesondere zu den Schadstoffen SO_2 und Staub in $t/a/km^2$.

Zur Darstellung von Zusammenhängen zwischen Strukturwandel und Umweltbelastung werden Ansätze einer Komponentenanalyse z. B. über den Stromverbrauch des produzierenden Gewerbes bzw. der chemischen Industrie oder Waldschäden in einem bestimmten Zeitraum durchgeführt.[151] Auf dieses Vorgehen soll auch in der vorliegenden Analyse zurückgegriffen werden.

Referenzmodell ist i. d. R. der Ist-Bestand sowie dessen Fortschreibung. Die Regionalanalyse muß dann in einem nächsten Schritt in Einzelteile zerlegt werden, die später wieder zusammenzufügen sind. Um beispielsweise Minderungspotentiale zu ermitteln, wird der Häuserbestand bzw. -zuwachs für ein bestimmtes Gebiet nach neuester oder sogar geplanter Wärmeschutzverordnung erfaßt. Hierbei ist es zweckmäßig, möglichst kleine überschaubare Einheiten zu bilden. Es erfolgt eine Klassifizierung der Häuser nach mehreren Typen wie z. B. Plattenbauten, Mehrfamilien-, Einfamilienhäuser, Kleinbetriebe, Industrie. Für diese Klassifizierungen werden jeweils X kWh/m^2 als Referenzstandard angenommen. Wenn es aber an die Abschätzung der Kosten geht, wird es sehr schwierig und teilweise recht willkürlich, welche Kosten einbezogen werden (Investitionskosten, Betriebskosten, Kapitalkosten, etc.). Ebenso verhält es sich mit der Einbeziehung von Abschreibungsmöglichkeiten und Fördermitteln. Am Beispiel der Modellkommune *Lützschena* (LIA) wird dies deutlich.

Bedingungen für die Luftreinhaltung sind politisch zu differenzieren nach Belastungs- und Reinluftgebieten. Als Hilfsinstrument dienen Grenzwertfestlegungen und Emissions- und Immissionskataster bei den zuständigen Umweltämtern. Die Erfassungsmethoden wurden in den zurückliegenden Jahren mehr und mehr ausgebaut. Ein einheitliches System wird jedoch noch nicht genutzt.

---

[151] Vgl. zur Methodik: Jänicke, M., Mönch, H., Binder, M. u. a.: Umweltentlastung durch industriellen Strukturwandel? Berlin 1992. S. 73, sowie: Horbach, J.: Strukturwandel und Umweltentlastung in den neuen Bundesländern. In: Wirtschaft im Wandel. Institut für Wirtschaftsforschung, Halle 1995. Heft 15. S. 13.

4.3. Operationalisierbare Kriterien zur Beurteilung des Zielfindungsprozesses

Neben einer ökologisch-ökonomischen Bestandsaufnahme ist es besonders wichtig, von möglichst klar definierten und operationalen, von eventuell nach Prioritäten geordneten umweltpolitischen Zielvorgaben auszugehen, wie das bereits in *Kapitel B. 3.* herausgestellt wurde.

Um umwelt- und wirtschaftspolitische Ziele zu konkretisieren (operationalisieren) sind vier Konkretisierungsschritte erforderlich:

1) Den Zielbegriffen sind meßbare Indikatoren zuzuordnen. Der für die jeweilige Zielsetzung „beste“ Indikator ist auszuwählen und mit entsprechenden Meßvorschriften zu definieren.
2) Abwägen zwischen alternativen Zielerreichungsgraden = quantitative Operationalisierung und Abstufung.
3) Zeitliche Operationalisierung (einschließlich Periodisierung).
4) Regionale Operationalisierung (Regionalisierung) und gegebenenfalls Typisierung von Regionen.

Je globaler die Konzepte werden, um so schwieriger wird es nämlich, einen eindeutigen Bezugspunkt und eine Handlungsebene für eine Strategie zu finden. Bei der Forstwirtschaft (Waldschäden) ist dies noch ein konkreter Wald, es geht um Schäden und Verbrauch an forstlichem Potential, um ein Nachwachsen der Potentiale bei Erhalt der Bodenfunktion (Prinzip der Nachhaltigkeit). Dabei handelt es sich um einen überschaubaren und überprüfbaren Vorgang. Kontinental oder gar global ist diese Entnahme, die Belastung und dieser Verbrauch aber kaum maßvoll regel- und kontrollierbar.

Als Beispiel für diese Schwierigkeiten sei auch auf die Klimarahmenkonvention von *Rio de Janeiro* (1994) verwiesen, wo ein zwischenstaatliches Verhandlungsgremium damit beauftragt ist, die in der Konvention geregelten Pflichten, insbesondere zur CO_2-Reduktion in Gestalt von Emissionsrechten zu konkretisieren. Die Vertreter der Staaten stritten sich über die Kriterien zur Berechnung der Emissionsmengen. Einige Länder beziehen ihre Treibhaus-Inventare auf die Nettoemissionen aller treibhausrelevanten Gase, andere berechnen nur die CO_2-Emissionen, und großflächige Länder, wie die *USA*, verrechnen die Emissionsquellen mit den CO_2-bindenden "Senken" (Wälder, Böden, Meere). Neben diesen Debatten spielt außerdem die pro-Kopf-Angleichung eine große Rolle, die jedoch wegen der zu erwartenden Bevölkerungsexplosion im Südteil der Erde abgelehnt wird. Zu berücksichtigen wären weiterhin die überdurchschnittlich starken Emissionszuwächse in den Schwellenländern aufgrund ihrer rasanten Wirtschaftsentwicklung. So hält die Abkehr von allgemeinen prozentualen Reduktionszielen zugunsten differenzierter Verpflichtungen Einzug in die Klimaverhandlungen.

Der erreichte ökonomisch-ökologische Entwicklungsstand in der Region kann auch anhand der Charakterisierung seiner umweltpolitischen Regularien klassifiziert werden. Dabei lassen sich drei Entwicklungsstufen einteilen:

1) klassisch: passive Betrachtung der Umweltbelastung
→ überwiegend mit Quotenfestlegung und nachsorgendem Umweltschutz,

2) neuerdings: Umweltbelastung und -verbrauch als eine Einheit
→ zunehmende Einbeziehung qualitativer Aspekte und integrierter Umweltschutz,

3) zukünftig: präventiv ausgerichtet und mit aktiver Komponente
→ qualitativ neue Stufe der Integration von Ökologie und Ökonomie, die auf die Durchsetzung der Vermeidung von Umweltbelastung und -verbrauch orientiert.

Damit sind gleichzeitig Maßstäbe verbunden, wie der umweltpolitische Zielfindungs- und -entscheidungsprozeß zu beurteilen ist.

In der gegenwärtigen umweltpolitischen Praxis ist es noch nicht gelungen, zwischen betrieblichem und volkswirtschaftlichem Rechnungswesen eine Verbindung herzustellen, die die ökologischen Anforderungen gebührend berücksichtigt und als Ausweis dafür dienen kann, wie wirtschaftliche Aktivitäten unmittelbar Einfluß auf die Umwelt ausüben, oder umgekehrt, wie umweltpolitische Rahmenbedingungen ökonomische Konsequenzen nach sich ziehen.

Gerade die Entwicklung eines betrieblichen ökologischen Rechnungswesens ist ein Schlüsselproblem bei einer tatsächlichen Ökologisierung des Wirtschaftens. Zukünftig wird es deshalb darum gehen, voranzukommen bei der Evaluierung und Operationalisierung an der Schnittstelle von Ökonomie und technisch-ökologischen Wissenschaften bis hin zu einer umweltökonomischen Gesamtrechnung[152] im raumwirtschaftlichen, regionalwirtschaftlichen, volkswirtschaftlichen und weltwirtschaftlichen Kontext. Einen Überblick über einige wichtige Elemente eines Regio-Systems liefert die Abbildung 6:

[152] Versuche, zu einer umweltökonomischen Volkswirtschaftlichen Gesamtrechnung zu kommen, laufen gegenwärtig darauf hinaus, ein Satelliten-Rechnungssystem aufzubauen. Vgl. Hölder, E. und Mitarbeiter: Wege zu einer umweltökonomischen Gesamtrechnung. Band 16 der Schriftenreihe „Forum der Bundesstatistik" hrsg. vom Statistischen Bundesamt. Stuttgart 1991.

Abbildung 6: Das ökonomisch-ökologische Regio-System

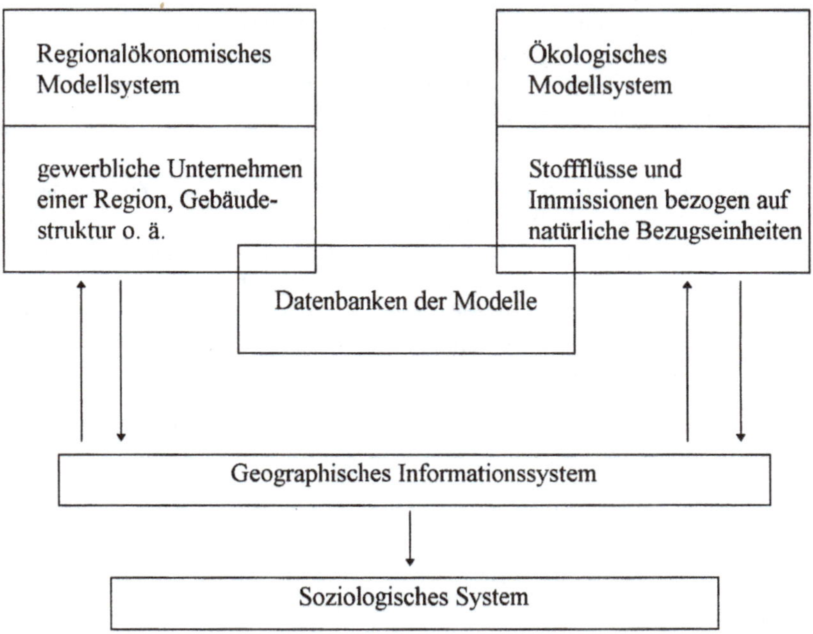

Für die ökonomisch-ökologischen Entscheidungen ist daher das ökonomische Kategoriensystem weiter zu qualifizieren. Insbesondere kommt es darauf an, die Meßfunktion des ökonomischen Kategoriensystems um die ökologisch-reproduktive Komponente zu erweitern. Das Anspruchsniveau richtet sich hier auf folgende Erfordernisse:

- die Widerspiegelung der vollen Kosten für die Erhaltung der Natur und der Schadwirkungen in der ökonomischen Aufwands- und Ergebnisbewertung,
- die wirksame Stimulierung zum rationellen Umweltverhalten sowie die Notwendigkeit, bei ökonomischen Entscheidungen ökologisch-ökonomisch begründete Variantenrechnungen zu ermöglichen (Wirtschaftlichkeitsbewertung),
- die kostenwirksame Rückkopplung in der Leistungsbewertung der Wirtschaftseinheiten bei negativem Umweltverhalten (Zielbewertung).

Auch für die maßnahmebezogenen Rechnungen und Entscheidungsprozesse sind für alle Ebenen entsprechende Grundlagen bereitzustellen (Grenzwerte, Kennziffern, Methodiken usw.). Die Regionalisierung und Typisierung von Regionen kann dabei helfen, weil sie einen Konkretisierungsschritt darstellt. Leider ist man bei einer regionalen umweltökonomischen Rechnung trotz aller Fortschritte noch nicht so weit, wie zum Beispiel bezüglich einzelner Unternehmen.

Die Diskussion um die Entwicklung des Öko-Controlling und Öko-Audit ist zur Beurteilung der Umweltleistung eines Unternehmens besonders in der zeitlichen Entwicklung und zum Zwecke des Vergleichs mit anderen Unternehmen bereits weit fortgeschritten. So bieten sich hier zunächst relative Stoffeffizienz-Kennzahlen (Produkt- bzw. Prozeß-Output zu Rohstoff-Input), Energieintensitätsmaße, Rohstoffproduktivität und Gefahrstoff-Quoten an. Für eine derartige stoffwirtschaftliche "ökologische Buchführung" gelten die folgenden Beispiele:

1) Verwertungsgrad = Verwendeter Abfall / Angefallener Abfall

2) Verwertungsquote = Aufbereitete Abfälle (t) / Umsatz (t)

3) Abfallintensität der Produktion = Abfall (t) / prod. Waren (t)

4) Kostenintensität der UW-Belastung = Kosten für schadlose Abfallbeseitigung / Gesamtselbstkosten (DM)

5) Abfallintensität des Materialverbrauchs = Abfallmenge / Materialverbrauch (t)

6) Materialausnutzungskoeffizient = Eingesetzte Materialmenge / in Waren vergegenständlichte Materialmenge (t)

Diese Beispiele für Relations-Kennziffern aus der Material- und Abfallwirtschaft zeigen, wie für unterschiedliche umweltmediale Verbräuche oder Belastungsprobleme die Operationalisierbarkeit und Vergleichbarkeit hergestellt werden kann. In ähnlicher Weise ließe sich für andere Umwelt-Problembereiche (z. B. Energieprozesse und Luftreinhaltung) und Regionen verfahren, für die aber leider kaum derartige Vorschläge diskutiert oder gar praktiziert werden.

Wicke erfaßt in einer *regionalen Umweltbilanz* in Anlehnung an *Marx/ Knigge*[153] neben anderen Medienbelastungskomponenten insbesondere fünf Luftbelastungsarten:

---

[153] Vgl. Wicke, L.: Umweltökonomie. S. 104. entnommen aus Marx, D./Knigge, R.: Ökonomische Ansätze einer Umweltpolitik. In: Raumforschung und Raumordnung. Bd. 30. 1972.

- freiwillig sedimentierender Staub,
- Staubkonzentration,
- Schwefeldioxid,
- Kohlenmonoxid,
- Blei.

Zur Beurteilung der ökologischen Situation stellen relative Kennzahlen nur eine Möglichkeit dar. Sie machen zwar die Vergleichbarkeit zwischen Unternehmen und Regionen möglich und dokumentieren auch die erforderlichen Anstrengungen zur Minderung von Belastungen, sind also für den Vollzug der Umweltpolitik hilfreich. Sie zeigen aber keinesfalls hinreichend den dabei eingetretenen Erfolg. Deshalb sind sie vorsichtig zu interpretieren, weil Umweltbelastungen absolut reduziert werden müssen. Gewissermaßen als zweite Zahlenreihe müssen immer auch die absoluten Werte des jeweiligen, die Umwelt belastenden Massenstromes dokumentiert und analysiert werden. Nur die absolute Reduzierung von Schadstoffemissionen (Staub, Abfall, Rohstoffverbrauch usw.) führt zur Umweltentlastung und macht echte Fortschritte bei der Reduktion des Umweltverbrauchs deutlich.

Umweltinformationskennziffern sind aus diesen Gründen ein wichtiges, unverzichtbares Instrument, dessen Anwendung vorsichtig und wirkungsorientiert erfolgen muß. Vieles ist diesbezüglich in der Praxis erst noch zu erproben.

Auf ausgewählte Kennziffern wird im Untersuchungsfall zurückgegriffen.

4.4. Operationalisierbare Kriterien für den effizienten Instrumenteneinsatz

Neben den soeben umrissenen ökologisch determinierten Primärzielen spielen in der Umweltpolitik auch Sekundärziele eine wichtige Rolle: Die Indikatoren und Instrumente sind wirtschaftlich, wettbewerbs- und verteilungsneutral, flexibel, nach dem Subsidiaritätsprinzip und real verankert zu gestalten.

Wenn schon zwischen den umweltpolitischen und den gesamtwirtschaftlichen Zielen Konflikte angenommen werden, ist gleichzeitig darauf hinzuweisen, daß auch zwischen diesen Sekundärzielen, denen der Gebrauch von Umweltinstrumenten unterliegt, Zielkonflikte bestehen.

Für *Wicke* ist z. B. im Zusammenhang mit der wirtschaftspolitischen Verträglichkeit der Instrumente ein breites Anforderungsprofil zu überprüfen,

> "ob der erforderliche volkswirtschaftliche Aufwand zur Lösung eines umweltpolitischen Problems in einem angemessenen Verhältnis zur eintretenden Umweltverbesserung steht, ob für die einzelnen Umweltschädiger der betriebswirtschaftliche Aufwand ohne Existenz- und Arbeitsplatzgefährdung tragbar ist und ob diese wirtschaftspolitischen Probleme mit dem gegebenen umweltpolitischen Instrumentarium leichter als mit einem anderen Instrumentarium zu umgehen bzw. zu begrenzen sind."[154]

Entsprechend dem rationalen Prinzip sind die Instrumente so zu gebrauchen, daß mit geringstem Aufwand größter Nutzen erzielt wird. Dieses Kriterium ist aus wohlfahrtssteigernder Sicht als dominierend anzusehen, auch wenn die anderen genannten Aspekte nicht unberücksichtigt bleiben dürfen.

Mithin ergeben sich gravierende Probleme, will man ermitteln, welche Kosten das eine oder andere Instrument der Umweltpolitik verursacht und welcher konkrete Nutzen sich aus seiner Anwendung ergibt. Da Instrumente nur wirksam werden, wenn sie durch Gesetze und Verordnungen eingeführt und durch staatlich-administrative Einrichtungen kontrolliert werden, ist der monetäre und nicht-monetäre Aufwand hierfür zu ermitteln. Er kann von Instrument zu Instrument höchst unterschiedlich sein, was mit seiner Praktikabilität und politischen Durchsetzbarkeit aber auch mit den unterschiedlichen Kontrollnotwendigkeiten und -möglichkeiten verbunden ist. Es besteht ein ungleicher Bedarf an Sach- und Personalmitteln (z. B. Technik, Expertenwissen etc.).

Außerdem spielen hier auch unterschiedliche Interessenlagen der verschiedensten umweltpolitischen Akteure (Gruppen, Gebietskörperschaften, Erfahrungen, Akzeptanz etc.) hinein. Auch der Staatsaufbau (Zentralismus, Föderalismus) ist zu beachten.

Griffig bleibt für den Ökonomen in erster Linie die Einnahmen- oder Ausgaben-Wirksamkeit des jeweiligen Instruments in Gestalt der Be- oder Entlastung des jeweiligen (Staats-) Haushalts bzw. des Teilhaushalts oder der Bilanz/Gewinn- und Verlustrechnung eines Unternehmens. Denkbar ist noch die Erfassung der Inanspruchnahme von Kredit- oder Fördermöglichkeiten. Sie sollen deshalb auch Gegenstand der hier unternommenen Betrachtung sein.

Wicke versucht außerdem durch eine Zusammenfassung der drei wichtigsten Kriterien Umweltgüte-Wirkung, ökonomische und administrative Gesichtspunkte eine Aussage über die Effizienz des jeweiligen Instruments zu treffen. In einem nächsten Schritt beurteilt er die politische Durchsetzbarkeit bzw. Realisierbarkeit. Für seine Gesamtbewertung nutzt er eine fünfteilige Werte-

[154] Wicke, L.: Umweltökonomie. München 1991. S. 401.

skala von „Sehr gut“ (++) über „Null“ (0) bis „Sehr schlecht“ (--).[155] An dieses Vorgehen soll in der vorliegenden Schrift angeknüpft werden.

4.5. Organisatorische und systemare Kriterien für die regionale Luffreinhaltung

Im Prozeß der politischen Wende gab es nach 1989 in der damaligen DDR bzw. in den neuen Bundesländern eine kaum zu systematisierende Anzahl von Veränderungen in der Organisation und im Vollzug der staatlichen Umweltpolitik. Nach und nach wurden die bundesdeutschen Regelungen eingeführt. Über Gesetze und Verordnungen liegen zahlreiche Publikationen vor. Die wichtigsten Veränderungen werden kurz angesprochen.

Durch die Analyse dieses umfangreichen Regelungswerkes, die Durchsicht von Handbüchern und durch Interviews ließen sich Aussagen zu regionalen Bedingungen und Möglichkeiten der Luftreinhaltepolitik treffen. Von besonderem Interesse ist in diesem Zusammenhang, ob sich nach 1989 in einzelnen Regionen Differenzierungen ergeben haben, die möglicherweise fördernden oder hemmenden Einfluß auf die umweltpolitische Situation hatten oder haben, womit der Grundgedanke unserer Untersuchung unterstrichen würde.

Wie wäre die Wirksamkeit von umweltpolitischen Gruppen, Organisationen, Institutionen, etc. in einer Region meßbar - anhand von Umweltaktionen, Konferenzen, Umweltunfällen, Störfällen, Havarien,[156] oder allgemeiner an der Gesamtbelastungssituation und der Anzahl eingeleiteter diesbezüglicher Schutzmaßnahmen? In der vorliegenden Untersuchung soll hauptsächlich der Aspekt der Umweltverwaltung und ihrer Umstrukturierung vertieft werden.

Aus der Abbildung 7 geht hervor, welche engen Beziehungen in der Umweltschutzpolitik zwischen den einzelnen kommunalen Akteueren zu beachten sind.

Wie könnte man nun die Kontakte, Erfahrungen, Grundhaltungen, Ziele, Leitbilder und Strategien von Mitarbeitern und Institutionen kommunaler, regionaler und anderer Ebenen, aus der Bevölkerung und von Unternehmen der jeweiligen Ebenen operationalisieren? Wie ließen sich die Positionen der Emittenten und deren Multikausalität erfassen? Da dies überwiegend soziologische Unter-

---

[155] Wicke, L.: Umweltökonomie. München 1991. S. 408.

[156] Im Stammwerk der *Hoechst AG* am Rande der Metropole *Frankfurt/Main* ereignete sich im Verlaufe des Jahres 1993 gleich eine ganze Kette von Störfällen, bei denen z. T. gefährliche Gase austraten und angrenzende Wohngebiete in Mitleidenschaft zogen. Ähnlich spektakuläre Fälle sind aus der Vergangenheit bekannt: Fast 4000 Todesopfer forderte inzwischen die Giftgaskatastrophe von 1984 in *Bhopal/Indien*. Vgl. Neues Deutschland. Berlin, 1. August 1991. S. 1.

suchungen erfordert, sei auf ein Praxisbeispiel aus *Hannover* verwiesen: „Wieviel Unternehmen oder Haushalte haben konkrete Kontakte im Umweltschutz zu den Behörden?“ So lautete eine Fragestellung, um für *Hannover* (1990) die lokale Situation zu kennzeichnen: Ca. 47 Prozent der befragten Handwerksbetriebe haben keine Kontakte; nur 1/3 über den Umweg der Genehmigungs- und Kontrollfunktionen der Behörden.[157] Daraus geht hervor, daß durch Genehmigungs- und Kontrollfunktionen allein die umweltpolitisch erwünschte Zusammenarbeit nicht zustande kommt. Andererseits ist nicht gesagt, wieviel umweltbewußte Handlungsweise solcherlei Kontakte überhaupt erfordert.

Abbildung 7: Akteure und ihre Stellung im territorialen Umweltschutz

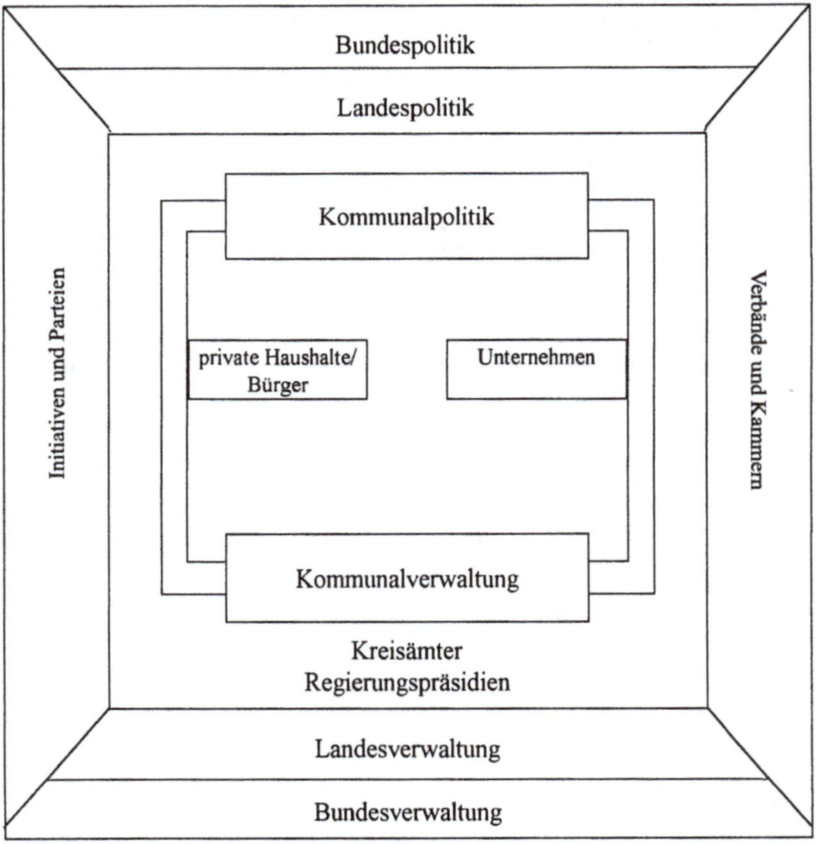

[157] Vgl. Küppers, F.: Kommune und Umwelt - Kommunale Beziehungen in einer Großstadt. Projekt. In: FÖB-Informationsdienst. Forschungsinformationsdienst ökologisch orientierte BWL. Institut für Ökologische Betriebswirtschaft. Universität Gesamthochschule Siegen. März/April 1991. S. 3 - 4.

Tiefer liegen hingegen die Probleme, sieht man sich die möglichen Zielkonflikte zwischen Umweltschutz-Verwaltung und Umweltverschmutzern, z. B. Schadstoff-Emittenten, an:

- präventiver Informationsgleichstand/Symmetrie. On-line-Anbindung kann diesen Konflikt überwinden helfen.
- Probleme der Transaktion und Koordination. Mit Hilfe von Konsens-Konferenzen können Limits und Ziele erarbeitet und festlegt werden.
- Umweltpolitik organisiert selbst Knappheiten. Dieser Konflikt könnte durch die Internalisierung ökologischen Nutzens z. B. über Förderprogramme mit Zwischenschaltung von Banken anstelle des Staates ausgeglichen werden.

Unter *ideeller Leistungsfähigkeit* der regionalen/lokalen Umweltbehörden ist ihre Kommunikationsfähigkeit und die darauf basierende umweltpolitische Problembearbeitung zu verstehen. Diese sogenannte ideelle Leistungsfähigkeit kann großen Einfluß auf die institutionelle, aber auch finanzielle Leistungsfähigkeit haben (Bsp.: gutes Wirtschaftsklima, schnelle Verwaltungsverfahren, Antragsmanagement durch die Umweltbehörde, zufriedene Antragsteller/Emittenten verursachen weniger Verwaltungsarbeit).

Hierzu zählen solche Faktoren wie: Akzeptanz, Zufriedenheit, Auswirkungen, Organisation, Neuerungen, Problem- und Akteurnähe usw. Angaben hierüber lassen sich i. d. R. nur über Umfragen gewinnen, die selbst aufwendig zu planen, durchzuführen und auszuwerten sind.

Aus diesen Überlegungen leitet sich der Ansatz für die eigene Untersuchung ab: Ausgewählte Akteure sollen befragt werden, wie der Umstellungsprozeß eingeschätzt wird, welche Hauptprobleme auftraten und noch bestehen, wie das Verhältnis zwischen den Akteuren charakterisiert werden kann, wie Probleme bearbeitet werden, ob Kenntnisse zu den mit der Umweltverwaltung verbundenen Kosten vorliegen, welche Erfahrungen mit einzelnen Instrumenten gewonnen wurden, was sich dabei bewährt und was nicht, welche Schadstoffe mit welchen Instrumenten am besten reduzierbar sind usw.

Auf einige dieser Aspekte wird im Zusammenhang mit Unternehmen im Untersuchungsteil eingegangen. Unzweifelhaft ist aber, daß sich Umweltprobleme lokal und kleinräumlich immer in sehr konkreter Form zeigen und hier unmittelbare Handlungen bedingen.

Für die vorliegende Analyse sollen ebenfalls Praxisbefragungen hinsichtlich der umweltpolitischen Instrumente der Luftreinhaltung zur Anwendung kommen. Dabei sind Hintergründe zu erfragen, die

- die Abgabe von Emissionserklärungen,
- die Prozedur der Genehmigungsverfahren,
- die Erteilung von Sanierungsanordnungen,
- die Kosten des Verwaltungsvollzugs,
- das Verhältnis zwischen der Umweltverwaltung und den Emittenten,
- die Bewältigung von Erörterungsterminen und Konflikten,
- die Präferenz und die Probleme bei der Instrumentierung,
- die Schadstoffbesonderheiten und ähnliches

betreffen.

Zu allen Fragen wird es keine befriedigenden oder in jedem Falle verallgemeinerungsfähige Antworten geben. Trotzdem soll versucht werden, das Instrumentarium so zu beurteilen, daß in Anlehnung an die oben aufgezeigte Herangehensweise von *Wicke* eine Gesamtbewertung möglich wird. Sie soll zumindest folgende Punkte beinhalten:

- zeitlicher Aufwand,
- umweltökonomische Effizienz,
- Genauigkeit der Zielerreichung,
- marktwirtschaftliche Konformität,
- Sozialverträglichkeit,
- Einhaltung des Verursacherprinzips.

Eine solche Bewertung wird der Intention der vorliegenden Arbeit trotz ihrer hohen Komplexität wohl am ehesten gerecht, weil sie insbesondere die wirtschaftspolitischen Besonderheiten des Transformationsprozesses gebührend berücksichtigt, ohne umweltpolitische Abstriche machen zu müssen. Leider tritt der präventive und proaktive Ansatz eines grundlegenden ökologischen Umbaus dabei etwas in den Hintergrund. Die Analyse gewinnt dadurch allerdings gleichzeitig mehr Realitätsnähe, auch wenn vieles nur verbal gekennzeichnet werden kann.

C. Luftreinhaltepolitik in Ostdeutschland

1. Umweltpolitik in der ehemaligen DDR und ihre wirtschafts-theoretischen und -praktischen Ursachen

Nachdem wir uns einen groben Überblick über wichtige umweltpolitische Begriffe und Problemzusammenhänge der Luftreinhaltung und ihren räumlichen Bestimmungselementen verschafft haben, wollen wir unsere Untersuchung nun vor dem Hintergrund der notwendigen Anpassung der ostdeutschen Länder im Umweltbereich damit beginnen, den bisherigen Stand in der Theorie und Praxis des Verhältnisses von Ökonomie und Umweltschutz in der ehemaligen DDR einer Kritik zu unterziehen. Möglicherweise ergeben sich hieraus ebenfalls Ansatzpunkte für ein stärker regionalorientiertes umweltpolitisches Vorgehen. Außerdem läßt sich mittels Wirtschafts- und Umweltvergleich durch das Benennen von Defiziten zur weiteren Thematisierung der Forschung beitragen. So ist neben einer Suche nach Schwerpunkten für die heutige Umweltpolitik u. a. der Frage nachzugehen, welche Schlußfolgerungen aus den Fehlern und schlechten Erfahrungen, die auf diesem Gebiet in der zentralistischen DDR gemacht wurden, möglicherweise zu ziehen sind. Es wird sich zeigen, daß die umweltpolitische Transformation essentielles Element der Wirtschaftstransformation postsozialistischer Staaten ist.

Immerhin sind durch die Vereinigung der beiden deutschen Staaten neue Herausforderungen an die Wirtschafts- und Umweltpolitik gestellt worden. Nicht nur das Wirtschaftsgefälle zwischen West- und Ostdeutschland, auch die Umweltsituation auf dem Gebiet der ehemaligen DDR erfordern gezieltes regionalpolitisches Handeln. Insbesondere im Süden Ostdeutschlands tritt *der regionalwirtschaftliche Problemtyp der "alten Industrieregionen"* auf. Diese Regionen sind nicht im historischen Sinne alt, sondern sie sind "alt" im Sinne mangelnder wirtschaftlicher und ökologischer Regenerationsfähigkeit. [158]

Zumeist wird mit einer Schätzung der Kosten der erforderlichen Sanierung und/oder der bestehenden Umweltschäden begonnen, um die Dimension der zu lösenden Aufgaben in der Umweltpolitik deutlich zu machen, wenngleich für die Kosten der Umweltsanierung der einzelnen Schwerpunktbereiche in Ostdeutschland heute noch immer keine genauen Aussagen getroffen werden können.[159] Die zur Kostenberechnung benötigten Zahlenangaben sind weiter unvollständig und dienen somit nur zu vorläufigen Schätzungen, die - wie sich

---

[158] Vgl. Zeuchner, S.: Sanierung der alten Industrieregion Halle/Leipzig/Bitterfeld. Rufis - Ruhr-Forschungsinstitut für Innovations- und Strukturpolitik. Bochum 1992. S. 1.

[159] Das statistische Jahrbuch 1996 des Statistischen Bundesamtes weist nur Umweltzahlen bis 1993 aus, weil diese Berechnungen nicht jährlich erfolgen.

gleich bestätigen wird - sehr weit auseinander laufen. Außerdem zeigt sich, daß mit zunehmendem Erkenntnisstand diese Berechnungen durch die verschiedenen Forschungsinstitute und staatlichen Stellen ständig konkretisiert und im Prozeß der Transformation neue Probleme sichtbar werden.

Bezogen auf die Luft kommt z. B. das *Ifo-Institut München* schon frühzeitig zu dem Ergebnis, daß für die Modernisierung des veralteten Kraftwerkparks sowie für die Luftreinhaltung in der früheren DDR *Investitionen* von 18 bis 25 Mrd. DM nötig wären. Allein die Sanierung der alten Kraftwerke erfordere 3 bis 5,5 Mrd. DM; für die nicht mehr sanierungswürdigen Anlagen müßten neue Kraftwerke im Wert von 12 bis 22 Mrd. DM gebaut werden.[160] In einer jüngeren Analyse, die gemeinsam mit dem *Institut für Wirtschaftsforschung Halle (IWH)* vorgenommen wurde, ist der Investitionsbedarf mit 82,8 bis 521,3 Mrd. DM, davon für Luftreinhaltung mit 5 bis 35 Mrd. DM beziffert.[161]

Die Sanierungskosten für Energieversorgung und Umwelt in den neuen Bundesländern schätzte das *Institut der deutschen Wirtschaft Köln* für die nächsten 10 Jahre auf 130 bis 220 Mrd. DM.[162]

Der sächsische Ministerpräsident *Biedenkopf* ging in seiner Regierungserklärung davon aus, daß 370 bis 450 Mrd. DM für die Umweltsanierung in den neuen Ländern erforderlich seien, wovon ein Drittel auf den Freistaat Sachsen entfalle.[163]

In seiner erstmaligen gesamtdeutschen Schätzung der jährlich durch die Umweltverschmutzung verursachten Kosten - bei allen Schwierigkeiten, die mit derartigen oft erheblich voneinander abweichenden Schätzungen verbunden sind - beziffert *Wicke* (1993) für Ostdeutschland die *Umweltschäden* auf 69,9 Mrd. DM, fast ein Drittel des 1992 dort erwirtschafteten Bruttosozialprodukts![164] Das *Heidelberger Umwelt- und Prognose-Institut* und das *Fraunhofer-Institut für Systemtechnik und Innovationsforschung* kommen allein für die alte Bundesrepublik auf noch größere Zahlen.

Allerdings ist es hier nicht möglich, alle in den neuen deutschen Ländern bei der Implementation des Umweltschutzes zu erwartenden Kosten bzw. Mechanismen oder gar notwendigen individuellen Maßnahme-Programme exakt zu bestimmen. Aber diese hohen Schadens- und Sanierungskosten sind doch ein

---

[160] Vgl. Adler, U./Sprenger, R.-U./Wackerbauer, J.: Umweltschutz in den neuen Bundesländern. In: Ifo-Schnelldienst, Nr. 11 (44. Jg.). Ifo-Institut für Wirtschaftsforschung. München, 11. April 1991. S. 4 - 10.

[161] Zitiert nach: DDR-Umweltpolitik - Aus schlechten Erfahrungen lernen. In: Informationsdienst des Institut der Deutschen Wirtschaft. Nr. 18. Köln 1994. S. 2.

[162] Vgl. Die Welt. Hamburg, 20. März 1990. S. 23.

[163] Vgl. Frankfurter Allgemeine Zeitung. Frankfurt/M., 22. Februar 1991. S. 6.

[164] Vgl. Wicke, L: Umweltökonomie. München 1993 (4. Auflage). hier zitiert nach: Der Spiegel. Heft 16. Hamburg 1993. S. 291 -293.

ganz wesentliches Argument dafür, nach Möglichkeiten und Grenzen zur Umweltverbesserung durch z. B. regional-spezifische Implementation flexibler umweltpolitischer Instrumente zu suchen! Ähnliches ließe sich für vergleichbare Regionen Mittel- und Osteuropas sagen. Allerdings ist es hier nicht möglich, die gesamte Umweltsituation der ehemaligen DDR ausführlich darzustellen. Hierzu sind bereits eine ganze Anzahl informativer Titel einschlägig.[165]

Diffiziler hingegen ist es, die Frage nach den *Ursachen* für die hochgradige Diskrepanz zwischen dem postulierten Fortschrittsanspruch und der praktizierten Wirklichkeit, zwischen dem Verfassungsstaatsziel sowie dem Landeskulturgesetz der DDR auf der einen Seite und der über weite Strecken bitteren Umweltschutzrealität auf der anderen Seite zu beantworten. Während zu den Schwächen und Trends der westlichen Umweltforschung und -politik eine Reihe von auch allgemeingültigen Schriften[166] vorliegen, lassen sich die Unterschiede der Umweltforschung in der DDR im Vergleich zu der in westlichen Ländern sowie die das Umweltproblem verdrängende Politik seitens des ehemaligen DDR-Staates nur schwer qualifizieren. Einige wesentliche Charakteristika hierfür tauchen in der Literatur[167] aber immer wieder auf, die kurz beleuchtet werden sollen, bevor auf konkrete ökonomische Fragen eingegangen wird.

Hübler, der sich in den 80er Jahren[168] näher mit dieser Fragestellung befaßte,

---

[165] Vgl. Ministerium für Naturschutz, Umweltschutz und Wasserwirtschaft der DDR: Information zur Entwicklung der Umweltbedingungen in der DDR und weitere Maßnahmen (Basisjahr 1988). Umweltbericht zur Vorlage vor dem Runden Tisch, Januar 1990. (Als Manuskript vervielfältigt, zum Teil abgedruckt In: Berliner Zeitung, Berlin, 08. Februar 1990. S. 3. Vgl. weiter: Deutscher Industrie- und Handelstag: DDR - Umweltschutz. Ökologie statt Autarkie. Bestandsaufnahme und Lösungsansätze. Bonn 1990. Sowie: Petschow, U./Meyerhoff, J./Thomasberger, C.: Umweltreport DDR, Bilanz der Zerstörung, Kosten der Sanierung, Strategien für den ökologischen Umbau. Eine Studie des Institut für Ökologische Wirtschaftsforschung, Frankfurt am Main 1990. Vgl. auch Meißner, W.: Environmental Reconstruction in Eastern Germany. Frankfurter Volkswirtschaftliche Diskussionsbeiträge. Arbeitspapier Nr. 34. Universität Frankfurt/Main 1992.

[166] Vgl. Schreiber, H./Timm, G. (Hrsg.): Im Dienste der Umwelt und der Politik - Zur Kritik der Arbeit des Sachverständigenrates für Umweltfragen. Berlin 1990. Vgl. außerdem Kapitel B. 3.

[167] Vgl. Hucke, J.: Tschernobyl - da hielt das Volk nicht mehr still. In: Sonderveröffentlichung der Tageszeitung Die Welt. Hamburg. Februar 1990. Vgl. auch: Jürk, W.: Struktur des DDR-Umweltministeriums. Eine Ursache des Vollzugsdefizits im Umweltrecht der Deutschen Demokratischen Republik? In: Informationsdienst Umweltrecht (IUR). Das Forum für Umwelt und Recht, hrsg. vom Verein für Umweltrecht e. V. Heft 2. Bremen, April 1991 (2. Jg.). S. 70 - 72. Vgl. weiter: Schneidelbach, L.: Umweltkriminalität in der DDR - ein Paradies für gewissenlose Sünder. 150 Anzeigen von 1985 - 1989. In: umWelt - Das neue Öko-Magazin. Heft 1. Berlin, September 1990 (1. Jg.). S. 2/3. Vgl. außerdem: Pechan, B.: Die Bewertung der Natur im ökonomischen System der DDR. Technische Universität Berlin. Fachbereich Landschaftsentwicklung. Berlin (West) 1987.

[168] Vgl. Hübler, K.-H., In: Schriftenreihe für Deutschlandforschung. Bd. XIV. Jahrbuch 1985. Berlin 1985. sowie: derselbe (Hrsg.): Stand der DDR-Umweltpolitik

ist zuzustimmen, wenn er meint, daß die Umwelt durchaus auch in der DDR ein wichtiger Forschungsgegenstand war.[169] So liegen die Fehler weniger auf Seiten der natur- oder wirtschaftswissenschaftlichen Theorie. Vielmehr sind sie zu suchen in der weitgehend von Ignoranz ökologischer Erfordernisse geprägten, philosophisch-ideologisch gerechtfertigten Staatspolitik und in der wirtschaftspraktischen Schwäche der DDR. Diese Ursachenkomplexe paaren sich mit einem unterentwickelten Umweltbewußtsein, Lücken im Umweltrecht und seiner inkonsequenten Durchsetzung.

Das *Institut der deutschen Wirtschaft Köln* sieht größtenteils systembedingte Ursachen der schweren Umweltschäden:

1. Unklare Nutzungsrechte,
2. Planungsversagen,
3. Sinnlose Anreizsysteme,
4. Verzerrtes Preissystem,
5. Mangelnde Unabhängigkeit der Kontrolleure.[170]

Als *wirtschaftliche* Hauptursachen für die Umweltsituation in den neuen deutschen Ländern werden allgemein genannt:

- fehlende finanzielle, materielle und personelle Möglichkeiten für Umweltschutzinvestitionen,
- ein überalterter Kapitalstock und wirtschaftsstrukturelle Mängel (Investitionsschwäche, material- und energieintensive Produktionen) im Zusammenhang mit Planungszwängen, unzureichendem Know-how,
- eine in starkem Maße von Autarkie geprägte Wirtschaftsorganisation,
- Überbetonung sozialpolitischer Verteilungsmaßnahmen ohne Einbeziehung der natürlichen Umweltbedingungen.

Hinzu kommen solche Gründe, wie

- eingeschränkte Informationen über die Umweltsituation, insbesondere durch eine Verschärfung von Geheimhaltungsbestimmungen ab 1982, die zeitlich

---

und mögliche Auswirkungen auf Berlin (W). Ergebnisse eines Kolloquiums. Manuskript. Berlin 1987.

[169] Dies ist mit zahlreichen Publikationen belegbar. Vgl. Spindler, B.: Literaturführer Luftreinhaltung und Luftverschmutzung in der DDR. Gesamtdeutsches Institut - Bundesanstalt für Gesamtdeutsche Aufgaben. Bonn, November 1983.

[170] Vgl. DDR-Umweltpolitik - Aus schlechten Erfahrungen lernen. In: Informationsdienst des Instituts der deutschen Wirtschaft. Nr. 18. Köln 1994. S. 2.

zusammenfallen mit dem Beschluß zur Forcierung der Braunkohlenenergiewirtschaft, sowie

- fehlende Öffentlichkeit, die insgesamt zu einem wenig entwickelten Umweltbewußtsein führten.

So gehörte die kurzsichtige aber langfristig spürbare Vernachlässigung des Umweltschutzes zu den schmerzlichsten Ergebnissen der Wirtschafts- und Sozialpolitik in der DDR. Umweltschutz ist zunächst mit hohem Aufwand verbunden, bringt aber nicht sofort spürbaren ökonomischen und sozialen Nutzen. Da der Staat hierbei berufen ist, im Interesse aller auf das Verhältnis von Ökonomie und Umweltschutz einzuwirken, trägt er in der Zentralverwaltungswirtschaft gleichwohl die Hauptverantwortung für die Vernachlässigung der Erfordernisse des Umweltschutzes. Vergleicht man den Teil des Nationaleinkommens, den die DDR für den Umweltschutz einsetzte, mit den Anteilen anderer Industrieländer, so wird diese Vernachlässigung sehr deutlich (Tabelle 1).

Tabelle 1: **Anteil der Investitionen für den Umweltschutz am produzierten Nationaleinkommen bzw. am Bruttosozialprodukt 1980 - 1988**[171]

DDR	0,5 %
BRD	1,6 %
USA	2,0 %
Tschechoslowakei	2,3 %
Japan	3,4 %

Berücksichtigt man, daß diese Zahlen streng genommen einem Vergleich nur standhalten, wenn gleich hohe Umweltschäden zugrunde gelegt werden, diese aber für die DDR[172] und die Tschechoslowakei als wesentlich größer vermutet werden können, so unterstreicht dies die Brisanz der vorliegenden Angaben.

Besonders in den 80er Jahren koppelte sich die DDR in Sachen Umweltschutz von der Entwicklung in anderen Industrienationen ab. Der verstärkte Einsatz der heimischen Braunkohle (Heizölsubstitution, verspätete Umstellung der Eisenbahn auf elektrische Traktion), die überalterten Kraftwerke und Industrieanlagen sowie der hohe Anteil von Hausbrand (mit Braunkohlebrikett) in den Ballungsgebieten forcierten die Umweltschäden. (Vgl. Tabelle 3.) (Hier liegt

---

171 Kusch, G./ Montag, R./Specht, G./Wetzker, K.: Schlußbilanz - DDR. Fazit einer verfehlten Wirtschafts- und Sozialpolitik. Berlin 1991. S. 70.

172 Vgl. ebenda. S. 75. *Wicke* schätzt - wie bereits geschrieben - z. B. für 1992 die Umweltschäden für Ostdeutschland auf ca. ein Drittel des Bruttosozialprodukts, die Kosten für Luftverschmutzung allein auf ca. 12 Mrd. DM (etwa 50 Mrd. DDR-Mark). Vgl. Wicke, L.: Umweltökonomie. München 1993.

einer der Gründe für den allmählichen Zerfall der wirtschaftlichen und staatlichen Strukturen. Die Opposition war stark in der Umweltbewegung verwurzelt.)

Dabei war die Ausgangslage zu Beginn der 70er Jahre, als die DDR ihr eigenständiges Ministerium[173] für Umweltschutz und Wasserwirtschaft (1971) schuf und andere staatlich-administrative und rechtliche Maßnahmen (Abwasser- und Abgasgeld) in Richtung Umweltschutz ergriff, noch recht erfolgversprechend:

Für den Fünfjahrplan 1971 - 1975 wurden für Umweltschutzinvestitionen noch 7 Mrd. Mark ausgewiesen.[174] Es bestanden gewissermaßen als solide Grundlagen für die Integration des Umweltschutzes in die volkswirtschaftliche Entwicklung stabile und hohe Steigerungsraten der Arbeitsproduktivität im Maßstab der Volkswirtschaft (1969 zu 1965 ca. 22 Prozent und 1973 zu 1969 ca. 23 Prozent) und ein ausgewogenes Verhältnis von im Inland verfügbaren zum produzierten Nationaleinkommen (d. h. es bestanden noch keine Überschuldungsprobleme).

Außerdem erfolgten in dieser Zeit grundlegende Weichenstellungen in der Wirtschaftsstruktur von der Karbochemie weg in Richtung Petrolchemie, in der Energiewirtschaft und im Verkehrswesen hin zur verstärkten Nutzung von Erdöl. Im Eisenbahntransportwesen scheute die DDR zunächst die hohen Primärinvestitonen zum Aufbau durchgängig elektrifizierter Strecken und setzte auf moderne Dieseltraktion.

Aber mit dem Ölpreisschock kam auch für die DDR alles anders als man es sich für die nächsten Planungszeiträume vorgestellt hatte. Die eingeleiteten Entwicklungen wurden in weiten Bereichen der Volkswirtschaft zurückgedreht. Während in der BRD die Energiepreise stiegen und staatliche Investitionshilfen als flankierende Maßnahmen zu Energieeinsparungen (ohne Verkehrssektor) führten und die Umwelt dauerhaft entlasteten, ersetzte die DDR-Planwirtschaft direktiv die devisenkostenden Energieimporte durch verstärkten Einsatz der problematischen einheimischen Braunkohle.

---

173 Der langjährige Minister für Umweltschutz und Wasserwirtschaft der DDR, *Dr. Hans Reichelt*, gehörte der Demokratischen Bauernpartei Deutschlands an. Er war damit von vornherein aus Beratungen und Grundsatzentscheidungen, z. B. der Wirtschaftskommission beim Politbüro des ZK der SED, ausgegrenzt und hatte somit nicht den erforderlichen Einfluß, da auch der Ministerrat erst dem Politbüro nachgeordnete Entscheidungen traf.

174 Alle folgenden Pläne enthielten nur noch Pauschalaussagen. Planzahlen für Umweltschutzinvestitionen wurden nicht mehr veröffentlicht. *E. Garbe (Leuna-Merseburg)* gab 1990 an, daß die DDR 0,4 Prozent und die BRD 1,07 Prozent des Bruttoinlandsproduktes für Umweltschutzinvestitionen verwenden würde. (In: Institut für ökologische Betriebswirtschaft: Betriebliches Umweltmanagement. Konferenzmaterialien. Universität Gesamthochschule Siegen, 8./9. November 1990.

Darin sollte die Antwort bestehen, den veränderten äußeren Bedingungen gerecht zu werden; denn das Verhältnis von im Inland verfügbarem zum produzierten Nationaleinkommen kehrte sich nun ab Mitte der 70er Jahre in zunehmend gefährlichem Maße um. Die Nettoauslandsverschuldung der DDR betrug 1970 nur 2,2 Mrd. Valutamark (etwa DM), 1975 11 Mrd., 1980 25,3 Mrd., 1985 30 Mrd., um 1987 schon bei 34,7 Mrd. Valutamark zu landen. Das entspricht einer Entwicklung auf das 15,8fache des Standes von 1970, wobei das Nationaleinkommen sich in dieser Zeit nur um das 2,1fache vergrößerte![175]

Daß heißt, das im Inland produzierte Nationaleinkommen mußte in immer stärkerem Maße in das Ausland abfließen. So entwickelten sich die letzten 70er Jahre zunehmend kritisch und die 80er Jahre katastrophal für die gesamte wirtschaftliche Situation und speziell für den Umweltschutz in der DDR. Dies hatte wesentliche Ursachen in der gegenüber 1970 vervielfachten Auslandsverschuldung der DDR; nach 1980 entsprach allein der Zinsendienst für die Auslandsschulden (auch im Gefolge der Hochzinspolitik auf den internationalen Kapitalmärkten) nahezu dem gesamten Zuwachs an produziertem Nationaleinkommen.

Wegen ihrer Rohstoffarmut war die DDR auf internationale Wirtschaftsbeziehungen angewiesen, profitierte aber nicht vom Handel mit dem Hauptwirtschaftsgebiet innerhalb des Rates für Gegenseitige Wirtschaftshilfe (RGW) und mit dem sogenannten nichtsozialistischen Wirtschaftsgebiet. Die UdSSR, der Haupterdöllieferant der DDR, erhöhte schrittweise die Rohstoffpreise (wenn auch mit etwas Abstand zu der Entwicklung an den Weltölmärkten) und reduzierte sogar das Liefervolumen. Die DDR hatte immer größere Warenmengen als Gegenwerte in die UdSSR zur exportieren. Als Folge ergab sich mit etwas Verzögerung auch ein Absinken der Rate des Produktivitätszuwachses, weil die erforderliche Kapitalstockmodernisierung ausblieb und auch im Umweltschutz nicht realisiert werden konnte.

Die DDR-Wirtschaft wurde auf einen einseitig intensiven Wachstumsweg umgelenkt, bei dem in weiten Bereichen der Volkswirtschaft nicht einmal mehr die einfache Reproduktion der Grundmittel sichergestellt war. Besonders betroffen war die Grundstoffindustrie, die immer mehr auf Verschleiß gefahren wurde. Unter dem Schlagwort der Grundfondsmodernisierung sollte mit dem vorhandenen Produktionsapparat ohne grundlegende extensive Erneuerungs- oder Ergänzungsinvestitionen weiter gearbeitet werden. Generalreparaturen beschränkten sich auf das zur Produktion unbedingt notwendige Maß und wurden ohne Importe aus dem innerbetrieblichen „Rationalisierungsmittelbau" der Betriebe und Kombinate realisiert. Die Störanfälligkeit der Technik und die mit ihrer Benutzung verbundene Umweltbelastung nahmen zu. Zu diesen per Planauflage gelenkten Maßnahmen kamen die Kontingentierung von Energieträgern

---

[175] Vgl. Wolf, H.: Hatte die DDR je eine Chance? Hamburg 1991. S. 41.

(z. B. mittels Diesel-Marken durch die Abteilungen Verkehr der örtlichen Räte) und Festlegungen zur Substitution von Importen, die in konvertierbarer Währung zu bezahlen waren. Dadurch wurde der Wirtschaftskreislauf und die Planungssicherheit zunehmend gestört.

In den letzten 17 Jahren der DDR stieg das Nationaleinkommen jahresdurchschnittlich um rund vier Prozent. Auch 1986 bis 1989 nahm es trotz vorhandener Probleme bei der Erschließung innerer Wachstumsquellen mit über drei Prozent zu. Damit wären die Zuwachsraten etwa doppelt so hoch wie die des Bruttosozialprodukts der Bundesrepublik Deutschland.

Die offiziell ausgewiesenen Raten spiegeln jedoch die tatsächliche ökonomische Entwicklung unvollständig wider.

Erstens sind sie infolge preislicher Überbewertung neuer Erzeugnisse (Planpreise und Akzise besonders bei hochwertigen Konsumgütern, z. B. Farbfernsehgeräte, Pkw) zu hoch ausgewiesen.

Zweitens bleibt damit der drastische Rückgang der Zuwachsraten in der zweiten Hälfte der 80er Jahre unerwähnt (1988: 2,8 Prozent, 1989: 2,1 Prozent), wo die Wachstums- und Modernisierungsschwäche nicht mehr leicht kaschiert werden kann.

Drittens hat sich das Verhältnis zwischen produziertem Nationaleinkommen und dem im Inland für Konsumtion und Investition verfügbaren Nationaleinkommen einschneidend zuungunsten des verfügbaren Nationaleinkommens verändert. Während nach amtlicher DDR-Statistik das produzierte Nationaleinkommen zwischen 1980 und 1985 jahresdurchschnittlich mit 4,6 Prozent wuchs, nahm das im Inland verfügbare Nationaleinkommen nur um ein Prozent zu.

Viertens schwächten diese Zuwachsraten die langfristigen Wachstumsvoraussetzungen infolge geringerer Investitionen und ungenügendem Umweltschutz.[176] Die Intensivierung der Volkswirtschaft nutzte hauptsächlich die Quellen des ersten Zugriffs. Dauerhafte Grundlagen für einen ressourcen- und energiesparenden, umweltfreundlichen Reproduktionstyp der volkswirtschaftlichen Entwicklung (vielleicht mit Ausnahme der Mikroelektronik und der Sekundärrohstoffwirtschaft) wurden mit dieser planwirtschaftlichen Politik unter den Bedingungen der DDR kaum gelegt.

Oder mit anderen Worten ausgedrückt: Die DDR "lebte" zunehmend vom Verzehr des in Vorperioden geschaffenen Reichtums und auf Kosten der natürlichen Umwelt. Selbst Ersatzinvestitionen wurden immer mehr hinausgeschoben,

---

[176] Vgl. Steinitz, K.: DDR-Wirtschaft '89. In: Neues Deutschland. Berlin, 4. November 1994. S. 9.

notwendige Erweiterungsinvestitionen in die Zukunft unterblieben in stärker wachsendem Maße oder wurden einseitig auf ausgewählte Bereiche (Mikroelektronik) oder Regionen (*Berlin*, Nordbezirke) konzentriert. Mit überbetonter Sozialpolitik wurde mehr verteilt (nicht etwa eingeschränkt), als es die ökonomische und natürliche Basis der Volkswirtschaft noch erlaubt hätten. Ein Blick auf wichtige volkswirtschaftliche Eckziffern macht die Auswirkungen dieser Entwicklung und ihre Diskrepanzen deutlich (Tabelle 2).

Tabelle 2: **Entwicklung wichtiger volkswirtschaftlicher Grundgrößen (Verwendungsrechnung) in der DDR 1970 zu 1975 sowie 1977 zu 1987**[177]

	1975 (1970 = 100 %)	**1987** (1977 = 100 %)
Produziertes Nationaleinkommen	130 %	152,1 %
Verfügbares Nationaleinkommen	127 %	123,4 %
Nettogeldeinnahmen der Bevölkerung	127 %	141,7 %
Realeinkommen der Bevölkerung	130 %	150,8 %
Volumen der Akkumulation	118 %	95,6 %

Für die umweltpolitische Situation, die Belastung der Luft und des Wassers mit Schadstoffen, hatte das dramatische Konsequenzen. In Europa gehörte die DDR zu den ökologisch am stärksten belasteten Ländern. Bezogen auf Fläche und Einwohnerzahl "erwirtschaftete" sie ihr Nationaleinkommen mit der in Europa höchsten Emission an Luftschadstoffen, insbesondere an Schwefeldioxid und Staub (vgl. Tabelle 3), mit überdurchschnittlichen Emissionen an Stickoxiden und Kohleoxiden, Schwermetallen, Chlor-, Schwefel- und Kohlenwasserstoffen, Ammoniak und Flourverbindungen.

Allerdings ergab sich hier ein recht differenziertes Bild: *Regional konzentriert* traten diese Luftbelastungen an den territorialen Standorten der Braunkohlenkraftwerke und -veredlungsindustrie, der chemischen Industrie und der Viskoseproduktion auf. Da diese Schwerpunktgebiete gleichzeitig zu den am dichtesten besiedelten Regionen der DDR zählen, ergab sich, daß 36 Prozent der Bevölkerung davon direkt betroffen war![178] Der Raumtyp der "alten" Industrieregion (Strukturschwächen) war hier überwiegend identisch mit dem durch ho-

---

[177] Statistisches Jahrbuch der DDR. Berlin 1989. Eigene Berechnungen.

[178] Vgl. Bundesministerium für Umwelt, Naturschutz und Reaktorsicherhheit (BMU): Eckwerte der ökologischen Sanierung und Entwicklung in den neuen Ländern. Bonn 1991. S. 15.

hen Verschleiß der natürlichen Umwelt gekennzeichneten Raumtyp. Im Norden waren dagegen die landwirtschaftsbedingten Umweltbeeinträchtigungen gravierend.

> "Die spezifische Flächenbelastung durch Schwefeldioxid war im Bezirk *Leipzig* fast viermal, im Bezirk *Cottbus* und in *Berlin* mehr als dreimal so hoch wie im DDR-Durchschnitt. Einige Mikrostandorte ..., wie z. B. *Bitterfeld, Espenhain* u. a., hätten entsprechend den von der UNO empfohlenen Grenzwerten für Umweltbelastungen als nicht bewohnbar eingestuft werden müssen", heißt es in der "Schlußbilanz - DDR", die Mitarbeiter der ehemaligen Plankommission zogen.[179]

Tabelle 3: Vergleich wichtiger Umweltdaten (Luft) DDR - BRD[180]

Merkmal	DDR	BRD
Einwohnerzahl (Mio.)	16,6 (87)	61,6 (87)
Fläche (1000 km^2)	108,3 (89)	248,7 (89)
Primärenergieerzeugung (Mio. t Steinkohleeinheiten)	130,0 (88)	390,0 (88)
Anteil Kohle (%)	75,9	27,3
Schwefeldioxidemissionen (Mio. t)	5,2 (88)	2,3 (86)
Stickstoffoxidemissionen (Mio. t)	0,7 (88)	3,0 (86)
Staubemissionen (Mio. t)	2,2 (88)	0,6 (86)
PCKW-Inlandsverbrauch (1000 t)	17 (86)	84 - 94 (86)
Waldschäden (% der Waldfläche)	44,4 (88)	52,4 (88)

Die volkswirtschaftliche Planung und Leitung präferierte jedoch das Zweigprinzip vor dem Territorialprinzip, so daß derartige räumliche Problemlagen ins Hintertreffen gerieten. Im Ergebnis des DDR-Planungssystems nahm der Bedarf für Umweltschutzmaßnahmen infolge jahrzehntelanger Vernachlässigung und laufenden Verzehrs des Infrastrukturkapitals ständig zu, jedoch wegen verstärkter Autarkie und sinkender Leistungsfähigkeit der Wirtschaft konnten die zur Sanierung erforderlichen Mittel immer weniger erwirtschaftet werden. Die Ausschaltung des Marktes und Einschränkung des Preises als Steuerungsinstrumente hatte Fehlleitung und Verschwendung von Ressourcen zur Folge,

---

[179] Kusch, G./...: Schlußbilanz - DDR. S. 70.

[180] Umweltbundesamt: Daten zur Umwelt 1988/89; DDR: Materialien zum runden Tisch (Bezugsjahre jeweils in Klammern).

was besonders im Energiebereich mit seinen erheblichen Umweltbeeinträchtigungen deutlich wurde. So gesellten sich in der DDR bei einer tiefen Kluft zwischen sozialistischem Anspruch und bitterer Wirklichkeit auf verhängnisvolle Weise die wirtschaftssystembezogenen Ursachen zu den ohnehin in der Welt von heute vorhandenen allgemeinen entwicklungsbedingten und sozioökonomischen Ursachen der Umweltprobleme hinzu, was zu einer Überbeanspruchung des Assimilations- und Abbaupotentials der Natur führte.

Durch die enormen Emissionen (besonders in Ballungsräumen) kommt es bis heute zu zum Teil erheblichen Überschreitungen der Immissionsgrenzwerte: Nach Angaben des Umweltbundesministers (1992) leben ca. 4,3 Mio. Menschen der ostdeutschen Bundesländer in Regionen mit Sedimentationsstaubbelastungen oberhalb der Grenzwerte sowie ca. 6 Mio. Menschen in Regionen mit SO_2-Immissions-Konzentrationen oberhalb der Grenzwerte.[181]

Die Ursachen dafür liegen insgesamt gesehen bei fehlender Luftreinhaltetechnik, der Nutzung veralteter Technologien und Produktionsanlagen, der Nutzung von einheimischer (schwefelreicher) Braunkohle (Rohbraunkohle und Brikett) als primärem Energieträger, dem überhöhten Energieverbrauch in strukturbestimmenden besonders energie- und materialintensiven Industriezweigen, einem hohen Anteil von Hausbrand mit Braunkohlenbrikett (4,5 Mio. Wohnungen) sowie einer starken Zersplitterung bei veralteten kleinen und mittleren Feuerungsanlagen (wenngleich dem ein relativ hoher Anteil an Fernwärme gegenübersteht). Die Hauptursachen liegen bei fast gänzlich fehlenden Entschwefelungsanlagen und z. T. niedrigen Wirkungsgraden der Entstaubungsanlagen (DDR/1989: 10 Prozent der Dampferzeugerkapazitäten ohne Entstaubung, 29 Prozent nur mit mechanischen Abscheidern, bei 61 Prozent der installierten Leistung liegt der Wirkungsgrad nur bei 85 Prozent).[182]

Nach 1989 verschärfte sich die Situation der verkehrsbedingten Luftverschmutzungen infolge der Verdopplung des Pkw-Bestandes und der individualmotorisierten Verkehrsexplosion bei gleichzeitiger Implusion des öffentlichen Personennahverkehrs.

Im Vergleich zum bisherigen Gebiet der Bundesrepublik betrug die Luftbelastung bei Schwefeldioxid, wo die DDR das Land mit der höchsten Emission pro Flächeneinheit in Europa war, das 11,5fache und bei Staub das 8fache. Bei großräumigen austauscharmen Wetterlagen treten besonders in den Tiefebenen, Tallagen und im nördlichen Vorland der Mittelgebirge (Raum *Halle/Leipzig/Bitterfeld, Chemnitz/Zwickau, Gera, Thüringer Becken*) häufig Smogsituationen auf. Auf der Grundlage der ehemaligen DDR-Bestimmungen

---

[181] Vgl. Bundesministerium für Umwelt: Eckwerte.

[182] Persönliche Information von *Dr. habil. Herbert Mohry, Institut für Energetik Leipzig.*

wurden seit 1984 regelmäßig im Zeitraum November bis März zwei bis acht Inversionswetterlagen mit etwa zwei bis fünf Tagen, z. T. sogar 12 Tagen Dauer registriert. In jüngerer Zeit sind weniger Smogsituationen[183] aufgezeichnet worden, allerdings verschieben sich die Relationen der Schadstoffbelastungen zunehmend zu den vom Kraftfahrzeugverkehr emittierten Kohlenwasserstoffen und Stickstoffoxiden.

Eine breite Palette unterschiedlicher Luft- und Umweltbelastungen, teilweise mit sehr hohen lokalen Konzentrationen, wird durch spezifische und sehr unterschiedliche Schadstoffemissionen verursacht, wie Schwermetallbelastungen an Standorten der Metallurgie, Kohlenwasserstoffe und Lösungsmittel in der chemischen Industrie (bes. Karbochemie), Chlorverbindungen in der Chemie und Kaliindustrie, sowie Fluorverbindungen und kanzerogene Stoffe in ausgewählten Industriestandorten.[184]

Im Raum des Dreiländerecks *Sachsen, Nordböhmen* und *Niederschlesien* haben die Emissionen der hier besonders konzentrierten Braunkohlenkraftwerke nicht nur zu einem Waldsterben größten Ausmaßes auf deutscher Seite im *Erzgebirge*, in Teilen der *Sächsischen Schweiz* und im *Zittauer Gebirge* sowie auf tschechischem und polnischem Gebiet im *Iser-* und *Riesengebirge* geführt. Der konzentrierte Schadstoffausstoß ist auch Ursache dafür, daß Atemwegserkrankungen besonders bei Kindern stark zugenommen haben. Grenzüberschreitende Luftbelastungen erfordern grenzüberschreitende umweltpolitische Zusammenarbeit in dieser Region (Arbeitsgruppe "Schwarzes Dreieck": Aktionsprogramm zur stufenweisen Verminderung des Schadstoffausstoßes der sechs größten Braunkohlenkraftwerke im Nordböhmischen Becken und im polnischen Neiße-Revier *Turow*; Umfang: ca. 170 Mio. DM; Laufzeit: 3 Jahre; Koordinierung nationaler Umweltpolitiken bei Einsatz von EG-Mitteln; Tagung der Arbeitsgruppe in *Schellerhau*, Oktober 1992).[185]

Es zeigt sich, daß trotz der gewaltigen Dimension der gesamten Umweltprobleme in den neuen Ländern der Luftreinhaltung ein hervorragender Stellenwert zukommt. (In einigen Schriften wird jedoch die Altlastensanierung/Abfallbeseitigung an die erste Stelle gesetzt, die Luftreinhaltung rangiert demnach erst hinter Boden- und Gewässerschutz.) Aus empirischen Untersuchungen geht aber hervor, daß gemessen an den Schadenskosten die Luftverschmutzung in der ökologischen Gesamtschadensbilanz den größten Posten

---

[183] Vgl. Angaben in den Landesumweltberichten von Sachsen und Thüringen sowie Begriffserklärungen im Anhang.

[184] Vgl. Bundesumweltministerium für Umwelt: Eckwerte der ökologischen Sanierung und Entwicklung in den neuen Ländern. Informationsschrift. Bonn, November 1991.

[185] Vgl. Kirsten, U.: Umweltsanierung von Kohlekraftwerken ohne Grenzen. "Schwarzes Dreieck" - gereinigt. In: Neues Deutschland. Berlin, 27. Oktober 1992. S. 14.

darstellt.[186] Interessant ist es daher, auf Einzelheiten einzugehen, wie es zu diesen dramatischen Umweltproblemen kommen konnte.

Wie bereits kurz dargestellt, war eine der wesentlichsten Ursachen des Anstiegs der Luftverschmutzungen in den 80er Jahren die Ablösung von Heizöl durch einheimische Braunkohle. Nach internationalen Einschätzungen waren in der DDR immerhin über 90 Prozent aller Schwefeldioxid- und ca. 75 Prozent aller Stickoxid- und Staubemissionen auf die Braunkohleverbrennung zurückzuführen.[187] Dabei erfolgte diese Heizöl-Import-Substitution im wesentlichen ohne eine zeitgleiche Modernisierung der Kohlekraftwerke, ohne eine nachfolgende Ausrüstung mit Umweltschutztechnik, und dies, obwohl moderne und relativ neue Ölheizwerke bestanden.

Allein die Schwefeldioxidemissionen stiegen 1988 gegenüber 1980 auf 128,1 Prozent und die Braunkohleförderung im selben Zeitraum auf 120,2 Prozent. Zu berücksichtigen ist nämlich, daß der Anteil schwefelhaltiger Braunkohle zunahm, während der Brennwert dieser Kohle[188] abnahm. Gleichzeitig erhöhte sich der Verschleißgrad der Tagebautechnik und speziell der Kraftwerksausrüstungen von 37,7 Prozent 1980 auf 48,1 Prozent 1988.[189] Das hing damit zusammen, daß die Abbauwürdigkeit sich immer weiter verschlechterte. Die Kohle lag nicht nur in immer tieferen Flözen, sie war auch mit größeren Gesteinsbrocken durchsetzt. Der Ascheanfall nahm überproportional zu.

Lediglich beim Ausstoß von Stickoxiden war der Anteil der DDR bedingt durch den hohen Bestand an Zweitaktmotoren gegenüber Viertaktmotoren in Personenkraftwagen bei einem viel geringeren Motorisierungsgrad niedriger, der von Kohlenwasserstoffen jedoch höher. Bleifreie Kraftstoffe oder nachgeschaltete Katalysatoren wurden erst nach 1989 schrittweise wirksam.[190] Anders als in westlichen Industrieländern stammte der Hauptanteil des emittierten NO_X in der ehemaligen DDR aus dem Energiesektor und nicht aus dem Verkehr. Als

---

[186] Vgl. Wicke, L.: Umweltökonomie. S. 96.

[187] Vgl. Bundesministerium für Umwelt: Eckwerte der ökologischen Sanierung. S. 16.

[188] Das wurde unter Fachleuten dann lächelnd nicht als „schlechte Kohle", sondern als „guter Abraum" bezeichnet.

[189] Vgl. Kusch, G./...: Schlußbilanz - DDR. S. 71.

[190] Das *Institut der Deutschen Wirtschaft* (IW) Köln berichtete Anfang 1996, daß das Motorisierungsgefälle zwischen den alten und den neuen Bundesländern inzwischen fast eingeebnet ist. Weder bei den Zulassungsziffern, noch bei der technischen Ausstattung und der Umweltfreundlichkeit der Fahrzeuge gebe es nennenswerte Unterschiede. Der Pkw-Bestand habe sich in den neuen Bundesländern von knapp vier Millionen 1989 auf fast sieben Millionen 1995 erhöht. Je 1000 Einwohner gebe es in Ostdeutschland 443 Pkw, in Westdeutschland 508. Stärker sind die strukturellen Unterschiede: In den neuen Bundesländern gehören 50 Prozent der Pkw in die Hubraumklassen unter 1400 ccm, in den alten Bundesländern nicht einmal 30 Prozent. In den höchsten Hubraumklassen fänden sich nur 5 Prozent der ostdeutschen, aber 16 Prozent der West-Pkw. Vgl. Informationsdienst des Instituts der Deutschen Wirtschaft. Nr. 3. Köln 1996. S. 2.

Indikator zunehmender Luftbelastungen und deren Wirkungen nahmen die Waldschäden[191] in den 80er Jahren nach der verhängnisvollen Braunkohle-Entscheidung dramatische Ausmaße an (Tabelle 4):

Tabelle 4: Entwicklung der Waldschadensflächen in der DDR[192]

1983	12,0 %	1987	31,7 %
1985	12,0 %	1988	44,4 %
1986	28,8 %	1989	54,3 %

Durch forstwirtschaftliche Maßnahmen, wie z. B. Wälderdüngung und den Anbau von rauchhärteren Baumarten,[193] wurde versucht, die entstandenen Schäden in Grenzen zu halten. Außerdem wurden eine ganze Reihe kleinerer Pilotprojekte zur Rauchgasbehandlung organisiert und im Norden *(Neubrandenburg, Waren/Müritz, Prenzlau)* geothermische Heizzentralen erprobt und eingesetzt, aber die Nutzung weiterer regenerative Energiequellen (Windkraft, Sonne) wurde trotz Vorhandenseins dieser Naturpotentiale wegen materieller und finanzieller Mängel nicht forciert in Angriff genommen. Insgesamt reichte die Leistungsfähigkeit bei Produktion, Installation und Import von moderner Umweltschutztechnik nicht aus, diesen negativen und für jedermann spürbaren Entwicklungen wirkungsvoll zu begegnen. Diesbezügliche Maßnahmen beschränkten sich aber auf wenige Einzelobjekte mit volkswirtschaftlicher Planungsgröße (z. B. das Kalkstein-Additiv-Verfahren in *Leipzig*) oder kleinere Pilotprojekte im Rahmen der sogenannten „territorialen Rationalisierung“, deren Einsatz nicht von spürbarem Erfolg und langer Dauer gekennzeichnet war.

---

[191] Auch für die Bundesrepublik Deutschland fordert die *Arbeitsgemeinschaft Deutscher Waldbesitzerverbände* beispielsweise 1994 einen angemessenen Teil der Mineralölsteuer als Entschädigung für die Forstbesitzer. Die Luftreinhaltepolitik der Bundesregierung sei nicht ausreichend. Ein Betrag zwischen 40 und 50 Millionen DM ist nach Worten des Verbandsvorsitzenden *Reinhard von Schorlemer* eine angemessene Summe. Vgl. Pressemitteilung Mineralölpfennig für Forsten. Deutsche Presse Agentur. Berlin, 17. Januar 1994.

[192] Vgl. Kusch, G.: Schlußbilanz - DDR. S. 75.

[193] Die forstwirtschaftliche Forschung war in der DDR traditionell auf dem Gebiet der Waldschäden weit fortgeschritten. Es existierte eine spezielle Sektion Forstwirtschaft der *Technischen Universität Dresden* in *Tharandt*, wo langfristige Untersuchungen von Rauchgaseinflüssen auf Bäume durchgeführt wurden.

Die eingeschränkte extensive Investitionspolitik, die nur ausgewählte Bereiche der Volkswirtschaft (Mikroelektronik, Kernkraftwerksbau[194]) und wohnungsbauliche Erweiterungen begünstigte, sowie die festgefahrenen politischen Konzeptionen ließen keinen nennenswerten Spielraum für grundlegende Strukturveränderungen oder eine Reform der Regelungsmechanismen.

Angesichts der Größenordnungen der jährlichen Umweltschäden von etwa 28 - 30 Mrd. Mark in den letzten Jahren der DDR, die damit mehr als das Doppelte des jährlichen Zuwachses an Nationaleinkommen betrugen[195] und die darauf hindeuten, daß sowohl die Eigentumsordnung als auch der Koordinierungsmechanismus im System der Planung, Leitung und wirtschaftlichen Rechnungsführung der zentralen Planwirtschaft der DDR vor diesem Hintergrund versagten, erscheinen die Grundthesen der Umweltargumentation - insbesondere der DDR-Philosophen - geradezu bagatellisierend. Danach hätten unterschiedliche Gesellschaftssysteme auch ein unterschiedliches Verhältnis zur Natur. Und die großen Umweltprobleme der Gegenwart seien ihrem geschichtlichen Ursprung nach nur das kumulative Produkt der bisherigen Menscheitsentwicklung, die in erster Linie auf die einseitigen kapitalistischen Aneignungsprinzipien und die aus der kapitalistischen Industrialisierung überkommenen Produktivkräfte zurückzuführen sind. Für den Sozialismus in der DDR hingegen stünde die produktive Naturbeherrschung und Naturaneignung im Einklang mit den gesellschaftlichen Bedingungen, die nicht vom Profitstreben gekennzeichnet seien, und stellten eine Triebkraft des gesellschaftlichen Fortschritts dar, die deshalb planmäßig und bewußt zu gestalten sei. Obwohl die Umweltprobleme im Sozialismus kein Randproblem darstellten, bildeten sie im Sozialismus lediglich eine unvermeindliche Durchgangsetappe, die mit dem sozialen Erbe der Produktivkräfte, der Technik und Technologie verbunden wäre. Außerdem erkläre sich vieles aus den Systemauseinandersetzungen mit dem Kapitalismus und aus subjektiven Fehlern.[196]

Lemser sieht als Ökonom natürlich auch die historischen Wurzeln der Umweltprobleme, insbesondere weil in den vergangenen 200 Jahren immer neue Regionen in die Industrialisierungs- und Verstädterungsprozesse einbezogen wurden, die zu den bekannten Ballungsgebieten mit konzentrierten Umweltbeeinflussungen führten. Für ihn sind die Umweltprobleme der DDR z. T. aus diesen Entwicklungen, in einem gewissen Maße als "Altlasten", aber anderer-

---

[194] Die DDR war seit 1970 auch Netto-Importeur von Elektroenergie, einschließlich des Elektroenergieautausches zwischen den RGW-Ländern über die Verbundzentrale in *Prag*/Tschechoslowakei. Sie importierte außerdem mehr Steinkohle und Steinkohlenkoks, als sie Braunkohle exportierte. Vgl. Statistisches Jahrbuch der DDR 1989. Berlin 1989. S. 243, 245.

[195] Kusch, G./...: Schlußbilanz - DDR. S. 75. Vgl. auch die noch höheren Schätzwerte bei Wicke, L.: Umweltökonomie. München 1993.

[196] Vgl. Kosing, A./Heinrich, R.: Natur - Mensch - Gesellschaft. In: Autorenkollektiv: Sozialismus in der DDR. Berlin 1988. S. 197.

seits auch aus spezifischen Einflüssen, wie z. B. der Außenwirtschaft, erklärbar, wie er vorsichtig formuliert.[197] Die bisherigen Ausführungen haben diese Vermutung bestätigt, reichen aber nicht als Erklärung aus.

Während die ökonomischen und ökologischen Probleme immer offensichtlicher wurden, kam eine Diskussion unter den Wirtschaftswissenschaftlern über die mangelhafte wirtschaftstheoretische Begründung und wirtschaftspraktische Lösbarkeit der dramatischen Verschlechterung der Umweltsituation nur langsam in Gang, wurde sie doch gleichwohl von offiziellen staatlichen Stellen eher als systemgefährdend angesehen und mit Geheimnisvorschriften verschleiert. Daneben war auch die sehr verkürzende Auffassung weit verbreitet, daß die modernen Schlüsseltechnologien gleichwohl den Schlüssel zur Lösung auch aller Umweltprobleme mitlieferten.

Trotzdem wurde aber die Natur, der gesamte Komplex der vielfältigen Faktoren und Prozesse des Naturmilieus, immer häufiger als *Reproduktionsbedingung* charakterisiert und von *Geißler* und anderen die These vertreten:

> "Die Naturbeherrschung ist selbst als Reproduktionsverhältnis zu gestalten."[198]

Immerhin leitet sich daraus (nicht nur im marxistischen Verständnis, sondern in Analogie zur Diskussion um die Grenzen des Wachstums) die Konsequenz ab: Wenn die Naturreproduktion nicht als Reproduktionsverhältnis gestaltet oder beachtet wird, ist nicht nur die Stabilität des Produktivkraftsystems in Frage gestellt, sondern mit der Gefährdung ihrer materiellen und stofflichen Grundlagen ist auch die Reproduktion der Produktionsverhältnisse, also der Gesellschaft, in Frage gestellt. Letztlich vermochten die planwirtschaftlichen Produktionsverhältnisse in der DDR nicht, die Funktionsfähigkeit der Wirtschaft zu erhalten.

Erst in den 80er Jahren beschäftigten sich zaghaft die Autoren der wichtigsten reproduktionstheoretischen Schriften der DDR[199] in erster Linie aus kreislauftheoretischer Sicht mit den Erfordernissen der Integration dieser ökologischen

---

[197] Vgl. Lemser, B.: Der Einfluß der Schadstoffbelastung der Luft. S. 16 ff.

[198] Geißler, E.: Probleme der planmäßigen Umweltgestaltung und ihr Beitrag zur Erhöhung der volkswirtschaftlichen Effektivität. In: Wissenschaftliche Zeitschrift. Universität Rostock. Heft 2. Rostock 1985 (34. Jg.). S. 74.

[199] Vgl. Autorenkollektiv unter Leitung von Heinrichs, W. (Hrsg.): Grundfragen der sozialistischen Reproduktionstheorie. Berlin 1982. Sowie: dieselben: Umfassende Intensivierung und Reproduktionstheorie. Berlin 1987. Sowie: Koziolek, H./Ostwald, W:/Stürz, H.: Reproduktion und Infrastruktur. Berlin 1986. Sowie: Autorenkollektiv unter Leitung von Ostwald, W.: Territoriale Reproduktionsbedingungen der DDR (Thesen). Wissenschaftlicher Rat für die wirtschaftswissenschaftliche Forschung der Akademie der Wissenschaften der DDR. Berlin/Leipzig 1988.

Fragestellungen in die Wirtschaftstheorie, wobei sie allerdings die eben umrissene Schärfe der Problemlage nicht deutlich genug herausstellten.

Bis dahin überwog zunächst ein Festhalten an der Diskussion der umweltrelevanten Fragestellungen in erster Linie aus der Sicht der marxistischen Arbeitswerttheorie, die aber zu keinen nennenswerten und schon gar nicht praktikablen Fortschritten führte, sondern sich etwa in der folgenden These zusammenfassen läßt:

- Alle für den Erhalt und die Wiederherstellung der natürlich Umwelt erforderlichen Aufwendungen der Gesellschaft stellen abstrakte, d. h. wertbildende Arbeit dar; sie sind deshalb in den Wertkategorien (Kosten, Preis, ...) zu berücksichtigen.

Wie jedoch die Wertgröße ermittelt werden sollte, blieb offen.

Die *Leipzig*er Volkswirtin *Eva Müller*[200] polemisierte aus reproduktionstheoretischem Blickwinkel beispielsweise auch gegen die bestehenden Stereotype in der (sozialistischen) Wirtschaftstheorie, deren Enge und Einseitigkeit, wie sie sich in Gestalt der Postulierung des ökonomischen Grundgesetzes des Sozialismus ("Immer bessere Bedürfnisbefriedigung durch Vervollkommnung der Produktion") äußerten und wie sie in der oben genannten DDR-Literatur auf diesem Gebiet enthalten sind. Sie forderte daher, daß ein neuer Typ ökonomischen Denkens

1. den "Reproduktionsprozeß des gesellschaftlichen Gesamtprodukts als Einheit seiner vier Phasen: Produktion, Distribution, Zirkulation und Konsumtion; die Gleichwertigkeit dieser vier Phasen,
2. die Funktion der Zirkulation des gesellschaftlichen Gesamtprodukts und
3. das doppelte Ergebnis des Produktionsprozesses des gesellschaftlichen Gesamtprodukts: sein positives und sein negatives Produkt"[201] zu berücksichtige hat.

Bemerkenswert sind in diesem Zusammenhang auch ihre Versuche, einen (wachstums-) theoretischen wie praktischen Beitrag zu liefern zu der Frage des "Ausstoßes des negativen Produkts" bei der Produktion des gesellschaftlichen Reichtums und zur Pflicht der Gesellschaft, diesen Ausstoß zu vermindern bzw. ihn zu kompensieren.

---

[200] Besonders bekannt wurde die Wissenschaftlerin mit ihrem Buch: Der Nationalreichtum. Berlin 1988.

[201] Müller, E.: Das gesellschaftliche Gesamtprodukt und sein Reproduktionsprozeß. Thesenpapier. Universität Leipzig. Sektion Wirtschaftswissenschaften. Leipzig, 29. Juni 1988. S. 7 - 8.

Für *E. Müller* ist jede Produktion eines positiven, gewollten, erwünschten Produkts gleichzeitig mit dem Hervorbringen eines negativen, ungewollten, unerwünschten Produkts verbunden, das man auch "Anti-Produkt" nennen könnte, weil es Luft, Wasser, Boden, Gebäude usw. verschmutzt, schädigt, Lärm oder andere Emissionen verursacht. Sie schlägt vor, für jeden Produktionsprozeß einen Koeffizienten aus dem Verhältnis von negativem zu positivem Produkt zu bilden.[202] Bei genauer Erfassung würden nur wenige Produktionsprozesse einen Koeffizienten gleich Null aufweisen. Bei Konstanz dieses Koeffizienten wüchse proportional mit dem positiven auch das negative Produkt. Technischer Fortschritt ließe sich danach beurteilen, wie zur Verminderung des Koeffizienten beigetragen würde. Veränderungen in umgekehrter Richtung sollten nicht zugelassen werden.

In der ökonomischen Literatur der DDR gab es darüber hinaus eine zunehmende Zahl - zum Teil sehr komplizierter - methodischer Vorschläge zur Kosten-Nutzen-Ermittlung von Umweltschutzmaßnahmen und damit zur Optimierung von volkswirtschaftlichen Investitionen. Dabei spielte die Bewertung von Schäden und Mehraufwendungen, die in der Regel nicht beim Verursacher entstehen, eine wesentliche Rolle. Um diese wichtigen Zusammenhänge in die ökonomische Theorie, auch auf volkswirtschaftlicher Ebene, einzuordnen, wurden von *Müller* eben solche Begriffe geprägt wie "negatives Produkt" oder "Anti-Produkt".

Ähnlich hatte sich früher auch schon der *Berlin*er Wirtschaftshistoriker *Hans Mottek* geäußert:

> "Die direkte Wirkung von Umweltschäden auf die Lebensbedingungen könnte man deshalb als 'negative gesellschaftliche Konsumtion', ihr Verursachen als eine 'negative Konsumgüterproduktion'"[203] auffassen.

Negative Produkte sind innerbetrieblich und/oder außerbetrieblich (volkswirtschaftlich) zu kompensieren, auszugleichen, zu beseitigen, unschädlich zu machen. Die Pflicht hierzu obliege den Produzenten, den Nutznießern des positiven Produkts, der heute lebenden Generation, den Bewohnern des Landes oder Landesteils, in dem das negative Produkt erzeugt wird. Und diese Kompensation beanspruche wiederum einen Teil des positiven Produkts. - Hierzu sind die Aussagen leider wenig präzise.

---

[202] Hierzu wurden nach der gesellschaftlichen Wende in der DDR konkrete Vorschläge unterbreitet. Vgl. Gutzer, W./Streibel, G.: Erfahrungen mit Methoden zur Berechnung der ökonomischen Effektivität von Umweltschutzmaßnahmen. In: Wirtschaftswissenschaft. Heft 8. Berlin 1990. S. 1120-1130.

[203] Mottek, H.: Umweltschutz ökonomisch betrachtet. In: Im Mittelpunkt der Mensch. Umweltgestaltung - Umweltschutz. Berlin 1975. S. 3; vgl. derselbe: Zu einigen Grundfragen der Mensch-Umwelt-Problematik. In: Wirtschaftswissenschaft. Heft 1. Berlin 1972. S. 42.

Überhaupt ist es nur schwer möglich, statistisch aussagefähige Daten über das negative Produkt zu finden. Als Hilfsweg dient die Schadensbewertung. Die Praxis zeigt, daß die Kompensation des negativen Produkts innerbetrieblich im Produktionsprozeß und in der Kostenrechnung berücksichtigt wird. Die gesellschaftliche, volkswirtschaftliche Kompensation setzt erst dann ein, wenn eine Emission nach außen erfolgt, durch die Schäden und Beeinträchtigungen entstehen, und wenn Maßnahmen dagegen ergriffen werden müssen, die ebenfalls mit Kosten verbunden sind. (Vgl. nochmals Tabelle 3 und Tabelle 4.)

Müller sieht natürlich die damit verbundenen Probleme der Bewertung, schlägt gleichwohl eine einleuchtende Variante der statistischen Erfassung des Negativ-Produkts - ähnlich der Methoden, wie sie seinerzeit schon in der BRD angewandt wurden - vor: Indirekte Bewertung des Schadens, den das negative Produkt verkörpert, über die Bewertung des positiven Produkts, das zur Beseitigung erforderlich ist. Damit würden positives und negatives Produkt statistisch auch vergleichbar, was für wirtschaftspolitische Entscheidungen von Vorteil wäre.[204]

Schon in der zweiten Hälfte der 70er Jahre wurde in der planwirtschaftlichen Literatur das Problem der Umweltverschmutzung gesehen und offener benannt als im Verlaufe der 80er Jahre. Man erkannte zwar, daß zu den wichtigsten Maßnahmen zur rationellen Nutzung der natürlichen Ressourcen und zum Naturschutz „die Verhinderung der Emission von Schadstoffen in die Atmosphäre, ... der rechtzeitige Bau ..., die Entwicklung und Aufnahme der Produktion neuer Arten von Ausrüstungen und Geräten zur Gasreinigung und zum Auffangen von Staub“ gehören, aber sah dabei (aus regionalwirtschaftlichem Blickwinkel) den entscheidenden Ansatz hauptsächlich in der planmäßigen Gestaltung der Standortverteilung umweltschädigender Produktionen. „Mit der Standortverteilung der Produktion kann zum Umweltschutz beigetragen werden, indem die Industriebetriebe gruppenweise in Industriezentren ... unter Berücksichtigung der maximalen Erhaltung der natürlichen Bedingungen eines bestimmten Territoriums angesiedelt werden; die Projektierung neuer und die Rekonstruktion vorhandener Betriebe nach dem Prinzip der ‘rückstandslosen’ Technologie ... erfolgen; ... die Ansiedlung bestimmter, in manchen Fällen auch aller Produktionsarten in einigen Gebieten (in Kurorten, Zentren des Tourismus, Naturschutzgebieten usw.) begrenzt oder völlig untersagt wird.“[205]

Für derartige dirigistische Entscheidungen wurden entsprechende Berechnungen angestellt. Die hierbei genutzten ökonomisch-mathematischen Modelle zur Optimierung der Planungen unterscheiden sich nicht wesentlich von den Mo-

---

[204] Vgl. Müller, E.: Das gesellschaftliche Gesamtprodukt. S. 15 ff.

[205] Vgl. Nekrassow, N. N.: Territorialökonomie. Berlin 1979 (Übersetzung aus dem Russischen). Originaltitel: Regionalnaja Ekonomika. Moskau 1978. S. 140/141.

dellen der westlichen Nationalökonomie, wie z. B. bei *N. N. Nekrassow* nachzulesen ist.[206]

Interessant ist im Zusammenhang mit der hier umrissenen Entwicklung natürlich die Frage, wie sich die Nutzung umweltpolitischer Instrumente (der Luftreinhaltung) in der ehemaligen DDR auswirkte, denn erstaunlicherweise gab es nicht nur dirigistische und Planungsinstrumente, sondern auch ökonomische Instrumente.

Die Instrumentierung basierte ebenfalls auf der Anwendung des *Auflagen-* und *Grenzwertkonzeptes* in Einheit mit dem Gemeinlast- und Verursacherprinzip und deren typischen Zielkonflikten.

Unter Grenzwert wurde im Landeskultur- und Umweltrecht der DDR ein

> "in Rechtsvorschriften enthaltener oder auf deren Grundlagen in einem rechtlich geregelten Verfahren verbindlich festgelegter, höchstzulässiger Wert der Umweltbeeinflussung"[207] verstanden.

Seiner Festlegung ging eine wissenschaftliche - in erster Linie naturwissenschaftliche - Analyse der Umweltrelevanz gesellschaftlicher Naturaneignungsprozesse voraus. Auf der Grundlage von Dosis-Wirkung-Beziehungen sollten "harte", auf eine quantifizierbare Größe reduzierbare Aussagen getroffen werden, die "tolerierbare Belastungshöhen" und in der Folge "Grenzwerte" begründen sollten. Das ist jedoch angesichts der Komplexität der Gesamtheit aller Einflußgrößen beim Stand der heutigen Wissenschaft noch nicht möglich. Man ist deshalb vielmehr gezwungen, den umgekehrten Weg zu gehen: für einzelne Größen und Umweltbereiche spezielle Grenzwerte zu erarbeiten. Am Beispiel der chemischen Schadstoffe wird das besonders deutlich. Die Grenzwerte wurden für die Schadstoffe und für die einzelnen Umweltbereiche, z. B. Luft, abgeleitet.

Ansätze zu einer integrierenden Betrachtungsweise gab es zwar, sie waren aber nicht die Regel. So setzte das Grenzwertkonzept (zur Gefahrenabwehr) relativ einfach strukturierte Schadstoff-Umwelt-Beziehungen voraus, die Metabolismen, Kombinationswirkungen, schleichende Umweltschädigungen usw. nicht hinreichend berücksichtigen können, worauf eingangs bereits hingewiesen wurde.[208]Die meßtechnische Erfassung der Luftschadstoffe in der ehemaligen DDR durch die Einrichtungen der *Bezirkshygie-Institute* (BHI) und der

---

[206] Vgl. Nekrassow, N. N.: Territorialökonomie. Berlin 1979 (Übersetzung aus dem Russischen). Originaltitel: Regionalnaja Ekonomika. Moskau 1978. S. 100 - 107.

[207] Autorenkollektiv unter Leitung von Oehler, E.: Landeskulturrecht. Lexikon. Berlin 1983. S. 68.

[208] Vgl. Kapitel B.

Staatlichen Umweltinspektionen (StUI) ist nach Aussage von Fachleuten über jeden Zweifel erhaben.[209]

Wenn die Emission von toxischen Stoffen beispielsweise nicht über einen Preis so steuerbar ist, daß ökologische Schäden vermieden werden, dann liegt die Festlegung von Grenzwerten nahe, die zwar nicht mit Preisen gleichgesetzt werden, aber ähnlich wirken können. Sie stellen eine allgemeingültige Schwelle dar, unterhalb derer keine relevanten Wirkungen, d. h. keine signifikanten Beziehungen zwischen Natur und Gesellschaft bestehen. *Pechan* meint daher:

> "Vor allem durch den Zwang, in der Regel nur allgemeingültige Standard-Grenzwerte zuzulassen, werden die erheblichen Wirkungsdifferenzen aufgrund unterschiedlicher ökologischer Standortbedingungen und Summationswirkungen verschiedener Schadstoffe ausgeblendet."[210]

Grenzwerte dienen somit als Stellvertreter und Zwischenzielgrößen bzw. Indikatoren zur Bewertung von Natur, obwohl Natur durch sie nicht monetarisiert wird, weil das umweltpolitische Endziel nicht auf direktem Wege angesteuert werden kann. Darin scheint eine Ursache zu liegen, daß am Grenzwertkonzept allgemein festgehalten wird.

Bemerkenswert bei einer Betrachtung der ökonomischen *Instrumente*, die in der DDR angewandt wurden, ist eine sehr starke Konzentration der theoretischen Diskussion und der juristischen Fixierung auf die Gewässerreinhaltung, gefolgt vom Boden und mit etwas größerem Abstand der Luft. Polizeirechtliche Festlegungen waren auch für den Umweltschutz in der DDR typisch.

Neben den *Auflagen* (hauptsächlich Verbote) wurden die Instrumente nach den in der DDR unterschiedenen *ökonomischen* Kategorien:

- "Preise",
- "wertförmige ökonomische Hebel" ("ökonomische Stimulierung") und
- "Sanktionen"

geordnet, wobei eine theoretisch haltbare Abgrenzung schwer möglich ist (strikte Ableitung aus dem *marx*schen Wertgesetz).

Dabei sind diese ökonomischen Instrumente, die bis zuletzt in der DDR angewandt wurden, ein „Kind" der Reformbemühungen der 60er Jahre ("Neues Ökonomisches System"), die mit der Verselbständigung der Umweltpolitik An-

---

[209] Persönliche Information von Frau *Dr. Palmer*, Referatsleiterin Umwelt, Regierungspräsidium *Leipzig*.

[210] Pechan, B.: Die Bewertung der Natur im ökonomischen System der DDR. S. 55.

fang der 70er Jahre ein fester Bestandteil der Planwirtschaft wurden. Allerdings widersprach dieses Stimulierungssystem zunehmend der verstärkten Zentralisation und Administration, weil mit ihm eine partielle Dezentralisierung von Entscheidungskompetenzen einherging.

Mit dieser Art der Instrumentierung verfolgte man ein pragmatisch orientiertes Interesse, das von der akuten Ressourcenverknappung und der fortschreitenden Umweltverschmutzung ausging und ökonomische Anreize und Sanktionen als Möglichkeiten zur Verbesserung der Situation ansah. Optimal wäre eine diesbezügliche Herstellung der Proportionalität von Gebühren und Umweltinanspruchnahme.

Ein theoretisch anspruchsvolleres Anliegen bestand gleichzeitig darin, die Naturinanspruchnahme wertmäßig in den volkswirtschaftlichen Reproduktionsprozeß einzuordnen, wie etwa bei dem noch heute aktiven Ökonomen und "Vorkämpfer" der ökonomische Stimulierung in der DDR *Streibel* (schon 1965), dessen Zielsetzung in bezug auf die Wasserressourcen lautete:

- Erschließung und Nutzung der Ressourcen mit minimalem Aufwand,
- planmäßige Sicherung der Reproduktion der Ressourcen,
- perspektivische Steuerung der Standortverteilung der Produktivkräfte (standortlenkende Wirkung).[211]

Leider blieben diese Bemühungen in ihren Anfängen stecken. In der Luftreinhaltung wurden **Staub- und Abgasgelder (SAG)** bei nicht genehmigten Emissionen oder Überschreitungen als Sanktionen verhängt. Dabei errechnete sich deren Höhe aus der Differenz zwischen der tatsächlichen Emission (e) und der zulässigen Emisssion (e_Z) sowie aus der Dauer der Überschreitung (n):

$$SAG = (e - e_Z) * n * f.$$

Kostenfaktoren (f) galten für unterschiedliche Stoffe:

toxische Stäube	= 0,25 M/kg;
nichttoxische silikogene Stoffe	= 0,25 M/kg;
Säureaerosole (SO_3, HCl)	= 0,25 M/kg;
Öl- und Ternebel	= 0,20 M/kg;
Ruß	= 0,10 M/kg;
sonstige Stäube	= 0,05 M/kg;

211 Vgl. Streibel, G.: Ökonomische Hebel in der Wasserwirtschaft. In: Wasserwirtschaft - Wassertechnik. Heft 8. Berlin 1967 (17. Jg.). S. 254.

der Faktor für gas- und dampfförmige Schadstoffe wurde berechnet nach der Beziehung

$$f = 0,03\ M/MIK_K$$

(MIK_K steht für den Kurzzeitgrenzwert der maximalen Immissionskonzentration, der für ca. 115 Stoffe festgelegt war).[212]

Staub- und Abgasgeld wirkten wie Sanktionen. Sie unterlagen (anders als z. B. beim Wassernutzungsgeld) einer sehr viel enger gefaßten Normung. Für den Teil der Emissionen, die innerhalb der für den Betrieb festgelegten Grenzwerte lagen, brauchten sie nicht gezahlt zu werden. Die Festlegung der Höhe der Sanktionen sollte nicht willkürlich erfolgen, sondern eine ökonomische Basis haben; d. h. als objektivierbare Größe sollten die Kosten der Reinigung herangezogen werden. Demzufolge wäre der Preis der Reinigung der Maßstab dafür, wieviel Schadstoffmengen unterschiedlichster Stoffe hätten emittiert werden dürfen.

Als nachteilig ist anzusehen, daß das Zusammenwirken einzelner Schadstoffe oder Schadstoffgruppen außer acht bleibt. Die nach spezifischen Standortbedingungen unterschiedlichen ökologischen Wirkungen von Schadstoffen werden ebenfalls nicht berücksichtigt. Die Schadstoffe werden nur noch als Staub- oder Abgasgelder für die Wirtschaftseinheiten relevant. Die Wirkung als Schadstoff ist ersetzt durch einen Preis. (Ein offener Ausweis in Form einer ökologischen Bilanzierung erfolgte in der DDR natürlich nicht.)

In den letzten Jahren wurden auch Ansätze diskutiert, wie internationale Erfahrungen stärker berücksichtigt und auf die spezifischen Planwirtschaftsbedingungen der DDR-Volkswirtschaft angewandt werden könnten. So gab es Überlegungen und Vorschläge, das aus den USA bekannte *Bubble-Konzept* auch in der *Investitionsordnung* zu verankern.[213] Es wurde empfohlen, volkswirtschaftliche Investitionen bei ihrer Entscheidung wie unter einer regionalen Glocke zusammenzufassen, um die Gesamtemissionsminderungsmöglichkeiten so effizient wie möglich mit den geplanten Investitionen herbeiführen zu können. Leider fand dieser Vorschlag keine praktische Erprobung mehr.

Als Ausdruck regionaler Problemgebiete läßt sich die Einteilung von Schadstoffbelastungsgebieten durch die DDR-Umweltbehörden (Immissions-

[212] Vgl. § 18 der 5. Durchführungsverordnung zum Landeskulturgesetz - Reinhaltung der Luft - vom 17. Januar 1973. In: GBl. I der DDR Nr. 18 vom 24. April. 1973; sowie laufende Durchführungsbestimmungen zur 5. Durchführungsverordnung u. a. zur Begrenzung und Überwachung der Immissionen und Emissionen (Luftverunreinigungen) vom 28. Juni 1979. In: GBl. I der DDR Nr. 31 vom 27. September 1979.

[213] Vgl. Lemser, B.: Die Schadstoffbelastung der Luft. (Seine Dissertationsschrift unterlag in wesentlichen Teilen den Bestimmungen einer Verschlußsache und wurde somit kein breites Gedankengut.)

überwachung durch Bezirkshygiene-Inspektionen) nach unterschiedlichen Stufen für verschiedene Luftschadstoffe bewerten:

- Belastungsstufe 1 = niedrige Belastung,
- Belastungsstufe 2 = mittlere Belastung,
- Belastungsstufe 3 = höchste Belastung.

Erstaunlicherweise war das *Umweltrecht* keine Ursache der Umweltzerstörungen, verfügte die DDR doch als eine der ersten Staaten über ein differenziertes umweltpolitisches Instrumentarium, wie *Meißner* feststellte.[214] Trotz überwiegend dirigistischer Methoden kamen, wie wir gesehen haben, auch ökonomische Anreizinstrumente in Gestalt z. B. des Staub- und Abgasgeldes, des Wasser- und Bodennutzungsgeldes zum Einsatz.

Die Wirksamkeit der umweltpolitischen Instrumente wurde insgesamt *negativ beurteilt*. Sie waren z. T. wenig spürbar, so daß sich sparsamer Umgang mit der Natur nicht lohnte. Häufig fehlten Vermeidungsalternativen. Die Planerfüllungsdominanz stand ohnehin außerhalb jeder Debatte. Die Umweltsituation verschlechterte sich weiter, was jedoch kein Anlaß dazu war, die Umweltpolitik und ihre Instrumente umzugestalten. Lediglich die administrative Schaffung der *Staatlichen Umweltinspektionen* bei den Räten der Bezirke als Kontroll- und Genehmigungsorgane mit strafferen Kompetenzen sollte in den 80er Jahren die "Griffigkeit der Instrumente" erhöhen und die Aufsicht der bereits seit langem bestehenden *Bezirkshygiene-Institute*, die die Immissionen beobachteten, auf der Emissionsseite ergänzen. Erfahrungen oder Analogien zur Gewässerreinhaltepolitik (Wasserbilanzentscheidungen, Einwohnergleichwerte, Bewirtschaftungspläne, Bildung von Abwasserverbänden o. ä.) kamen in der Luftreinhaltepolitik nicht oder nur unbedeutend zum Tragen.

Hinsichtlich des *Umweltbewußtseins* habe es nach Aussage des langjährigen Fachministers *H. Reichelt* ein „äußerst kritisches Potential“ von Umweltschützern an der Basis gegeben und die DDR-Blockparteien haben „mit beschränkten Mitteln“ mehr für die Umwelt getan als die SED. Insbesondere die 1980 gegründete Gesellschaft für Natur und Umwelt (GNU) verstand der Minister a. D. als bewußte Gegenöffentlichkeit zum offiziellen Totschweigen der Umweltproblematik. Ende der 80er Jahre habe sich die SED-Führung zur Umweltpolitik „fast vollständig“ destruktiv verhalten. Unterstützung habe das Umweltministerium nur aus der Staatlichen Plankommission und der Regierung erhalten. Die weitgehende Ignoranz im politischen Führungszirkel der regierenden SED ist für *Reichelt* jedoch kein DDR-spezifisches Problem. Jeder

---

[214] Vgl. Meißner, W.: Umweltpolitik in den neuen Bundesländern: Das Beispiel der Altlasten-Sanierung. In: WSI-Mitteilungen. Heft 9. Wirtschafts- und Sozialwissenschaftliches Institut. Düsseldorf 1992. S. 539.

Staat versuche nur soviel Umweltschutz, wie dieser es für notwendig, vertret- und finanzierbar hielte.[215]

Fazit:

Der Umweltschutz, vom DDR-Staat zunehmend vernachlässigt, wurde von den Wirtschaftswissenschaften in der DDR - wenn auch mit Verzögerung - als Resultat, wesentliches Element, notwendige Bedingung und als Erfordernis modernen (Kreislauf-) Wirtschaftens gesehen. Trotzdem gelang es dabei nicht, (im Korsett der Zwänge der Wirtschaftspolitik) eine praktisch realisierbare und theoretisch einwandfrei begründete Verbindung zwischen den konstitutiven Merkmalen des eigenen Wirtschaftssystems wie der wirtschaftssystemneutralen Grundtatbestände des Wirtschaftens auf der einen Seite und dem Umweltschutz auf der anderen Seite herzustellen. Dies betraf

1. insbesondere das Planungs- und Leitungssystem (Planungs- und Investitionsordnung), das Erfordernis des Übergangs von einem administrativ-kontrollierenden zu einem stärker informativ-ökonomischen Prinzip der Wirtschaftslenkung und des Umweltschutzes, aber auch grundlegende wirtschaftsstrukturelle Entscheidungen,
2. die Nutzung des umweltpolitischen Instrumentariums blieb in Anfängen stecken und wurde hinsichtlich ihrer Wirksamkeit eher negativ beurteilt (Konzentration auf Administration und Ordnungsrecht),
3. die Verknüpfung der verschiedenen volkswirtschaftlichen Ebenen, d. h. die räumliche und zeitliche Dimension der Umweltprobleme und damit zusammenhängende Umverteilungsbeziehungen, bei Dominanz des Zweigprinzips gegenüber dem Territorialprinzip in der Wirtschaftsführung,
4. die Glorifizierung der modernen Schlüsseltechnologien und Technikentwicklung als automatisch mit umweltschonender Produktion und Konsumtion verbunden sowie das Unvermögen der Förderung gewünschter Produkt- und Verfahrensinnovation.

Weiterhin läßt sich feststellen:

Der auch in der ehemaligen DDR so stark zu Lasten der Natur ausgetragenen Wettbewerb mit dem marktwirtschaftlichen System ist beendet. Dabei zeigte

---

[215] Für *Reichelt*, DDR-Umweltminister von 1973 - 1989/90, erfolgte bis 1973 eine erfolgreiche Aufbauphase, in der durch wissenschaftliche Prognosen, das Landeskulturgesetz und anderes versucht wurde, eine „ökologiegerechte Produktion" zu schaffen. 1973 brach diese Entwicklung schroff ab. Politisch langfristig orientierte Kräfte im SED-Politbüro wie *W. Ulbricht*, *W. Stoph* und *A. Norden*, hätten sich gegen die auf die Wirtschaft, auf Tagesinteressen fixierten Leute, vor allem wohl *G. Mittag*, nicht durchsetzen können. Vgl. Staude, J.: Die Basis aktiv, die Spitze destruktiv. In: Neues Deutschland. Berlin, 11. November 1994, S. 8.

sich, daß in der DDR Kapital, Arbeit und technischer Fortschritt einfach durch den Raubbau an der Natur substituiert wurden. Hauptsächlich auf der Seite des einstigen "real existierenden Sozialismus" sind gewissermaßen die Naturschäden aus dem Systemwettbewerb angefallen. Nun könnte es nahe liegen, unter dem Aspekt einer Globalisierung der Märkte mit entsprechenden ökologischen Aufgaben zwei Schlüsse abzuleiten:

1. Marktwirtschaften sind nicht nur effizienter, sondern generell auch umweltverträglicher.
2. Allein mit der Beseitigung der ökologischen Altlasten in den postsozialistischen Staaten sei genug zu vollbringen und ein Mehr darüber hinaus gar nicht machbar.

Doch dabei wird verkannt, daß die Marktwirtschaft nicht von sich aus vermag, Naturverbräuche und -belastungen in die Marktpreisbildung einzubeziehen. Ein System aber, das die für die Menschheitsexistenz so wichtige Umweltvorsorge nicht zu internalisieren vermag, sondern weitgehend als eine "Externalität" beläßt, trägt über die "externen Effekte" schon die Selbstzerstörung in sich, wie *Seidel*[216] (1992) kritisch bemerkt. Die bisher vorherrschende Selbstregulation der Natur verläuft nicht mehr spontan. Das erfordert immer stärker den Übergang zur gesellschaftlich[217] gesteuerten Regeneration der Naturpotentiale und ihrem Schutz.

Ritter sieht den prinzipiellen Unterschied zwischen marktwirtschaftlichen Systemen und allen anderen Wirtschaftssystemen darin, daß in marktwirtschaftlichen Systemen Hypothesen über die Bearbeitung von Funktionsproblemen durch den ökonomischen Prozeß falsifiziert werden können, also durch Kosten- und Ertragskalküle und ein System marktwirtschaftlicher Preise.[218] In sozialistischen Volkswirtschaften dominieren dagegen weniger ökonomische als vielmehr politische Kriterien und Prozesse, wobei gleichzeitig die Möglichkeit zu einer wirksamen Kontrolle der Politik fehlte. Administrative Aktivitäten überlagerten die wirtschaftlichen Prozesse, in die die Naturbedingungen eingehen.

Geht man davon aus, daß die z. T. von Marktversagen gegenzeichneten Umweltprobleme wie kostenloser Umweltverbrauch und unentgeltliche Umweltverschmutzung auch ein Funktionsproblem in Marktwirtschaften darstellen, bieten diese doch den Vorteil, über die öffentliche (freie) Meinungsbildung,

---

[216] Vgl. Seidel, E.: Die Marktwirtschaft vor der ökologischen Bewährungsprobe. In: GAiA, Ecological Perspectives in Scince, Humanities and Economics. Basel. Vol. 1 (2) 1992. S. 95 - 104.

[217] Das ist nicht a priori gleichzusetzen mit verstaatlichter Regulierung.

[218] Vgl. Ritter, U. P.: Die Evolution von Wirtschaftssystemen, das Interdependenztheorem und die Poppersche Falsifikationsidee. In: Wagner, A./Lorenz, H.-W. (Hrsg.): Studien zur Evolutorischen Ökonomik. Berlin 1995.

Erkenntnis- und Lernfähigkeit sowie über den Konkurrenzkampf von Alternativen wenn schon nicht zur absoluten Problemlösung, so wenigstens zu einer schrittweisen, immer besseren, über zahllose mehr oder weniger geeignete bzw. gute oder variable Einzelschritte, zu einer gewissermaßen evolutorischen Problembearbeitung zu gelangen. Zu diesem Prozeß des Zusammenwirkens von Interessengruppen, Organisationen, Institutionen gehören auch die Lösungsvorschläge und Hypothesen, Versuche und Maßnahmen zu wirtschafts- und umweltpolitischen Problembearbeitungen. Zu einer solchen Evolutionsfähigkeit fehlten in den ehemals sozialistischen Volkswirtschaften die Voraussetzungen, was sich auch an der perspektivischen Unfähigkeit der Problembearbeitung im Umweltbereich zeigte.

Ritters Betrachtungsweise[219] ist zuzustimmen, weil sie plausibel erklärt, warum marktwirtschaftliche Systeme erfolgreicher und innovativer in ihrer Umweltpolitik waren als sozialistische. Außerdem liegt die besondere Leistung einer solchen Betrachtungsweise darin, u. a. regionale Differenzierungen der umweltpolitischen Problembearbeitung zu begründen: Ansichten darüber, welche umweltpolitischen Vorstellungen verwirklicht, welche Ziele erreicht werden sollen, sind notwendig für die Feststellung einer Gesamtproblemsituation. Der Wettbewerb in der Problemberabeitung darf nicht nur auf Märkte beschränkt sein, sondern muß in allen Bereichen (auch in der regionalen Umweltpolitik, differenzierte Problembearbeitung, Wissenschaft) wirksam werden. Die Flexibilität und permanente Neuformulierung von wirtschafts- und umweltpolitischen Zielstellungen ist Bestandteil dieses Wettbewerbs und dieser sozio-ökonomischen Entwicklung, aber unterscheidet sich eben von der strengen Logik naturgesetzlicher und ökologischer Abläufe.

Eine optimistische Sichtweise ist deshalb eigentlich trotzdem begründet, **weil der volkswirtschaftliche Umbau der gesamten Region der neuen Bundesländer** und ihrer besonders problematischen Teilregionen eigentlich alle wesentlichen Voraussetzungen dazu bietet, die heute bekannten und modernen Mittel und Möglichkeiten präventiven Umweltschutzes zu nutzen, die in dieser Kombination wohl historisch einmalig sind und daher eine nicht zu unterschätzende Chance darstellen. Dazu zählen:

- relativ breite Verfügbarkeit konventioneller und regenerativer Energieträger,
- erkannte Notwendigkeit eines Energiemixes, der sowohl wettbewerbsfähige Absatzbedingungen als auch Effizienzvergleiche ermöglichen soll,
- anstehende Modernisierung aller Sektoren der Energiewirtschaft selbst, aber auch der anderen Produktionsanlagen und des Wohn- und Wirtschaftsgebäudebestandes,

---

[219] Vgl. Ritter, U. P.: Die Evolution von Wirtschaftssystemen, das Interdependenztheorem und die Poppersche Falsifikationsidee. In: Wagner, A./Lorenz, H.-W. (Hrsg.): Studien zur Evolutorischen Ökonomik. Berlin 1995.

- Vorhandensein einschlägiger technischer Erfahrungen und Umsetzungskapazitäten,
- weitereichende Finanzförderung bei Investitionssicherheit und langfristiger Rationalisierungswirkung.

Auf der Grundlage einer sparsameren, rationellen und umweltschonenden Energieversorgung unter breiter Nutzung moderner Verfahren sollte es gelingen, die gravierendsten Probleme des ökologischen Erbes der Wirtschaftsstruktur und der schwerfälligen DDR-Energiewirtschaft zu lösen. Außerdem kann die Auswechselung und Modernisierung des alten Kapitalstocks - so es dazu kommt und nicht nur Handel und Kosumtion, sondern auch Produktion betrieben wird - schnelle Effekte nach dem heutigen umweltfreundlicheren „Stand der Technik“ bringen.

Leider gibt es auch wiederum eine ganze Reihe von wirtschaftspolitischen Hemmnissen, die sich erst im Transformationsprozeß herausstellten und zu einer vor allem sozialen Belastung des deutschen Vereinigungsprozesses werden sollte: Zusammenbruch der gesamten Industrie und regionaler Wirtschafts- und Versorgungskreisläufe, Strukturprobleme mit Hochlohnbranchen, Wegbrechen der traditionellen Absatzmärkte (vor allem im Osten) und Wettbewerbsprobleme auf den nationalen wie internationalen Märkten, Ausdünnung der Forschungslandschaft, Neuformierung der Wirtschaftseinheiten im Gefolge der Privatisierung und Sanierung, Behinderungen durch das Prinzip Rückgabe vor Entschädigung, jährlicher Transferbedarf von ca. 140 Mrd. DM in die neuen Bundesländer usw. usf..[220]

Eine Umfrage des *Instituts der deutschen Wirtschaft (IW)*, die im Jahre 1992 bei knapp 300 Betrieben durchgeführt wurde, hat ergeben, daß fast jedes zweite ostdeutsche Unternehmen die westdeutschen Umweltschutznormen nur schwer oder gar nicht einhalten kann. Betroffen sind alle Branchen von der Umstellung auf neue, umweltschonende Technologien, wobei Firmen aus dem Bergbau und der Energiewirtschaft mit besonderen Problemen zu kämpfen haben. Drei Viertel (!) der Betriebe aus diesen Wirtschaftszweigen gaben Nachholbedarf im betrieblichen Umweltschutz an. Im Bereich der Luftreinhaltung gaben noch 1993 17 Prozent der befragten Unternehmen offen zu, daß sie die geltenden Auflagen nicht erfüllen können.[221]

---

[220] Vgl. die verschiedenen Berichte: Gesamtwirtschaftliche und unternehmerische Anpassungsprobleme bzw. Anpassungsfortschritte, die vom Deutschen Institut für Wirtschaftsforschung und dem Institut für Weltwirtschaft an der Universiät Kiel unter Mitarbeit des Instituts für Wirtschaftsforschung Halle erarbeitet worden sind. U. a. in: DIW-Wochenberichte, Nr. 27/28. Berlin 1995.

[221] Probleme beim Umweltschutz in den neuen Ländern. In: Leipziger Wirtschaft. Industrie- und Handelskammer Leipzig (Hrsg.). Heft 6. Leipzig, Juni 1993. S. 66.

2. Rechtliche Veränderungen nach 1989

Seit dem 03. Oktober 1990 gilt in den neuen Ländern grundsätzlich das Bundesrecht. Doch schon mit der Währungsunion am 01. 07. 1990 trat das Umweltrahmengesetz vom 29. 06. 1990, d. h. die Umweltunion und somit das Umweltrecht der Bundesrepublik in Kraft.[222] Dies gilt sowohl für das Umweltrecht in Gesetzesform, als auch für entsprechende Rechtsverordnungen und Verwaltungsvorschriften. Ein wichtiger Schwerpunkt des Gesetzes liegt in der Übernahme des Immissionsschutzrechts der Bundesrepublik, also des Rechts zum Schutz vor schädlichen Umwelteinwirkungen, darunter auch von Luftverunreinigungen (vgl. Definition in § 3 Abs. 2 BImSchG).

Aufgabe der neuen Bundesländer war es danach, das korrespondierende bzw. rahmenausfüllende Landes-Umweltrecht zu schaffen und entsprechende Verwaltungen aufzubauen. Ein Landes-Immissionsschutzgesetz war in *Mecklenburg-Vorpommern* und *Sachsen* (wie auch in den anderen neuen Ländern) beispielsweise bis Ende 1993 immer noch nur „in Vorbereitung“. Landesämter für Umwelt und Natur als Genehmigungsbehörde waren eingerichtet. Nur *Brandenburg* verfügte zu diesen Zeitpunkt wenigstens über ein Vorschaltgesetz. Die wichtigste Landesregelung mit Gesetzescharakter auf dem Gebiet des Immissionsschutzes, die hier zu erwähnen wäre, ist die sächsische Smogverordnung.

Gewissermaßen als *regionsbezogene Festlegungen* sind von besonderer Bedeutung:

- Übergangsrecht für Altanlagen (Anzeigepflichten, 01. 07. 1990),
- Sanierungsfristen für Altanlagen (drei Stufen: 30. 06. 1994, 1996, 1999),
- Verwaltungshilfe im Genehmigungsverfahren durch Behörden der alten Bundesländer,
- Genehmigungsfähigkeit von Neuvorhaben nach Stand der Technik,
- Regelung der "Freistellung" von der Haftung für Altlasten,
- Sonderbestimmungen mit Übergangsfristen für Kleinfeuerungsanlagen (01.10.1995), mit Ausnahme aller neu errichteten Anlagen (jährliche Emissionsmessungen).

In das Bundes-Immissionsschutzgesetz (BImSchG) wurden somit Übergangsvorschriften des Umweltrahmengesetzes integriert und dem Umstand Rech-

---

[222] Siehe: Umweltrahmengesetz der DDR vom 29. Juni 1990. (Gbl. I, S. 649). Sowie: Gesetz zu dem Vertrag vom 31. August 1990 zwischen der Bundesrepublik Deutschland und der Deutschen Demokratischen Republik - Einigungsvertragsgesetz - und der Vereinbarung vom 18. September 1990 vom 23. September 1990 (Gbl. II, S. 885).

nung getragen, daß aufgrund der konkreten (regionalen) Situation hinsichtlich der Erfordernisse zur Aufrechterhaltung des Ausgangszustandes mit einer schrittweisen Lenkung auf Umwelterfordernisse. Es ist noch keine Differenzierung hinsichtlich des konkreten Zustandes der Altanlagen, der gegebenen Belastungssituation und der sich neu einrichtenden und sich erst entwickelnden Verwaltungsstruktur, für die bestimmte Modifikationen erforderlich sind. Trotzdem wäre es unter Umständen sinnvoll gewesen, eigene, differenzierte Regelungen für Ostdeutschland beizubehalten oder zu schaffen, statt mit dem Umweltrecht der BRD eine nicht situationsgerechte Fiktion zu treffen. Doch unter dem zeitlichen Druck der Vereinigung kam es nur zu **Übergangsregelungen** für bestimmte strenge Standards, die ansonsten sofortige massive Stillegungen zur Folge gehabt hätten.

Um die besonderen Verhältnissen in den neuen Bundesländern zu berücksichtigen, beinhalten die Übergangsregelungen folgende wichtige **Modifikationen,** die in den alten Bundesländern nicht gelten:

- bestehende Anlagen, die nach dem Bundes-Immisionsschutzgesetz genehmigungsbedürftig wären, dürfen weiter betrieben werden, wenn sie bisher in erlaubtem Umfang genutzt worden sind,
- Neuanlagen und die Verbesserung bestehender Anlagen sind zulässig, auch wenn Immissionsgrenzwerte überschritten werden, vorausgesetzt, es tritt letztlich eine Gesamtverbesserung der Umweltverhältnisse ein,
- außerdem gibt es Verfahrensvereinfachungen bei den Formvorschriften für Genehmigungsverfahren.

Darüber hinaus gilt seit der Vereinigung auch das Umweltrecht der Europäischen Union mit knappen Übergangsfristen für das Erreichen der EU-Umweltstandards. Gleichzeitig gilt das Gebiet der ehemaligen DDR als EU-Fördergebiet.

Unter diesen Rahmenbedingungen ist auf dem Gebiet des Umweltschutzes in den zurückliegenden fünf Jahren Beachtliches geleistet worden: Konkrete Schritte sind im Rahmen von Sanierungs- und Entwicklungsprogrammen bereits realisiert und eingeleitet, wie z. B. Schließung von Schwelereien in *Espenhain* und *Böhlen*, Karbidfabrik *Buna*, Heizungsumstellungen, Gebäudesanierungen usw. Wie sich dieser Wandel vollzogen hat, wollen wir anschließend zeigen.

Das umweltpolitische Anliegen stimmt außerdem mit der grundsätzlichen Konzeption einer räumlichen Ausgleichspolitik der "Gemeinschaftsaufgabe Verbesserung der regionalen Wirtschaftsstruktur" überein und entspricht den Grundprinzipien bundesdeutscher Umweltpolitik. (Umweltpolitik gehört aber nicht a priori in die Regionalpolitik, wie eingangs erwähnt.)

Mit der Transformation der ostdeutschen Wirtschaft in eine soziale Marktwirtschaft, die zugleich ökologisch orientiert sein soll, vollzieht sich in den fünf ostdeutschen Ländern gleichwohl ein sehr komplizierter Anpassungsprozeß. Innerhalb eines vergleichsweise kurzen Zeitabschnittes erfordern diese neuen Entwicklungen derartig tiefgreifende Umstrukturierungen, die anderenorts (z. B. im *Ruhrgebiet*) Jahrzehnte in Anspruch genommen haben. Dem Umweltschutz selbst fällt dabei von Anfang an eine strukturbestimmende Rolle zu. Erschwerend wirkt allerdings, daß ein Umgestaltungsprozeß zu vollbringen ist, der von vielerlei negativen Faktoren beeinflußt wird, der oft aber auch mit den 50er Jahren in der alten Bundesrepublik verglichen wird, für den aber in Ostdeutschland ein für die entwickelte Bundesrepublik gedachtes Gesetzeswerk und umweltpolitisches Instrumentarium der 90er Jahre den Rahmen abstecken. Als Beispiele seien hier nur die Bauleitplanung, verfestigte, starre Marktstrukturen im alten Bundesgebiet, die Umweltverträglichkeitsprüfungen und andere Verwaltungsvorschriften genannt, die von Kritikern oft auch als Investitionshemmnisse, von Befürwortern als Stimulanzen bezeichnet werden. Hinzu kommen die fast kaum noch zu überblickende Anzahl von Fördermaßnahmen, die allesamt den Prozeß unterstützen sollen. Zu erwähnen sind die gravierenden Einschnitte auf dem Arbeitsmarkt und die Anforderungen an die betroffenen Menschen.

Damit ist aber die Chance verbunden, gleichzeitig wirtschaftliche und ökologische Anforderungen auf einer neuen Stufe zu integrieren. Gibt es nun durch die Vereinigung der beiden deutschen Staaten auch die Freisetzung der evolutorischen Kräfte der Marktwirtschaft (*Ritter*) oder gar einen Innovationsschub in der Umweltpolitik Ostdeutschlands und speziell der Luftreinhaltepolitik, vielleicht sogar hinsichtlich des erwünschten grundlegenden ökologischen Umbaus? Wir werden dazu einige Beispiele untersuchen. Ohne dem vorzugreifen, lautet die Antwort: „Vielleicht Ja.“. Zum Teil muß man dies aber auch verneinen. - Die marktwirtschaftlichen Evolutionspotentiale werden sich entfalten; für den ökologischen Radikalwechsel erscheinen die Aussichten angesichts des o. g. schweren umweltpolitischen Erbes und der sozialen Probleme der Transformation nicht günstig, doch bestehen durchaus reale Hoffnungen auf erfolgreiche Problembearbeitungen. Mit der Erreichung westdeutscher Verhältnisse wäre schon viel getan. Jede in den ostdeutschen Umweltschutz investierte D-Mark bringt größeren ökologischen Nutzen als in Westdeutschland bei fortgeschrittenem Standard, so daß man in größeren Schritten vorankommen kann. Und bekanntlich sind die letzten Reinigungsprozente die teuersten. Außerdem wird interessant sein, welche Spuren dabei im Instrumenten-Gebrauch hinterlassen wurden oder werden.

3. Untersuchung ausgewählter Beispiel-Regionen

3.1. Regionale Sanierungs- und Entwicklungskonzepte

Nach diesem „Studium der Vorgeschichte" der Luftverschmutzung über der DDR, die bereits andeutungsweise auf örtliche und regionale Schwerpunkte einging, wollen wir uns nun einzelnen konkreten regionalen Sachverhalten zuwenden, die Schlußfolgerungen für die Instrumentennutzung in der Umweltpolitik zur Luftreinhaltung erwarten lassen.

Schon Ende 1990 wurde vom damaligen Bundesministerium für Forschung und Technologie auf *zentraler* Ebene das erste gesamtdeutsche Verbundforschungsvorhaben auf dem Umweltsektor ins Leben gerufen: „SANA - wissenschaftliches Begleitprogramm zur Sanierung der Atmosphäre über den neuen Bundesländern."

Der Grad der Luftverschmutzung ließ es geboten erscheinen, sich den notwendigen Emissionsminderungen zuzuwenden und im Zusammenhang mit den zu erreichenden und zu erwartenden Emissionsminderungsmaßnahmen die Veränderungen in der chemischen Zusammensetzung der Luft und die daraus resultierenden Auswirkungen auf die Ökosysteme großflächig zu beobachten und Erkenntnisse über Teilregionen zu gewinnen. Über fünf Jahre lang haben Wissenschaftler in Rahmen dieses Programms Datensätze über den Wandel der Umweltsituation über dieser Region gesammelt und analysiert. Gleichzeitig wurden Methoden weiterentwickelt, mit denen sich Auswirkungen von Emissionsminderungsmaßnahmen prognostizieren und negative Auswirkungen abschätzen lassen, die überall dort anwendbar sind, wo entsprechende umweltpolitische Aktivitäten angezeigt sind. Das Modellinstrument des Emissionskatasters wurde für die gesamte Region Ostdeutschlands verfeinert.[223]

Das Bundesumweltministerium und andere Einrichtungen und Träger haben inzwischen eine ganze Reihe von Umweltstudien in Auftrag gegeben, die sich explizit auf bestimmte *Problemregionen* konzentrieren und die sich mit bestimmten Umweltmedien befassen.[224] Dabei sollte zunächst der Handlungsbe-

---

[223] Vgl. SANA - Wissenschaftliches Begleitprogramm zur Sanierung der Atmosphäre über den neuen Bundesländern. IFU - Frauenhofer Institut für Atmosphärische Umweltforschung. Garmisch Partenkirchen. Mai 1994.

[224] Für die Bundesrepublik Deutschland analysierte *Jarre* (1975) am Beispiel der Region *Ruhrgebiet* die Verteilung von Umweltbeeinträchtigungen auf unterschiedliche soziale Schichten der Bevölkerung. Es konnte nachgewiesen werden, daß im Bereich der Umweltbeeinträchtigungen zum Teil erhebliche Verteilungsdisparitäten bestanden, und die sozioökonomische Gruppe der Arbeiter auf Grund der Immissionsverhältnisse am Wohnort deutlich stärker durch belastende Immissionen betroffen ist, als die Gruppe der Angestellten, Beamten und Selbständigen. Eine Ursache hierfür waren sicherlich die regionalen Besonderheiten, wie z. B. Werkssiedlungen in Arbeitsnähe. Vgl. Jarre, J.: Umweltbelastungen und ihre Verteilung auf soziale Schichten. Göttingen 1975. Ähnliche Ergebnisse wurden auch für *Frank-*

darf durch eine Situationsanalyse erfaßt werden, um im zweiten Schritt Maßnahmen zu begründen.

Über die wichtigsten Regionalstudien bzw. -konzepte, soweit sie vom Bundesumweltministerium bzw. Umweltbundesamt gefördert und bis Juli 1994 abgeschlossen waren, informiert die nachfolgende Übersicht (Tabelle 5).

Aus der Bestandsaufnahme sollten erste Schritte zur unmittelbaren Gefahrenabwehr und -beseitigung eingeleitet, Sanierungsstrategien abgeleitet und in langfristige Raumentwicklungskonzepte eingeordnet werden. Interessanterweise waren und sind diese regionalen Studien vor allem für die *Entscheidungsträger vor Ort* (Land, Regierungsbezirk, Kreis, Kommune) eine wichtige Hilfestellung, während für die *zentralen Entscheidungsträger* (auf Bundesebene) vor allem Informationen hinsichtlich der Finanzierungserfordernisse nötig waren. Gestaltende Umweltpolitik im Sinne der umweltpolitischen Prinzipien oder eines gezielten Instrumenteneinsatzes spielte aus zentraler Blickrichtung also nur wegen der finanziellen Entscheidungen eine Rolle. Regionale Entscheidungsträger wollen konkrete Prioritäten setzen.

Diese Studien dokumentieren nicht nur den aktuellen und perspektivischen regionalen Handlungsbedarf, sondern z. T. auch bereits erkennbare Wirkungen der Umweltpolitik auf die Umweltsituation, die wirtschaftliche Entwicklung und den Arbeitsmarkt. Sie machen deutlich, daß auch instrumentell dem Sanierungs- und Entwicklungsaspekt in Ostdeutschland der Vorrang eingeräumt wird.

Für die vorliegende Schrift ließen sich diese Studien sicherlich unter bestimmten Gesichtspunkten vergleichen, doch unterscheiden sie sich häufig hinsichtlich ihrer Ansätze, Zielstellungen und Methoden. Deshalb greifen wir für die Fundierung unserer regionalen Argumentationslinie und der luftreinhaltepolitischen Instrumentierung exemplarisch zwei offensichtlich völlig gegensätzliche Regionen heraus: Als regionale und lokale Implementationssysteme werden *Neubrandenburg* im Norden und *Leipzig* im Süden Ostdeutschlands, sowie als Mikrostandort und lokales Implementationssystem die Gemeinde *Lützschena-Stahmeln*, untersucht. Einbezogen werden Angaben zu den jeweiligen Bundesländern.

---

furt M. und Umgebung ermittelt. Vgl. Müller, H.: Wer trägt die Umweltbelastungen? Eine empirische Untersuchung über die Verteilung von Umweltbelastungen auf die sozialen Schichten im Rhein-Main-Gebiet. Dissertationsentwurf bei Prof. Dr. J. Gäbler. Fachbereich Wirtschaftswissenschaften. Universität Frankfurt/M. 1994, (unveröffentlicht).

Tabelle 5: Wichtige Umweltstudien zu ostdeutschen Regionen[225]

Titel	Region	Ziele	Laufzeit
Ökologisches Sanierungs- und Entwicklungskonzept	Leipzig/Bitterfeld/ Halle/Merseburg	Bestandsaufnahme, Sofortmaßnahmen, Sanierungs- und Entwicklungskonzept	1990 -91
Umweltsanierung des Großraumes Mansfeld	Mansfelder Land	Bestandsaufnahme, Sofortmaßnahmen, Sanierungs- und Entwicklungskonzept	1990 - 91
Ökologisches Sanierungskonzept für den Großraum Rostock	Großraum Rostock	Bestandsaufnahme, Sanierungs- und Entwicklungskonzept	1991 - 92
Gesamtkonzept Spreewald	Spreewald	Ökologisch verträgliche Nutzungsmöglichkeiten	1990 - 92
Ökologischer Sanierungs- und Entwicklungsplan Niederlausitz	Niederlausitz	Bestandsaufnahme, Sofortmaßnahmen, Sanierungs- und Entwicklungskonzept	1991 - 93
Leitbilder und Ziele für eine umweltschonende Raumentwicklung in der Ostsee-Küstenregion Mecklenburg-Vorpommerns	Ostsee-Küstenregion	Situationsanalyse, ökologisch orientierte Raumstruktur	1992 - 94

3.2. Bedingungen, Erfordernisse und Möglichkeiten in Beispielregionen

Trotz zentraler planmäßiger Inangriffnahme einer angestrebten Überwindung territorialer Differenzierungen in der Volkswirtschaft der DDR, die insbesondere darauf gerichtet war, keine einseitig entwickelten oder unterentwickelten Bezirke oder Gebiete, die etwa nur auf Industrie oder nur auf Landwirtschaft ausgerichtet wären, zuzulassen, blieben Rückstände und gravierende Probleme unübersehbar. Infolge der gezielten Industrialisierungsbemühungen entwickelte

[225] Das Deutsche Institut für Wirtschaftsforschung Berlin und das Institut für Wirtschaftsforschung Halle haben diesen Prozeß mit zahlreichen Analysen begleitet und in der Öffentlichkeit darüber berichtet. Vgl. Fünf Jahre Deutsche Einheit. In: Deutsches Institut für Wirtschaftsforschung. Vierteljahreshefte zur Wirtschaftsforschung. Heft 3. Berlin 1995. Hier insbesondere S. 509 - 529 und die Übersicht S. 514.

sich der dünnbesiedelte ehemalige Agrarbezirk *Neubrandenburg* recht dynamisch. Es erhöhte sich hier der Anteil der Beschäftigten in Industrie und Bauwesen von 13 Prozent 1955 auf 30 Prozent 1988, doch lag er damit weiterhin unter dem DDR-Durchschnitt, der sich zwischen 30 und 56 Prozent bewegte.[226]

Bestimmte Konzentrationen der Produktivkräfte wurden nicht verändert. *Leipzig* blieb Energie- und Chemiestandort mit zunehmend verschlissenem Kapitalstock und mit erheblichen Rückständen bei der Erneuerung und Erweiterung der Infrastruktur. Trotzdem wurde eingeschätzt, daß das „territoriale Profil der DDR ... ausgereift, harmonisch und proportional“ sei und „nicht grundlegend umgestaltet werden“ müsse. „Alles Vorhandene noch besser zu nutzen, (gelte) auch für die ... Reproduktionsvorzüge der einzelnen Bezirke ... und für die Proportionen zwischen den Bezirken.“ Lapidar hieß es weiter, daß „natürlich ... geographische Unterschiede zwischen der Mecklenburgischen Seenplatte ... und dem Erzgebirge auch bestimmte Unterschiede in den Lebensgewohnheiten ihrer Bewohner“ einschlössen. Solche Unterschiede würden immer bestehen. Die Proportionalität zwischen den Bezirken besage nicht, daß ihr territoriales Profil frei von Widersprüchen sei. „Es existieren geringfügige Unterschiede in den Wohnbedingungen ... sowie im Bauzustand der Wohnungen. Hinzu kommen ... Unterschiede im Zustand der natürlichen Umwelt, bezirkliche Unterschiede in der ... Infrastruktur infolge von Unterschieden des Baualters, des Verschleißgrades usw. ... Solche nicht gerechtfertigten Unterschiede werden mit jedem Volkswirtschaftsplan ... verringert.“[227] Aber das Gegenteil war der Fall und der dringend gebotene Handlungsbedarf wurden weitgehend ignoriert und stark verdichtete Regionen weiter auf Verschleiß gefahren und nicht grundlegend modernisiert oder erforderliche Strukturveränderungen eingeleitet.

Ein Blick auf ausgewählte Kennziffern macht die relevanten und z. T. krassen Unterschiede deutlich (Tabelle 6).

Im Bezirk *Leipzig* wurde zwar nicht soviel Braunkohle verstromt wie im Bezirk *Cottbus*, doch erzeugte man hier jede zehnte Kilowattstunde Elektroenergie der DDR, womit die Umweltprobleme, Tagebaulandschaften, Abraumhalden, umgeleitete Flüsse und Kraftwerksemissionen direkt verbunden waren.

Die Städte und Dörfer des Bezirkes *Neubrandenburg* hingegen, einer Region, die deutlich von Aufbauelementen der DDR-Zeit geprägt ist, liegen nicht eingebettet in einer abgenutzten Gegend von Braunkohle-Tagebauen, Kraftwerken und Chemiefabriken, sondern in grünen Wäldern und großen Feldern, fischreichen klaren Seen. Hier gibt es nur ein Oberzentrum - die Stadt *Neu-*

---

[226] Statistisches Jahrbuch der DDR 1989. Berlin 1989. S. 67 ff.
[227] Ostwald, W. (Hrsg.): Die DDR im Spiegel ihrer Bezirke. Berlin 1989. S. 16 - 20.

brandenburg - mit ca. 90.000 Einwohnern. Es war die Bezirksstadt der DDR, die die sauberste Luft aller Bezirksstädte aufweisen konnte.

Tabelle 6: **Ausgewählte regionale Kennziffern (Bezirksvergleich, Anteile am DDR-Ergebnis in Prozent, 1988)**[228]

	Neubranden-burg (1)	**Leipzig** (2)	**Relation** (3) = (2)/(1)
Fläche (km^2)	10.948	4.966	0,45
Einwohner	620.390	1.371.400	2,2
Bevölkerungsdichte (Ew/km^2)	57	274	4,8
Anteil an der Fläche	10,1	4,6	0,45
Anteil an der Waldfläche	8,6	2,3	0,27
Anteil an der landw. Nutzfläche	10,5	5,4	0,5
Anteil an Naturschutzgebieten	20	1,9	0,1
Anteil an Landschaftsschutzgebie-ten	7	5,2	0,7
Anteil an der Wohnbevölkerung	3,7	8,2	2,2
Anteil an Industriebeschäftigten	2,0	8,7	4,35
Anteil an der industriellen Bruttoproduktion	1,9	7,9	4,16
Anteil an Energieproduktion	0,7	12,5	17,85
Anteil an chemischer Industrie	0,5	7,4	14,8
Anteil an Straßentransportmenge	3,8	8,6	2,26

Die Luftverunreinigungen im Bezirk *Neubrandenburg*, dem Bezirk mit der geringsten Einwohnerdichte der DDR, stammten in erster Linie aus kohlegefeuerten Verbrennungsanlagen. Es wurden vornehmlich Staub und Schwefeldioxid emittiert. Zusammen mit Asche sind sie die typischen Abprodukte aus Verbrennungsprozessen. Nicht nur wegen des flachen Oberflächenreliefs und guter meteorologischer Luft-Austauschbedingungen, sondern vor allem wegen des Fehlens ausgeprägter altindustrieller Ballungen ist die Atemluft relativ wenig mit diesen Schadstoffen belastet.

Auf einer Fläche, die mehr als doppelt so groß ist wie die des Bezirkes *Leipzig*, entstanden im Bezirk *Neubrandenburg* z. B. nur 6,2 Prozent (1988) der dortigen Schwefeldioxidmenge. Selbst wenn man Verkehrswesen, alle Betriebe

---

[228] Statistisches Jahrbuch der DDR 1989. Berlin 1989. S. 67 ff., S. 418. Landesumweltberichte.
Eigene Berechnungen.

ein Bruchteil des Schadstoffausstoßes von mittleren Kraftwerken, z. B. der Kraftwerke *Kulkwitz* oder *Lippendorf (Leipzig)* oder *Lübbenau/Vetschau (Bezirk Cottbus)*.

Trotzdem wirkte das DDR-Umweltinstrumentarium darauf ein, daß die gute Luftsituation in diesem Erholungsbezirk trotz weiter fortschreitender Rohbraunkohle-Verfeuerung und steigender Wirtschaftsleistung erhalten blieb und im Bereich der stationären Anlagen der Industrie und der Landwirtschaft der Ausstoß von SO_2 zwischen 1986 und 1987 auf 82 Prozent gesenkt werden konnte. Seit 1987 gab es keine Territorien im Bezirk *Neubrandenburg* mehr, die bei SO_2 in die Belastungsstufe 3 eingeordnet werden mußten. Etwa 99 Prozent der Bezirksfläche wurden von der Bezirkshygiene-Inspektion *Neubrandenburg* in die Belastungsstufen 1 und 2 eingruppiert. Trotzdem lebten etwa 8 Prozent der Einwohner dieses dünnbesiedelten Bezirkes in Gebieten mit Staubbelastungen der Stufe 3. Zwar handelte es sich dabei nicht um direkt gesundheitsschädigende Stäube, weisen sie zumindest einen gesundheitsgefährdenden Charakter auf und verschmutzen durch die Verrauchung innerstädtische Straßenzüge. Vor allem historisch ungünstig gelegene Kohle- und Dünger-Umschlagplätze in unmittelbarer Wohnbebauung sowie die zahlreichen dezentralen kohlebefeuerten kleinen Heizungsanlagen von Betrieben und öffentlichen Einrichtungen in den Innenkernen der Kreisstädte begründeten den regionalen umweltpolitischen Handlungsbedarf, der hier also ein lokales Vorgehen (moderne Wärmeversorgung) erforderte.[229]

Günstige Naturraumausstattung und niedrige antropogene Umweltbeeinflussungen unterscheiden also den Nordbezirk vom *Leipziger* Ballungszentrum. Als (zugegebenermaßen) groben Indikator für die Umweltinanspruchnahme nutzen wir hier die bezirkliche Nationaleinkommensproduktion und die Elektroenergieerzeugung, die jeweils in Beziehung gesetzt werden zur Einwohnerzahl, zur Fläche der jeweiligen Region und zur Waldfläche. Dabei ergibt sich in Tabelle 7 das folgende Bild:

---

[229] Vgl. Wünsche, R.: Zur Luftreinhaltung. In: Rat des Bezirkes Neubrandenburg/Bezirksvorstand der URANIA/Bezirksvorstand der Gesellschaft für Natur und Umwelt (Hrsg.): Nutzung und Schutz der Umwelt im Bezirk Neubrandenburg. Umweltkonferenzmaterialien. Neubrandenburg, 24. Februar 1989. S. 43/44.

Tabelle 7: Regionale Kennziffern der Umweltinanspruchnahme (1988)[230]

	Neubrandenburg (1)	Leipzig (2)	Relation (3) = (2)/(1)
Bezirksprodukt* (Mio. M)	5.100	20.400	4,1
Elektroenergieerzeugung (Gwh)	828	14.791	17,8
Waldfläche (ha)	255.316	67.099	0,27
Bezirksprodukt			
- je Einwohner (M/EW)	8.221	14.8715	1,8
- je Flächeneinheit (M/km^2)	465.838	4.107.934	8,8
- je Waldflächeneinheit (M/ha)	19.975	304.028	15,2
Elektroenergieerzeugung			
- je Einwohner (kWh/EW)	1.335	10.785	8,08
- je Flächeneinheit (kWh/km^2)	75.630	2.978.453	39,38
- je Waldflächeneinheit (kWh/ha)	19.975	220.435	11,03

* Die offizielle DDR-Statistik weist für die industrielle Bruttoproduktion keine absoluten Zahlen aus, so daß nur näherungsweise unter Bezug auf das angegebene DDR-Nationaleinkommen über den jeweiligen Anteil der Bezirke auf das „Bezirksprodukt" geschlossen werden kann. (Basis: KPP 1985; vorläufige Angaben.)

Als (ebenfalls) groben Indikator für das in der jeweiligen Region vorhandene Assimilations- und Abbaupotential der Natur nutzen wir die Relation von Waldfläche zu industrieller Produktion bzw. Elektroenergieerzeugung bzw. Einwohnerzahl, so ergibt sich folgendes Bild:

Tabelle 8: Regionale Kennziffern des natürlichen Assimilations- und Abbau-Potentials (in Prozent der Bezirksfläche, 1988)[231]

	Neubrandenburg (1)	Leipzig (2)	Relation (3) = (2)/(1)
Waldfläche	23,3	13,5	0,58
Landschaftsschutzgebiete	12,4	20,7	1,67
Naturschutzgebiete	1,8	0,42	0,23
ausgewiesene Erholungsgebiete	20	k. A.	-

[230] Statistisches Jahrbuch der DDR 1989. Berlin 1989. S. 13, 24, 65 f., 180. Eigene Berechnungen.

[231] Ebenda. S. 67 ff., S 418. Eigene Berechnungen.

Der Bezirk *Neubrandenburg* verfügte über 23 Prozent Waldfläche; im Jahre 1988 wurden 6 ha geschädigter Fichtenwald mit Magnesiumkalk gedüngt, jedoch keine rauchhärteren Baumarten aufgeforstet. 60 Prozent seiner Gesamtfläche wurden landwirtschaftlich genutzt. In der Stadt *Neubrandenburg* versorgten bis 1990 zwei Heizwerke die wichtigsten Betriebe sowie über 80 Prozent der Wohnungen mit Fernwärme, die unter Einbeziehung moderner Umwelttechnik und relativ hohen Wirkungsgraden erzeugt werden kann. 60 Prozent der Wohnungen sind jünger als 40 Jahre.[232]

Zu erwähnen ist außerdem, daß in der Region *Neubrandenburg* an mehreren Standorten geothermische Heizzentralen betrieben werden (können). Dieser energetische alternative Bodenschatz kann - wenn auch noch nicht kostengünstig - ohne schädliche Emissionen für die Wärmeversorgung in Wohn- und Geschäftsbauten an Mikrostandorten *(Prenzlau, Waren/Müritz, Neubrandenburg)* genutzt werden. Für ein innerstädtisches Wohngebiet in *Neubrandenburg* entfällt somit ein jährlicher Bedarf an Rohbraunkohle von ca. 70.000 t. Das bedeutet gleichzeitig, daß ca. 2.000 t SO_2 und etwa 250 t Staub nicht an die Luft abgegeben werden. Für die Emissions- und Immissionssituation bestehen somit die günstigsten natürlichen Potentiale und infrastrukturellen Bedingungen.

Im Bezirk *Leipzig* war die Schadstoffbelastung der Luft zu DDR-Zeiten ein erhebliches Umweltproblem. „Nach wie vor gehen von zahlreichen Schadstoffquellen Emissionen aus, die die Qualität der Luft beeinträchtigen. Hinzu kommen Einträge ... aus benachbarten Bundesländern."[233] Hohe Bevölkerungsdichte, starke Industrialisierung, veraltete Anlagen mit fehlender oder unzureichender Reinigungstechnik und Rohbraunkohle als dominanter Energieträger waren traditionell die Hauptursachen für Schwefeldioxid- und Staubemissionen. Im gesamten Gebiet des heutigen Freistaates Sachsen, zu dem wesentliche Teile des ehemaligen DDR-Bezirks *Leipzig* gehören, wurden 1989 doppelt so viel Schwefeldioxid emittiert wie in den alten Bundesländern zusammen. Ähnliches ließe sich für den Staubauswurf sagen. Besonders deutlich werden die Unterschiede immer dann, wenn man einen Vergleich der flächenbezogenen Elektroenergieerzeugung vornimmt (vgl. Tabelle 7). Zwischen *Neubrandenburg* und *Leipzig* ergibt sich hierbei ein Faktor von 39,38.

Zwischen *Sachsen* und den *alten Bundesländern* ergibt sich bei den flächenbezogenen SO_2-Emissionen ein Unterschiedsfaktor von 28 (1989) und 17 (1992).

Der Bezirk *Leipzig* stellte ein Territorium mit hohem Industriepotential dar, wodurch ein hoher Energie- und Rohstoffbedarf bedingt war. Hier entstammte

---

[232] Ostwald, W. (Hrsg.): Die DDR im Spiegel ihrer Bezirke. S. 241 - 261.

[233] Sächsisches Staatsministerium für Umwelt und Landesentwicklung: Umweltbericht 1994. Dresden 1994. S. 222.

und entstammt der größte Anteil der Schadstoffemissionen aus Großfeuerungsanlagen der Energiewirtschaft zur Stromerzeugung und Wärmeversorgung, insbesondere aus Anlagen im unmittelbaren Stadtgebiet, aber auch aus Anlagen im Südraum. Im Jahre 1989 waren insgesamt in Sachsen die 86 Großfeuerungsanlagen an den Gesamtemissionen von SO_2 mit 75 Prozent und von Staub mit 55 Prozent beteiligt. Energiesektor und Karbochemie waren die Hauptumweltsünder. Bei der Karbochemie spielen neben den o. g. Schadstoffen sonstige geruchsintensive Schwefelverbindungen wie Thiole und Schwefelwasserstoff, aber auch Kohlenwasserstoffe, Lösungsmittel und weitere organische Verbindungen eine Rolle.[234]

Zahlreiche Schadstoffe, die vom aufgestellten Emissionskataster erfaßt werden, werden durch diverse Industrieanlagen und Gewerbebetriebe emittiert. In der Heizperiode (ca. 230 Tage im Jahr) ist der Hausbrand vielfach der Hauptverursacher für die Schadstoffbelastung der Luft (niedrige Schornsteinhöhe, Lage in Wohngebieten). Bei austauscharmen Wetterlagen können Smogsituationen auftreten. Auch das Kohlenmonoxid als Indikator für die unvollständig ablaufenden Verbrennungsvorgänge in häuslichen Einzelofen-Feuerstätten hat einen beachtlichen Emissionsanteil.

Bei Schadstoffemissionen war der Bezirk und waren vor allem seine Kreise *Borna, Leipzig-Stadt, Altenburg, Leipzig-Land, Grimma, Döbeln, Delitzsch* und *Wurzen* besonders belastet. Dies verdeutlicht besonders die Flächenemissionsdichte. Während der Bezirk lediglich 4,6 Prozent der Fläche der früheren DDR einnimmt, entfielen 1989 auf ihn 18,2 Prozent der SO_2-Emissionen, 10,9 Prozent der Staubemissionen, 10,6 Prozent der NO_x-Emissionen, 7,1 Prozent der CO-Emissionen.[235]

Speziell im Kreis *Borna* übertrafen die Staubemissionen das 8fache des Bezirks- und das 20fache des Durchschnitts der früheren DDR. Für Schwefeldioxid lagen die Emissionen 10 mal über dem Bezirks- und 40 mal über dem DDR-Durchschnitt! Er war damit der höchstbelastete Kreis. Durch diese Emissionen wurde auch die Stadt *Leipzig* einer sehr hohen Belastung ausgesetzt. Sie „ertrug" das 7,5fache der Staub- und das 12fache der SO_2-Emissionen gegenüber dem DDR-Durchschnitt. Besonders nachteilig wirkte sich neben *Borna* (im Süden) die geographische Nähe zu weiteren stark belasteten Regionen aus, wie z. B. *Merseburg* (im Westen) und *Bitterfeld* (im Norden), so daß zu den eigenen Emissionen der Ferntransport aus diesen Gebieten hinzuzurechnen ist.[236]

---

[234] Sächsisches Staatsministerium für Umwelt und Landesentwicklung: Umweltbericht 1994. Dresden 1994. S. 222.

[235] Vgl. Sächsisches Staatsministerium für Umwelt und Landesentwicklung: Umweltbericht 1991. Dresden 1991. S. 71.

[236] Vgl. ebenda.

Die gesamte *Immissionssituation* des *Freistaates Sachsen* unterliegt Einflüssen, wie sie in den alten Bundesländern in vergleichbarer Form nicht anzutreffen sind. Dazu tragen einmal die erheblichen Emissionen im eigenen Territorium bei, ungünstige Geländeformen im Mittelgebirgsraum und dessen Vorland (Tallagen, Regierungsbezirk *Chemnitz*), aber auch Einträge von außen (tschechische und polnische Nachbarregionen, Raum *Halle/Merseburg, Bitterfeld*). Durch eine relativ günstige Oberflächenstruktur kommt es in *Dresden und Leipzig* aber nur relativ selten zu außergewöhnlich hohen Konzentrationen von Schadstoffen (*„Böhmischer Wind"; Leipziger Tiefebene*).

Im Verhältnis zu den anderen ostdeutschen Bundesländern wiesen beispielsweise die sächsischen Wälder mit einem Anteil von 65,3 Prozent (1990) geschädigter Waldfläche an der Gesamtwaldfläche die stärkste Schädigung infolge von Industrieimmissionen auf.[237]Dabei nahm der Anteil der höchsten Schadzone I ebenso zu, wie die anderen beiden Schadzonen Zuwächse verzeichneten. Forstwirtschaftliche Maßnahmen sollten dem entgegenwirken: In der *Leipziger* Region wurden aber 1988 beispielsweise keine Magnesiumkalkdüngungen von geschädigten Fichtenwäldern vorgenommen, jedoch 273 ha mit rauchtoleranteren Baumarten aufgeforstet.[238] 1989 wurden dann 177 ha gedüngt, 1990 bereits 500 ha. (Im Vergleich: die besonders geschädigten Kammlagen des *Erzgebirges* im Bezirk *Chemnitz* wurden 1989 auf 13.852 ha gedüngt.)[239] Dies zeigt, daß viel zu spät die prekäre Lage erkannt und fast ohnmächtig erscheinende Maßnahmen ergriffen wurden.

Im Vergleich der Emissionen aller 15 DDR-Bezirke lag *Leipzig* 1989 bei Staub, SO_2 und NO_x an dritter Stelle.

Die Problematik der Umweltsituation in den neuen Ländern hing also eng mit der Art der Produktion und dem regionalen natürlichen und ökonomischen Bedingungsgefüge zusammen. Überkommene Industriestrukturen, die blinde Intensivierung der Produktion und veraltete Techniken führten zu teilweise extremen Emissionen in Luft, Wasser und Boden. Trotzdem ging die Umweltpolitik vor und nach der deutschen Wiedervereinigung nicht situationsgerecht, d. h. regional differenziert vor. Dadurch dürften umfangreiche personelle, materielle und finanzielle Mittel des Umweltschutzes nicht in ökonomisch und ökologisch sinnvollster Weise verwendet worden sein. Die Konzentration auf die wirklichen regionalen Schwerpunkte wäre mit einer größeren ökologischen Reichweite und effizienterer Verwendung ökonomischer Ressourcen verbunden gewesen.

---

[237] Vgl. Sächsisches Staatsministerium für Umwelt und Landesentwicklung: Umweltbericht 1991. Dresden 1991. S. 30.

[238] Vgl. Statistisches Jahrbuch der DDR 1989.

[239] Vgl. Sächsisches Staatsministerium für Umwelt und Landesentwicklung: Umweltbericht 1991. Dresden 1991, S. 30.

Leipzig zählt zu den Regionen in Europa, die am stärksten unter Umweltbelastungen zu leiden haben, obwohl die Belastungen seit 1989 deutlich zurückgegangen sind. Dieser Rückgang ist vor allem auf starke Produktionsverminderungen und Stillegungen von Emittenten - in erster Linie in der Karbochemie, weniger in der Energiewirtschaft, wo aber Umwelttechniken eingeführt wurden - zurückzuführen. Angestiegen sind dagegen die Emissionen im Verkehrsbereich aufgrund des deutlich gewachsenen Straßenverkehrsaufkommens.

Der Zusammenbruch der Industriestrukturen stellte sich zugleich als Umweltentlastungskonzept dar, d. h. die Verbesserung der Umweltsituation ist als Gratiseffekt zustande gekommen. Dabei sollte allerdings nicht der Eindruck entstehen, als sei dies die gewollte Entwicklung. Vielmehr sind Umwelt- wie Arbeitsmarktprobleme gleichsam zu lösen.

Tabelle 9: Emission ausgewählter Luftschadstoffe am Beispiel Sachsens 1989 und 1992 (in kt p. a.)[240]

Schadstoff	1989	1992
SO_2	2.000	1.000
Staub	500	400
NO_x	100	50
CO_2	100.000	75.000

Die Gesamtemissionen und die flächenbezogenen Emissionen haben im Laufe des Transformationsprozesses seit 1989 zwar deutlich wahrnehmbar abgenommen (Tabelle 9), aber sie sind nach wie vor entschieden überdurchschnittlich (auch im Vergleich zu den alten Bundesländern).

3.3. Stand der Maßnahmen zur Emissionsverringerung

In den *ostdeutschen Ländern* mußten 1989/90/91 zunächst durch Stillegungen (Betriebsverbote) gefährliche Umweltbeeinträchtigungen ausgeschaltet werden. So wurden z. B. die Karbidöfen der *Buna*-Werke und die Chlorfabrik bereits 1990 stillgelegt, um die Staubemissionen und den Quecksilbereinsatz im Raum *Halle/Merseburg* zu senken. Mit diesen und weiteren Maßnahmen konnte

[240] Landesumweltberichte.

bereits 1990 eine Senkung der SO_2-Emissionen und der Staubemissionen gegenüber dem Vorjahr um 10 Prozent bzw. 13,5 Prozent erzielt werden.[241] Mit derartigen Auflagen (Betriebsverbote, Stillegungen) ließ sich die Umweltbelastung schnell vermindern.

Inzwischen haben verschiedene Umweltprogramme, die kaum noch überschaubar sind, die Verbesserung der Umweltsituation in den neuen Bundesländern und speziell die Luftreinhaltung zum Gegenstand. Einen groben Überblick über die wichtigsten Programme, die i. d. R. mit finanziellen Fördermitteln verbunden sind, gibt die Tabelle 10.

Bei Zuschüssen und Darlehen für die gewerbliche Wirtschaft kann auch unterschieden werden zwischen:

- Investitionen zur Erstanwendung von Umweltschutzinnovationen (z. B. BMU-Projektförderung) und
- Investitionen zur Entlastung der Umwelt bzw. zur Verbesserung der Umweltqualität (Breitenförderung).

Die zuletzt genannte Gruppe ist dem Umfang und der Bedeutung nach von besonderem Interesse. **Wichtige Programme** sind damit:

- das ERP-Umwelt- und Energieeinsparprogramm,
- das Umweltprogramm der Deutschen Ausgleichsbank und
- das Umweltprogramm der Kreditanstalt für Wiederaufbau.

Der Zinssatz liegt unter dem üblichen Kapitalmarkt-Zinsniveau (Differenz = Subventionierung). Die Finanzhilfen stellen i. d. R. ein öffentliches Kreditangebot dar. Aus den Banken-Förderstatistiken lassen sich die Förderbereiche und Förderzwecke volumen- und strukturmäßig bestimmen. Das betrifft auch die hier interessierenden Bereiche: Luftreinhaltung und Energieeinsparung. Förderzwecke sind: Abluftreinigung, Anlagen des Immissionsschutzes und der -vermeidung, Schutz vor Geruch, Nutzung erneuerbarer Energien (Wasser, Wind, Sonne) und Energieeinsparung/rationelle Energieanwendung.

Problematisch ist die Ermittlung regionalbezogener Stoffflußreduktionen, weil sich die Bundesländer nicht ohne weiteres von der Gesamtentwicklung der Bundesrepublik abkoppeln können. Nicht jede Statistik ist nach Bundesländern gegliedert. Der Ressourcenverbrauch kann nicht allein gemessen werden. Rückkopplungseffekte, Im- und Exporte aus anderen Regionen sind wegen der unterschiedlichen Verflechtungen der Produktion etc. zu berücksichtigen. Dies

[241] Bundesumweltministerium: Eckwerte. S. 19.

trifft um so mehr auf Regionen mit stärkerer Industriestruktur, vor allem Grundstoffindustrie, oder mit überwiegend agrarisch dominierter Struktur zu, wo möglicherweise erhebliche Stoffumsätze, aber nicht gleichermaßen erhebliche Stoffverbräuche vorliegen. Dies gestattet auch keine Aussage über die Modernität oder Struktur der Produktion. Darüber hinaus zeigt sich bei verschiedenen altindustriellen Regionen, daß die klassischen Grundstoffindustrien in der Regel umweltbelastend und an Hochlohnstandorten nicht dauerhaft wettbewerbsfähig sind.

Tabelle 10: Umweltprogramme für Ostdeutschland[242]

Programm / Träger	**Instrumentierung**	**Umweltbezug**	**wirtschaftspolitische Kombinierbarkeit**
EU-Finanzierungsinstrument LIFFE	Investitions-/Zins-Zuschuß	ausschließlich	keine EU-Mittel
Darlehen der Europäischen Investitionsbank	5 Jahre Tilgungsfreiheit, sonst marktüblich	teilweise	ja
Bund/Neue Länder: GA wirtschaftsnahe Infrastruktur	bis 50 % Invest.- Zuschuß	bedingt	mit öffentlichen Darlehen
Bund/Neue Länder: GAK Verbesserung der Agrar- und Küstenstruktur	Investitionszuschuß	ja	mit öffentlichen Darlehen
Kommunalkreditprogramm des Bundes (üb. KfW und DtA)	Zinsvergünstigung und 5 tilgungsfreie Jahre	überwiegend	ja
DtA-Umweltprogramm	Zinsvergünstigung und 3 tilgungsfreie Jahre	ausschließlich	ja
KfW-Umweltprogramm	wie DtA, aber andere Umsatzgrenzen	ausschließlich	ja
BMU - Investitionsprogramm (üb. UBA, KfW, DtA)	Investitionszuschuß bzw. Zinsvergünstigung und 5 tilgungsfreie Jahre	ausschließlich	ja
DBU-Umweltprogramm	Investitionszuschuß	ausschließlich	nein
DBU-Umweltorientierungsberatung	Zuschuß	ausschließlich	nein
Länder-Umweltprogramme	Invest./Zins-Zuschüsse	ausschließlich	i. d. R. nein

Abkürzungen: BMU = Bundesministerium für Umwelt...; KfW = Kreditanstalt für Wiederaufbau; DtA = Deutsche Ausgleichsbank; UBA = Umweltbundesamt; DBU = Deutsche Bundesstiftung Umwelt.

---

242 Persönliche Informationen von Herrn *W. Komar*, Institut für Wirtschaftsforschung Halle.

Leider bestehen z. B. zur Erfassung der Umweltschutzinvestitionen in Ostdeutschland weiterhin statistische Probleme, weil große Bereiche des produzierenden Gewerbes bis 1995 noch unter der Ägidie der *Treuhandanstalt Berlin* lagen. Auch die Inanspruchnahme der "Investitionszulage" oder der Gemeinschaftsaufgabe (GA) "Verbesserung der regionalen Wirtschaftsstruktur" für Umweltschutzmaßnahmen läßt sich nicht ohne Schwierigkeiten selektieren.

Bleibt die Inanspruchnahme der speziellen **Kredit-Förderprogramme:** Aus dieser Statistik ergibt sich z. B. für 1991 und 1992 das in Tabelle 11 gezeigte stark angewachsene Volumen. Außerdem wird deutlich, welche gravierenden Unterschiede zwischen einzelnen Bundesländern, vor allem zwischen Sachsen und Mecklenburg-Vorpommern, bestehen. Sie machen den enormen Handlungsbedarf deutlich. Von diesen Kreditvolumina entfielen allein auf die Luftreinhaltung unmittelbar nach dem Inkrafttreten des Einigungsvertrages 1991 ca. 31 Prozent und 1992 ca. 17 Prozent. Der Anteil der ERP-Kredite für andere Förderbereiche (Abfall, Abwasser, Energiesparprogramm) stieg in diesem Zeitraum.

Tabelle 11: Inanspruchnahme von ERP-Umweltprogrammen nach Ländern (gefördertes Kreditvolumen in Mio. DM)[243]

	1991	**1992**
Berlin-O./Brandenbg.	61,6	159,9
Meck.-Vorpommern	32,5	65,9
Sachsen	128,0	267,6
Sachsen-Anhalt	86,4	111,6
Thüringen	106,1	130,6
Gesamt	414,6	735,6

Von 1991 bis 1995 wurden ca. 18,1 Mrd. DM zinsgünstige ERP- und DtA-Kredite für Umweltschutzinvestitionen der gewerblichen Wirtschaft in Deutschland bewilligt. Seit 1991 haben sich die bewilligten Kredite etwa vervierfacht![244]

---

243 Kreditanstalt für Wiederaufbau, Deutsche Ausgleichsbank; Institut für Wirtschaftsforschung Halle. (Die Analyse konnte wegen der nicht analogen Förderstatistik nicht nach 1992 fortgesetzt werden, da die Förderbereiche Luft und Abwasser ab 1993 von der DtA übernommen wurden.)

244 Persönliche Information von *W. Komar*, Institut für Wirtschaftsforschung Halle.

Bei der Interpretation der Daten ist zu beachten, daß vorrangig kleine und mittlere Unternehmen von diesen Programmen Gebrauch machen, aber Großunternehmen ebenfalls erhebliche Summen in Luftreinhaltemaßnahmen investieren. Hinzu kämen die Fördermittel des Bundesumweltministeriums und aus dem Programm "Aufschwung Ost". Zugleich ist nicht ermittelbar, welche Gesamtinvestitionen dabei durch dieses Kreditvolumen angestoßen wurden.

Bei Neu-Investitionen muß weiterhin berücksichtigt werden, daß sie ohnehin jetzt nach dem Stand der Technik erfolgen, ohne daß nachgeschaltete Entsorgungstechnik angebaut werden müßte. Auch das ist mit statistischen Erfassungsproblemen verbunden.

In den neuen Bundesländern liegt das bewilligte Kreditvolumen seit 1992 über dem westdeutschen Niveau, was auf die hohen Anpassungsinvestitionen im Gefolge der übernommenen anspruchsvollen Umweltgesetze zurückgeführt werden kann.

Für den **Energiebereich** sind insgesamt in Deutschland wachsende Beträge und Anteile zu verzeichnen (vgl. Tabelle 12). Das weist auf zunehmende Aktivitäten der Unternehmen in diesem Bereich hin. In Ostdeutschland überwiegen Energieeinsparung und rationelle Energieanwendung, während in den alten Bundesländern regenerative Energieanwendungen im Vordergrund stehen.

Tabelle 12: Kreditinanspruchnahme nach Bereichen und neuen bzw. alten Bundesländern (in Prozent)[245]

		1991	**1992**	**1993**	**1994**	**1995**	**∅**
Luftreinhaltung (= 100) darunter							
für Immissionsschutz und	NBL	(k.A.)	(k.A.)	69,4	48,0	90,2	70,9
für Immissionsvermeidung	ABL	(k.A.)	(k.A.)	41,7	55,9	74,8	58,7
Energiebereich (= 100) darunter							
erneuerbare Energien	NBL	7,8	14,3	20,1	12,4	13,7	14,2
	ABL	51,9	54,0	60,6	56,6	44,9	52,3
Energieeinsparung/rationelle	NBL	92,2	85,7	79,9	87,6	86,3	85,8
Energieanwendung	ABL	48,1	46,0	39,4	44,9	55,1	47,7

245 Institut für Wirtschaftsforschung Halle: Wirtschaft im Wandel. Heft 11. Halle 1996. S. 7. (NBL: Neue Bundesländer. ABL: Alte Bundesländer.)

Die Tabelle 12 zeigt, daß offenbar wegen der überhöhten Energieintensität der früheren DDR-Wirtschaft große Energieeinsparpotentiale unmittelbar nach 1990 erschlossen werden konnten.

Betrachtet man die Förderzwecke regenerativer Energien und Windkraft aus der Sicht der Umweltschutzgesetzgebung, so sind diese kaum reguliert, jedoch durch garantierte Vergütungspreise bei der Netzeinspeisung zusätzlich subventioniert. Aber die Nutzung energiesparender Fertigungsverfahren oder erneuerbarer Energien wird von den Unternehmen nicht gesetzlich gefordert.

Anders hingegen sieht es bei Heizungsmodernisierungen und Wärmedämmungen aus, wo die Kleinfeuerungsanlagen-Verordnung und die Heizungsanlagen-Verordnung seit Juni 1994 bzw. die neue Wärmeschutz-Verordnung seit Januar 1995 höhere Standards vorschreiben. Die Auswirkungen dieser Verordnungen auf die Entwicklung müssen längerfristig beobachtet werden. Außerdem werden gerade in diesen Bereichen auch landesspezifische Programme wirksam.

Von 1993 zu 1995 ist das beanspruchte Kreditvolumen (ERP, DtA) in Ostdeutschland um etwa 185 Prozent gewachsen (im Vergleich: Westdeutschland etwa 30 Prozent). Die Tabelle 13 zeigt diese Entwicklung.

Die jährlichen Anteile der für die Luftreinhaltung bewilligten Kredite nehmen in den neuen Ländern seit 1992 zu, in den alten seit 1993 ab.

Der Anteil der Kreditnachfrage für die Luftreinhaltung wurde in Westdeutschland durch die Großfeuerungsanlagen-Verordnung beeinflußt. Danach mußten Altanlagen ab April 1993 den hohen für Neuanlagen geltenden Auflagen entsprechen oder stillgelegt werden. Übergangsregelungen für Ostdeutschland verlangen für Altanlagen die Einhaltung der Altanlagen-Standards ab Juli 1996 und bei einem Weiterbetrieb die Erreichung der Neuanlagen-Standards bis spätestens April 2001. Für ostdeutsche Neuanlagen gelten die entsprechenden Vorschriften seit Juli 1990.[246] Trotzdem erteilen die Regierungspräsidien Ausnahmegenehmigungen, wie z. B. für das Kraftwerk *Lippendorf* südlich von *Leipzig*. Somit beeinflussen die gesetzlichen Auflagen auch den Investitions- und Kredit-Fördermittelbedarf.

Den inhaltlichen Schwerpunkt der Umweltschutzförderung der KfW bilden glücklicherweise Umweltschutztechnologien, da die Nachrüstung der technisch hoffnungslos veralteten Anlagen durch additive Techniken keine betriebswirtschaftlich vertretbare Variante darstellt.[247]

---

[246] Vgl. auch Kapital C. 2.

[247] Vgl. Gebauer, R. H.: Die Förderung von Umweltschutzinvestitionen gewerblicher Unternehmen in den östlichen Bundesländern 1991. In: Kreditanstalt für Wiederaufbau. Aktuelle volkswirtschaftliche Themen. Nr. 4. Frankfurt/Main 1992.

Tabelle 13: Inanspruchnahme von ERP- und DtA-Krediten im Bereich Luftreinhaltung[248]

		1991	1992	1993	1994	1995	1991 bis 1995
Kreditsumme Luftreinhaltung[a]	NBL	123	100	319	748	910	2.200
(Mio. DM)	ABL	217	115	339	539	441	1.652
Anteil am insgesamt bewilligten	NBL	25,0	12,8	17,1	25,4	30,9	25,5[b]
ERP- und DtA-Kreditvolumen (v.H.)	ABL	23.3	14,8	20,6	18,4	15,7	17,9[b]
Förderzwecke[c]	Kreditsumme Luftreinhaltung NBL bzw. ABL = 100						
darunter							
- Anlagen des Immissions-	NBL	X	X	69,4	48,1	90,2	70,9
schutzes bzw. der Immissionsvermeidung	ABL	X	X	41,7	55,9	74,8	58,7
- Abluftreinigung	NBL	X	X	7,5	7,3	4,2	5,9
	ABL	X	X	15,7	15,7	9,5	13,6
- Verminderung von Lärm,	NBL	X	X	8,1	6,1	5,2	6,0
Geruch und Erschütterungen	ABL	X	X	10,8	8,6	9,6	8,6
Nachfrage	Kreditsumme Luftreinhaltung NBL bzw. ABL = 100						
für umweltschutzgesetzlich	NBL	X	X	85,0	61,5	98,0	82,8
weitgehend regulierte Zwecke	ABL	X	X	68,1	80,3	91,5	80,9

[a] Für 1991 und 1992 nur ERP-Kredite. - [b] Für den zeitraum 1993 bis 1995. - [c] Die Aufgliederung nach Förderzwecken war statistisch erst ab 1993 realisierbar. Der durchschnittliche Anteil bezieht sich auf die Jahre 1993 bis 1995. Zahlen: DtA, Kfw.Berechnungen: IWH.

Über **kommunale Umweltschutzinvestitionen** in Ostdeutschland liegen nur lückenhafte statistische Daten vor. Hier greifen mehrere Programme ineinander. Das Kommunalkreditprogramm mit Zinsverbilligung ist eine umweltrelevante Investitionsfördermaßnahme des Bundes, die im Oktober 1990 ausschließlich für ostdeutsche Kommunen wirksam und Mitte 1993 abgeschlossen wurde. Der Förderbereich Luftreinhaltung wurde durch die KfW abgewickelt. Auch andere Förderbereiche dürften mit positiven Umwelteffekten verbunden gewesen sein (Gebäude, Infrastruktur, Stadt- und Dorferneuerung, Energieeinsparung etc.). Über 417 Mio. DM wurden an Krediten im Bereich der Luftreinhaltung (= 2,4 Prozent) und 1.145 Mio. DM im Bereich der Energieeinsparung (= 6,6 Prozent) aus diesem Programm zugesagt. Die regionale Vertei-

[248] Entnommen aus: Komar, W.: Förderkreditnachfrage für Umweltschutzinvestitionen. Institut für Wirtschaftsforschung Halle. Forschungsreihe. Halle 1997. Heft 1. (Vorabinformation persönlich von W. Komar.)

lung der Bewilligungen zeigt, daß Sachsen weniger Kredite erhielt. Bei Mecklenburg-Vorpommern entspricht der Kredit-Anteil etwa dem Bevölkerungsanteil. Aber die Kommunen in Sachsen erhielten im Durchschnitt pro Projekt höhere Kreditbeträge als in den übrigen neuen Ländern, wobei jedoch Abwasseranlagen besonders zu Buche schlagen.[249]

Alle neuen **Länder** haben **Förderprogramme** aufgelegt, um den regionalen Aspekten des Umweltschutzes, meistens mit Zuschüssen zwischen 30 und 90 Prozent der Investitionssumme, entsprechen zu können. Von 1991 bis 1993 wurden insgesamt rund 4,8 Mrd. DM vergeben (vgl. Tabelle 14).

Tabelle 14: Fördermittelentwicklung der neuen Länder für den Umweltschutz 1991 - 1993 (in Mrd. DM)

	1991	1992	1993	1991 - 93
NBL (ohne Berlin)	1,115	1,819	1,864	4,798

Zum Teil sind hierbei wieder Bundesmittel über die Landeshaushalte geflossen. Dennoch trugen diese Programme häufig zu Sofortmaßnahmen bei oder wurden für lokale Schwerpunkte verwendet. Wasserver- und -entsorgung sind mit einem Anteil von 75 Prozent überproportional beteiligt.[250]

Neben den oben dargestellten Instrumenten betrachten wir hier außerdem das wichtige Instrument der regionalen Wirtschaftsförderung, die **Gemeinschaftsaufgabe „Verbesserung der regionalen Wirtschaftsstruktur" (GA).** Sie wirkt zum Ausgleich von Standortnachteilen ökologisch weitgehend undifferenziert.[251] Ebenso werden räumliche Prioritäten durch das jeweilige Land nur ansatzweise gesetzt. Eine stärkere Differenzierung in der Förderung zugunsten einer Förderpräferenz für die Aufbereitung industrieller Altstandorte und zu Lasten von Objekten auf der grünen Wiese ist für erforderlich zu halten.

Rund ein Drittel der für die neuen Länder bereitgestellten Mittel aus der Gemeinschaftsaufgabe entfielen auf den Ausbau der wirtschaftsnahen Infrastruk-

---

[249] Vgl. Umweltschutzinvestitionen ostdeutscher Kommunen. Institut für Wirtschaftsforschung. Halle 1994. Forschungsreihe Nr. 7. S. 39.

[250] Vgl. ebenda. S. 42/43.

[251] Diese Erkenntnis ist nicht neu. Vgl. Beckenbach, F.: Die regionale Wirtschaftsförderung - Bestandsaufnahme und Alternativen. Eine Untersuchung am Beispiel Niedersachsens. In: Institut für Ökologische Wirtschaftsforschung. Informationsdienst. Nr. 10. Berlin 1988. Vgl. weiterhin: Lüdigk, R./Petschow, U.: Chancen und Risiken ökologischer Wirtschaftspolitik in Sachsen-Anhalt. Studie im Auftrag der Friedrich-Ebert-Stiftung. Berlin und Halle, im Oktober 1993.

tur. Auch Umweltschutzinvestitionen sind hierin eingeschlossen, sofern sie zur Gewerbeansiedlung erforderlich waren (meist Wasser/Abwasser und Abfallbeseitigung). Allerdings wurden im Durchschnitt nur 6 Prozent der Mittel umweltbezogen eingesetzt. Erst 1993 erreichten die Maßnahmen zum Ausbau der wirtschaftsnahen Umweltschutzinfrastruktur einen höheren Anteil (11,2 Prozent). Mit rund 400 Mio. DM bewilligte Mittel ist Sachsen (1991 bis 1993) am stärksten in dieser Form der Förderung der Länder vertreten. Mecklenburg-Vorpommern und die anderen neuen Länder liegen jeweils bei rund 60 Mio. DM, wobei die auf diese Weise geförderten Investitionen ca. 1,1 Mrd. DM betragen.[252]

Kritisch dürfte anzumerken sein, daß kapitalintensive Großprojekte, z. B. des Handels, in den Genuß der Förderung gelangten (Verkehr). Eine stärkere Ausrichtung auf kleine und mittlere Unternehmen wäre eine sinnvolle Alternative.

Eine stärkere sektorale Differenzierung der GA würde dieses Instrument überfordern. Eine solche sektorale Ausdifferenzierung kann möglicherweise über einen Umweltfonds erfolgen, der eine Reihe bereits existierender Förderungen verschiedener Ressorts bündelt und in den zusätzliche Mittel eingestellt werden. Hier wäre auch zu prüfen, in welchem Umfang Mittel aus dem EFRE-Fonds der EG oder dem Thermie-Programm eingespeist werden können. Für die Verwaltung dieses Fonds ist die Bildung einer Entwicklungsgesellschaft oder die Erweiterung der Kompetenz der bestehenden (Umwelt-) Einrichtungen denkbar.

Eine Präferierung emissions- und abfallvermeidender Technologien erscheint unter dem Aspekt des vorsorgenden Umweltschutzes ebenfalls sinnvoll.

Alles in allem steht ein breites umweltpolitisches **Maßnahmen-Bündel** zur Verfügung. Es umfaßt:

- Sofortprogramme
- Aufbauhilfen für Verwaltung und Beratung
- Förderung von Forschung und Entwicklung
- übergreifende regionale Sanierungskonzepte
- Finanzierungshilfen
- Arbeitsförderungsmaßnahmen

usw.

---

[252] Vgl. Abschlußbericht zum Forschungsvorhaben „Schwerpunktmäßige Dokumentation der ökologischen Aufbaupolitik in den neuen Ländern". Deutsches Institut für Wirtschaftsforschung und Institut für Wirtschaftsforschung Halle. Berlin/Halle 1994. S. 59.

Nicht alle konnten hier betrachtet werden, doch soll auf einige Probleme der Kontrolle und Institutionalisierung noch eingegangen werden.

Fazit: Die Zahlen belegen insgesamt, daß für die Verbesserung der natürlichen Lebensgrundlagen enorme Mittel bereitgestellt und eingesetzt wurden. So wurde es möglich, zur Beseitigung erheblicher Umweltschäden und zur Deckung des immensen Nachholebedarfs bei der Umweltschutzinfrastruktur und zur Schaffung eines modernen Kapitalstocks beizutragen.[253] Durch Umweltschutz-Sofortprogramme, regionale Entwicklungskonzeptionen und Länderprogramme wurden regionale Schwerpunkte und Differenzierungen berücksichtigt. Flankiert wurden diese Maßnahmen durch die zeitlichen Anpassungsvorschriften der Umweltgesetzgebung, die jedoch für alle neuen Bundesländer gleichermaßen gelten.

3.4. Kontrolle und Institutionalisierung

Der rechtliche Rahmen für die Umweltpolitik war schneller vorgegeben, als deren Vollzug in den neuen Bundesländern abgesichert werden konnte. Landesimmissionsrechtliche Regelungen benötigten eine langwierige Vorarbeit. Verwaltungen wurden reorganisiert. Schnell ging es hingegen in Sachsen mit der Smog-Verordnung, die schon am 5. Dezember 1991 mit Gültigkeit für zehn Smoggebiete erlassen wurde. Nach Novellierung am 26. Januar 1993 waren 13 Smoggebiete festgelegt.

Die Umstellung des Überwachungsregimes zur Luftreinhaltung war mit gravierenden Reibungsverlusten verbunden.[254] Die Verantwortlichkeiten der Bezirkshygiene-Institute und der Staatlichen Umweltinspektionen wurden schrittweise überführt in die Hände der entsprechenden Landesämter für Umwelt. Politische Leitung und Verwaltungsvollzug sind in der Luftreinhaltung heute getrennt.

Ein Netz automatischer Überwachungsstellen wurde installiert. Es werden Pegelmessungen und in ausgewählten Gebieten (Smoggefahr in Städten) flächenhafte Rastermessungen durchgeführt. Sie dienen vor allem der Beobach-

---

[253] Über die Wirksamkeit der eingesetzten Instrumente, die ökonomischen Resultate und die ökologische Reichweite informiert ausführlich der 5. Abschnitt.

[254] Auf Anfrage des Verfassers im Juli 1991 wurde beispielsweise vom Regierungspräsidium *Leipzig*, Abt. Umwelt und Regionalentwicklung, mitgeteilt, daß ein Emissionsbericht der ehemaligen Staatlichen Umweltinspektion der DDR für den Bezirk *Leipzig* für die Jahre 1989 und 1990 nicht vorliegt. (Brief des Abteilungsleiters vom 8. Juli 1991.)

tung/Nachweisführung (§ 44 BImSchG) und bilden die Grundlage für die Smogüberwachung.

Im Bereich des sächsischen Landesamtes *für Umwelt und Geologie* (LfUG) sind die Meßstellen hauptsächlich von den ehemaligen Bezirkshygiene-Instituten bzw. ehemaligen meteorologischen Meßstationen (Observatorium *Wahnsdorf*) übernommen worden. Die Meßnetzknoten, z. B. in *Leipzig* und *Chemnitz*, sind mit der Meßnetzzentrale in *Radebeul-Wahnsdorf* verbunden. Meßtechnik und Datenübertragung und -verarbeitung wurden inzwischen gegenüber 1989 verbessert. Trotzdem schätzte das Sächsische Staatsministerium für Umwelt und Landesentwicklung in seinem Umweltbericht 1994 für den Regierungsbezirk *Leipzig* ein: Die industriellen Emissionen wurden deutlich reduziert.

> „Quantitative Aussagen zur Verbesserung der Luftqualität in dieser Region sind noch nicht ableitbar.“[255]

Dabei gehört sie zu den Smog-Gebieten nach Smogverordnung. Auch das Meßnetz zur Luftüberwachung lag im sächsischen Umweltbericht 1994 erst als „Konzeption“[256] vor, d. h. es war noch im Aufbau.

Auch in Mecklenburg-Vorpommern *(Neubrandenburg)* war der institutionelle Umstellungsprozeß im Umweltschutz mit erheblichen Reibungsverlusten verbunden. Das neue automatische Vielkomponenten-Luftmeßnetz wurde erst ab Januar 1994 vollständig wirksam.[257] Wegen der relativ guten Luftqualität im Norden gegenüber dem Südteil der DDR waren hier automatische Meß-und Überwachungssysteme vor 1989 nicht betrieben worden. Das neue Meßsystem im am dünnsten besiedelten Bundesland basiert hauptsächlich auf Meßstationen, die an innerstädtischen Immissionsschwerpunkten aufgestellt wurden, um etwaige hoch belastete Bereiche (Hauptproblem Kfz-Verkehr) zu erfassen. Die Grenzwerte werden bei weitem nicht erreicht. Als Schwerpunkt kristallisiert sich jedoch der Schadstoff Ozon heraus. Beim Aufbau des Meßsystems leisteten die Umweltbehörden des Landes Schleswig-Holstein Hilfe.

Seit Mitte der 70er Jahre erstellten die drei Hygiene-Institute *Neustrelitz* (für *Neubrandenburg*), *Rostock* und *Schwerin* für ihren jeweiligen Zuständigkeitsbereich entsprechende Berichte zur Luftbelastungssituation.[258] Allerdings erfolgten nur Stichprobenmessungen, wenngleich regelmäßig und nach Raster-

---

[255] Sächsisches Staatsministerium für Umwelt und Landesentwicklung: Umweltbericht 1994. Dresden 1994. S. 232.

[256] Ebenda. S. 234/235.

[257] Vgl. Der Umweltminister des Landes Mecklenburg-Vorpommern (Hrsg.): Luftgütebericht 1992 und 1993 für Mecklenburg-Vorpommern. Schwerin. Juni 1994. S. 5.

[258] Die Überwachung erfolgte auf der Grundlage der 5. Durchführungsverordnung zum Landeskulturgesetz der DDR.

prinzip. Die Verfahren waren sehr arbeitsintensiv (mechanische Probennahmen, Labor). Erst in der 2. Hälfte der 80er Jahre wurden auch kontinuierlich arbeitende SO_2-Meßgeräte eingesetzt. Die laufenden Immissionsmessungen wurden mit der Übertragung anderer Aufgaben in den BHI Ende 1990 abgebrochen. So entstand eine größere Datenlücke. Außerdem änderten sich Meßverfahren (z. B. Summenprinzip bei NO_x). Manche Aussagen der nachfolgenden Umweltberichte lassen sich daher nicht ausreichend bewerten. Im Luftgütebericht heißt es deshalb z. B.:

> „Ob dies (gemeint ist der geringe Schwebstaubgehalt 1992 und 1993 - U.T.) durch den milden Winter hervorgerufen wurde oder die bereits fortgeschrittene Umstellung der Heizanlagen ... widerspiegelt, läßt sich ... noch nicht sicher belegen."[259]

Bei Aufrechterhaltung oder gar Verschärfung der Befugnisse der ehemaligen Umweltbehörden wären die einschränkenden Aussagen der Umweltberichte aus Sachsen und Mecklenburg-Vorpommern so nicht erforderlich gewesen. Um einen Vergleich der Meßergebnisse aus den einzelnen Bundesländern zu ermöglichen, ist aber positiv zu vermerken, daß nunmehr nach bundeseinheitlichen Richtlinien und Verfahren vorgegangen wird. Das trifft insbesondere auf die Grenzwerte nach TA Luft zu, z. B. die Immissionswerte IW 1 (Langzeitwert für verschiedene Schadstoffkomponenten) und IW 2 (Kurzzeitwert).

Darüber hinaus haben eine Reihe von nichtstaatlichen Organisationen Leitwerte und Richtlinien vorgelegt, die jetzt offen zugänglich und diskutabel sind.

3.5. Zusammenfassung

Aus der Analyse der regionalen Besonderheiten in Ostdeutschland lassen sich folgende komparativen Vor- bzw. Nachteile für die ökologische Situation in beiden - bewußt ausgewählten - gegensätzlichen Beispielregionen zusammenfassen:

Vorteile für *Neubrandenburg:*

Erstens: Die Intensität und Struktur der Emissionsseite wird von der Siedlungsstruktur und -dichte, dem niedrigen Industrialisierungsgrad und seiner -struktur (emissionsarme Industrien), dem relativ modernen Kapitalstock, der modernen Wohnsiedlungsversorgung mit Wärme und Energie, dem Vorhan-

---

[259] Der Umweltminister des Landes Mecklenburg-Vorpommern (Hrsg.): Luftgütebericht 1992 und 1993. Schwerin. Juni 1994. S. 27.

densein und der Nutzung alternativer, regenerierbarer Energiequellen (Erdwärme, Wind, Sonne) äußerst günstig beeinflußt.

Zweitens: Die Faktoren der Immissionsseite sind günstig: Geringe Schadstoffkonzentrationen, kaum Inversionswetterlagen, kaum Talkessel, geringer Einfluß von inneren und äußeren (Ferntransporte) Emissionen, positive räumliche Gegebenheiten mit relativer Aufnahmefähigkeit durch größere unbebaute Landschafts- und Waldgebiete und dünne Besiedlung.

Drittens: Die ökologische Vorbelastung ist geringer als im Durchschnitt aller Regionen. Sie ist allerdings auch besonders schützenswert, weil traditionell als Erholungsgebiet bekannt und wirtschaftlich nutzbar.

Dem stehen komparative Nachteile für *Leipzig* gegenüber:

Erstens: Sehr hohe Siedlungs- und Industriedichte, umfangreiche naturverbrauchte Fläche, ungünstige überkommene Wirtschaftsstruktur mit hohem Industrialisierungsgrad bei gleichzeitig emissionsintensiven Grundstoff- und Verarbeitungsindustrien und Ballung von veralteten Produktionstechnologien und verschlissenem Kapitalstock. Außer Wind und Sonne kaum besonders erwähnenswerte alternative Energiequellen.

Zweitens: Hohes Aufkommen an Immissionen durch Ferntransporte angrenzender ähnlicher Regionen bei z. T. negativer naturräumlicher Ausstattung (vorhandene Talkessel mit schlechter Durchlüftung, wenig Waldflächen).

Drittens: Gravierende mehrmediale ökologische Vorbelastungen. Überdurchschnittliche Naturinanspruchnahme, die dringend umweltschützende Politikmaßnahmen erfordert.

Auf der anderen Seite gelten die umweltpolitischen gesetzlichen Bestimmungen unterschiedslos. Die Fördermittel-Inanspruchnahme liegt in Sachsen strukturell bedingt um ein Vielfaches höher als in Mecklenburg-Vorpommern.

Neben dieser Regionalanalyse hat die Betrachtung der Ost-West-Unterschiede beim Stand der Maßnahmen zur Emissionsverringerung und speziell zum Kreditvolumen gezeigt, daß für unterschiedliche Ausgangssituationen differenzierte Schritte erforderlich sind. Die Umweltgesetzgebung und die Effizienzbestrebungen von Unternehmen und Haushalten rufen umweltpolitisch gewünschte Aktivitäten hervor.

Auch im Zusammenhang mit dem umweltpolitischen Verwaltungsvollzug (Kontrolle und Institutionalisierung) zeigt sich, daß nach der Überwindung der Anpassungskrise und den Erfolgen der ökologischen Aufbaupolitik weiterhin dringende Aufgaben zu lösen sind, die insbesondere mit der **ökonomischen**

Aufbaupolitik verbunden sind. Dabei erweist sich der Umweltschutz auch als Standortfaktor mit Querschnittscharakter (Wohnwert, Image, Innovationen, Know-how, Kostenvor- und -nachteile) und bestimmt wesentlich die Attraktivität für Investoren und qualifizierte Arbeitskräfte. In die Bewertung der ökologischen Aktivitäten in Ostdeutschland sollte deshalb nicht nur einbezogen werden, in welchem Umfang sie die Umweltsituation verbessert haben. Vielmehr sind sie auch danach zu beurteilen, wie gut die Integration umwelt- und wirtschaftspolitischer Zielstellungen gelungen ist und die Regionen insgesamt gestärkt werden konnten. Eine regionale Differenzierung erscheint äußerst sinnvoll, wie die Betrachtung der Unterschiede zwischen *Neubrandenburg* und *Leipzig* gezeigt hat. Unterschiedliche Regionaltypen bedürfen adäquater umweltpolitischer Einflußmöglichkeiten und -regularien.

4. Die Modellkommune Lützschena-Stahmeln

4.1. Kommunale umweltrelevante Eckziffern und Analyse

Seit 1990 werden auch die Kommunen in den neuen Bundesländern von einem tiefgreifenden infrastrukturellen Wandlungsprozeß erfaßt, bei dem die Weichen für das zukünftige regionale Wirtschaftsleben gestellt werden. Viele Indizien sprechen dafür, daß sich Rohstoffe und Energieträger unabwendbar verknappen. Die global erschließbaren Reserven an Erdöl werden voraussichtlich zu Lebzeiten der heutigen Jugendlichen zur Neige gehen. Dessen ungeachtet steigt der weltweite Energieverbrauch und demzufolge die Konzentration biosphärischer Schadstoffe kontinuierlich an. Die daraus resultierenden lokalen und regionalen Umweltbelastungen und globalen Klimaverschiebungen haben vielfältige negative Folgewirkungen.

Während die kommunalen Instanzen nicht die Befugnisse besitzen, um solche Entwicklungen selbständig zu verhindern, besteht gleichwohl außerhalb des unmittelbaren Wohn- und Arbeitsumfeldes der Menschen keine Aussicht auf dauerhafte Problemlösung. Obwohl einzelne Gemeinden selten einen meßbaren Anteil an globalen Trendentwicklungen vorweisen können (einige Orte haben aber besonders schlechte Schlagzeilen gemacht: *Bophal, Seveso*, ...), verfolgen sie ausnahmslos ein Selbstinteresse an der Gewährleistung von Arbeits- und Lebensrechten für ihre Bürger. Diese grundlegende Aussage gilt als um so besser abgesichert, je konsequenter die gegebenen biologischen Existenzbedingungen beachtet werden.[260]

Eine Bestandsaufnahme regionaler Energieversorgungsstrukturen macht deutlich, daß bereits erfolgte Gründungen von Stadtwerken in den großen Städten

[260] Die Festigung dieser Erkenntnis ist ein zentrales Anliegen der vorliegenden Schrift.

mit weit gediehenen Strategien für die Wärmeversorgung und für die wärmetechnische Sanierung von Altbauten verbunden ist. Etwaige Umweltschutz- und Energiespar-Untersuchungen lediglich in übriggebliebenen städtischen Bereichen empfehlen sich auf Grund der zu erwartenden begrenzten Übertragbarkeit nicht. Für kleinere Gemeinden hingegen besteht ein erkennbarer Bedarf an Orientierung und Beratung. Außerdem lassen sich in kleinen Räumen leichter Erhebungen durchführen. Aus diesen Gründen wurde für die vorliegende exemplarische Untersuchung die Gemeinde *04469 Lützschena-Stahmeln* am Rande von *Leipzig* als Modellkommune bzw. lokales Implementationssystem ausgewählt.

Die Ausgangslage in der Modellkommune:

Die Gemeinde liegt an der wichtigen Verbindungsstraße B 6 zwischen *Halle* und *Leipzig*, im Spannungsfeld der Wachstumsregion mit dem hier vorhandenen Landschaftsschutzgebiet *Auewald* sowie in unmittelbarer Randlage zum Flughafen *Leipzig-Halle*.

Im Verlaufe der Untersuchung der Gebäudestruktur mußte allerdings 1993/94 festgestellt werden, daß in vielen Haushalten eine Heizungsmodernisierung bereits durchgeführt oder mit einem Fachbetrieb vereinbart worden war. An zahlreichen Standorten ließen abgeschlossene Gebäuderenovierungen eine energetische Optimierung ebenfalls nicht mehr zu.

Aus der Siedlungs- und Gewerbestruktur geht hervor, daß die Gemeinde als Wohnort mit verhältnismäßig geringer Gewerbeaktivität besteht:

Bevölkerungszahl: 2865
davon 619 Einwohner in kommunalen Wohnungsbauten.

Gewerbe:
114 Unternehmen
davon 10 im Bereich des produzierenden Gewerbes,
ausschließlich Kleingewerbe, mit Ausnahme einer Großdruckerei

Kommunale Einrichtungen:
2 Grundschulen
1 Mittelschule
1 Kindertagesstätte
1 Rathaus
1 Verwaltungsgebäude
1 Bürgerhaus
2 Feuerwehrgebäude
1 Bauhof

Die spezifischen Eingriffsmöglichkeiten auf das Energienutzungsverhalten im Gewerbebereich sind über den Wärmeverbrauch hinaus begrenzt, da der geringe Anteil von Produktfertigungsaktivitäten entsprechend wenig Potential für effektive Herstellungsabläufe bietet. Der überragende Stellenwert des Kleingewerbes zeigt, daß nur relativ wenige Einwohner auch im Ort beschäftigt sind.

Einschränkungen sind auch hinsichtlich der verkehrspolitischen Entscheidungsmöglichkeiten zu machen.

Folglich konzentriert sich die Untersuchung auf die Heizungsumstellungen und Modernisierungen von privaten Haushalten als Beiträge zur Luftverbesserung und zum Klimaschutz (insbesondere zur CO_2-Minderung). Die strategische örtliche Umstellung auf Erdgas korrespondiert mit den individuellen Energie-Maßnahmen.

Eine vor-Ort-Befragung durch den *Europäischen Energie- und Umweltpark der Region Leipzig GmbH* zeigte,[261] daß nur ca. 15 Prozent der angesprochenen Einwohner an einer Beratung und an Energie-Maßnahmen interessiert waren. Besonders überraschend ist das festgestellte Desinteresse an Sammelbestellungen für moderne Energie-Haustechniken, obwohl dadurch Kostenreduzierungen zu erwarten gewesen wären. Ein verstärktes Interesse kristallisierte sich aber bezüglich der *Solartechnik* heraus, weil es in der Gemeinde bereits seit 1992 einen privaten Betreiber einer solchen Anlage gibt, der auch persönliche Beratung anbot.

Somit können für die Luftentlastung durch Heizungsumstellung zwar keine allgemeingültigen Aussagen getroffen werden, aber zu entsprechenden Effekten im Zusammenhang mit der Solartechnik.

4.2. Untersuchungsteilergebnisse

In der Gemeinde *Lützschena-Stahmeln* wurden 1994 ca. 90 Einwohner mit Warmwasser aus 15 Solarkollektoren, im Durchschnitt 6 pro Anlage, versorgt. Damit verfügen jedoch erst 3 Prozent der Einwohner dieser Gemeinde über eine Solarkollektoranlage. Rechnet man diesen Anteil von 3 Prozent hoch, so ergäbe sich für *Leipzig*, daß 15.000 Einwohner, und für Sachsen, daß 137.000 Einwohner bereits Nutzer einer Solarkollektoranlage sein würden. Gäbe es

---

[261] Europäischer Energie- und Umweltpark der Region Leipzig GmbH: Der Klimaschutz als Leitlinie kommunaler Gestaltung am Beispiel der Gemeinde Lützschena bei Leipzig. Projektdokumentation. Leipzig, Juni 1994. S. 8. Der Verfasser hat an diesem Projekt als Ökonom mitgewirkt.

weiterhin prozentual in Sachsen so viele Solaranlagen wie in *Lützschena,* so wären das immerhin 23.000 Solarkollektoranlagen.[262]

Nach Angaben von Herstellern sind mit der Fertigung und Montage der 15 Solarkollektoren in *Lützschena* insgesamt 6 Mann-Monate an Beschäftigungswirkung verbunden, d. h. bei 30 solcher Anlagen ein neuer ganzjähriger Arbeitsplatz. Mit 6 Benutzern pro Anlage könnten also bei einem zusätzlichen Ausstattungsgrad von jeweils 3 Prozent im Jahr 83 Dauerarbeitsplätze in *Leipzig* und 761 Dauerarbeitsplätze in Sachsen geschaffen werden.

Die Förderpraxis (1994) des Freistaates Sachsen mit maximal 4.000,00 DM subventioniert 20 Prozent der Anschaffungskosten zuzüglich Verwaltungsaufwand der Behörden. Eine Förderung von 23.000 Solarkollektoren auf diese Weise würde eine jährliche Haushaltsbelastung von 92 Millionen Mark zuzüglich Verwaltungsaufwand bedeuten. Alle gegenwärtigen Förderprogramme (1994, Bund, Freistaat, Stadt *Leipzig*) liegen in der Summe bei weniger als 5 Prozent des erforderlichen Förderniveaus.

Fazit: Die bisherige Förderpraxis deckt nur einen geringen Anteil des solaren Nutzungspotentials ab. Aus diesem Grund sind die jährlich verfügbaren Fördermittel erfahrungsgemäß (wie bei anderen Energieeinsparmaßnahmen) immer schon nach kurzer Zeit ausgeschöpft.[263] Subventionen stimulieren die privaten Haushalte also unzureichend.

Eine jährliche Subventionierung jedes Arbeitsplatzes mit 4.000,00 DM beliefe sich hingegen auf eine Gesamtaufwendung von ca. 3 Millionen Mark bei 761 Dauerarbeitsplätzen. Nach diesem Konzept wären alle Hersteller und Distributoren förderungswürdig, die nachweislich ihre Endabnehmerpreise um 20 Prozent senkten und damit das Ziel des jetzigen Förderprogramms bei gleichzeitig verringertem Verwaltungsaufwand erreichen.

Die erforderlichen Kostensenkungen können bei erhöhten Stückzahlen aus vielen unterschiedlichen Beiträgen zusammengesetzt werden, wie z. B.

---

[262] Der Absatz von Solarkollektoren steigt ständig. 1990 waren in Deutschland 380.000 m^2 Kollektorfläche und 1995 schon 1.430.000 m^2 installiert, was einer jährlichen CO2-Minderung 1990 von 65.000 t und 1995 von 250.000 t entspricht. Nach Schätzungen des Deutschen Fachverbandes Solarenergie (DFS) wächst der Markt jährlich um ca. 20 Prozent. (Quelle: DFS/Viessmann).

[263] Das Programm des Bundes für 1994, das Solaranlagen zur Wassererwärmung fördert, fand nach Auskunft des Deutschen Fachverbandes Solarenergie *(Freiburg)* eine so große Resonanz, daß nach nur drei Monaten schon mehr Anträge beim Bundesamt für Wirtschaft *Eschborn* vorlagen, als bewilligt werden können.

- Senkung von Materialkosten durch Großeinkäufe,
- Rationalisierung durch halbautomatische Fertigung,
- Minimierung des Energieberatungsaufwandes,
- günstigere Transportkosten durch erhöhte Liefervolumina,
- Maßnahmen zur Arbeitsplatzsicherung im Installationsbereich nach Beendigung der gegenwärtigen großflächigen Umstellung auf Erdgas.

Kundenseitig würde sich die Akzeptanz zur Errichtung einer Sonnenkollektoranlage erhöhen, wenn berücksichtigt wird, daß 770 Dauerarbeitsplätze in Sachsen entstehen, daß die Kosten für den einzelnen sich um 20 Prozent reduzieren und daß die Energiepreise in Zukunft sowieso steigen werden.

Nach erfolgter Markteinführung kann auf die Fördermaßnahme gänzlich verzichtet werden, denn die Absicht der Förderung wäre erfüllt: die Initialzündung für anhaltende Verbesserungen im Interesse umweltschonender Energieerzeugung wäre gegeben.

Betrachtet man neben diesen individuellen Energiemodernisierungsmaßnahmen auch die Errichtung von zentralen Wärmeversorgungsanlagen, so lassen sich auch hier Konzentrationseffekte ausnutzen: Einsparungen von Baumaterialien und -kapazitäten, Ausrüstungen, Arbeitskräften, Fläche und Instandhaltungsaufwand. Allerdings erhöht sich die Koordinierungsfunktion der Gemeinde z. B. durch planerische Maßnahmen und die Bildung von Investitionskonsortien. Die Lenkungsfunktion umweltpolitischer Instrumente ist davon unmittelbar berührt. Das trifft auch auf den Vorsorgecharakter dieser Maßnahmen zu.

4.3. Beurteilungsvorschlag für eine potentialorientierte Typisierung

Das Beispiel zeigt, daß infrastrukturelle Aufgaben von Kommunen, wie z. B. zur Schaffung von Wärmeversorgungsanlagen, aber auch die Subventionierung von individuellen Maßnahmen der privaten Haushalte zur Heizträgerumstellung o. ä., dazu beitragen können, die Energieerzeugungsstruktur und den Energieverbrauch umweltfreundlicher zu gestalten. Das allerdings hängt entscheidend vom Ausgangsniveau in den jeweiligen Kommunen ab. Deshalb ist es sinnvoll, diesbezügliche Potentiale zu erfassen, um die betreffenden Kommunen z. B. zu typisieren in solche,

- mit hohem Energiemodernisierungsbedarf,
- mit mittlerem Energiemodernisierungsbedarf und
- mit geringem Energiemodernisierungsbedarf.

Auf der Grundlage einer solchen Typisierung, die den Ausgangsbestand an Gebäudeheizsystemen (Umwelt-Entlastungspotential) widerspiegelt und umweltrelevante Rahmenbedingungen berücksichtigt, könnten Fördermaßnahmen differenziert ansetzen. Hohe Förderung bei hohem Bedarf und akuter Belastung, niedrige oder keine Förderung bei geringem Bedarf und unbedeutender Belastungssituation (wie z. B. in *Neubrandenburg*). Die Zusammenfassung der Anzahl der Kommunen eines bestimmten Typs und des damit verbundenen zu erwartenden Entlastungspotentials und Subventionsbedarfs in einer Region würde es gestatten, gewissermaßen in einem zweiten Schritt die Regionen zu typisieren.

Eine regionalisierte Umweltpolitik, die emissionsseitig an den Quellen des Schadstoffaufkommens ansetzt, könnte somit regional differenziert operieren. Raumplanerische Aspekte ließen sich mit umweltinstrumentellen Umsetzungen kombinieren, ohne prinzipiell einheitliche Standards in Frage zu stellen.

5. Die Wirksamkeit der eingesetzten Instrumente

5.1. Ökonomische Resultate und ökologische Reichweite

Da sich Umweltbelastungen nicht durch einen Gesamtindikator beschreiben lassen, und auch für die Umweltpolitik Zwischenzielgrößen erforderlich sind, kommt es auf die Verbundbetrachtung einzelner Indikatoren und Meßgrößen an. Denn selbst einzelne Schadstoffemissionszahlen geben beispielsweise für sich betrachtet auch nur unzureichende Auskunft darüber, ob die natürliche Umwelt stärker oder schwächer belastet worden ist. Emissionsreduktionen in der Luft- oder Gewässereinhaltung führen möglicherweise über die Deponierung von ausgefilterten Schadstoffen zu höherem Abfallaufkommen. Deshalb sollten wenigstens mehrere Luftschadstoffe betrachtet werden, um eingrenzend auf die Luftreinhaltung die Veränderungen und Wirkungen der luftreinhaltepolitischen Instrumente zu belegen.

Der Rückgang der Luftbelastung seit 1989 ist deutlich spürbar (vgl. Tabelle 15). Besonders Schwefel- und Staubbelastungen, die überwiegend der Industrie und der Energiewirtschaft zuzuschreiben waren, gingen zurück. Produktionsrückgänge von über 50 Prozent, komplette Betriebsstillegungen und der Einsatz von Umweltschutztechnik sowie anderen Energieträgern trugen allein von 1990 bis 1992 dazu bei, daß die Emissionen um ca. 50 Prozent sanken.

(„Emissionssenkungspotential des ersten Zugriffs.“) Über 70 Prozent sank der Verbrauch von Braunkohle. Verkehrsbedingte Schadstoffemissionen erhöhten sich jedoch.

Tabelle 15: Emission von Luftschadstoffen in Ostdeutschland 1989 - 1992[264]

Schadstoff	1989	1990	1991	1992	Veränderung 1992 zu 1989 um (%)
CO_2 (Mt)	340	304	221	181	-47
NO_x (kt)	650	590	490	521	-20
SO_2 (kt)	5.300	4.800	3.350	2.823	-47
Staub (kt)	2.250	1.950	1.350	1.117	-50
Für 1992 nach Berechnungen des IWH (1994). Quelle: UBA (1994)					

Leider liegen infolge der territorialen Umstrukturierung nach 1990 keine vergleichbaren gesonderten Zahlenangaben für unsere zuvor betrachteten RIS *Leipzig* und *Neubrandenburg* vor, so daß hier wieder auf die Gesamtsituation der neuen Bundesländer zurückgegriffen werden muß. Erste Umweltberichte der wiedergegründeten Länder, so z. B. von *Mecklenburg-Vorpommern* und *Sachsen*, verwendeten in den Jahren 1992 und 1993 die Zahlen der offengelegten Luftbelastungsstatistik der DDR, an deren methodischer Erfassung durch die Staatlichen Umweltinspektionen bei den Räten der Bezirke und durch die Bezirkshygiene-Institute kein Zweifel bestand. Doch auch diese Zahlenreihen wurden wegen territorialer Neugliederung und Verwaltungsumstrukturierung nicht fortgeschrieben. Dieser Mangel wurde aber durch das oben erwähnte Verbundforschungsprojekt SANA des Bundesministeriums für Bildung, Wissenschaft, Forschung und Technologie (Februar 1996) kompensiert. Auch für die Zeit nach 1992 sind die Zahlenangaben z. T. unvollständig. Im einzelnen veränderten sich die Luftschadstoffemissionen verschiedener Verursachergruppen wie folgt (Tabelle 16):

Die Industrieunternehmen und Kleinverbraucher trugen sehr stark zu den Emissionssenkungen bei. Da der Anteil der Heizwerke an den Emissionen besonders hoch ist, dürfte ihr Senkungsvolumen größer sein. (Die übrigen Anteile entfallen auf den Verkehr.)

---

[264] Entnommen aus: Abschlußbericht zum Forschungsvorhaben „Schwerpunktmäßige Dokumentation der ökologischen Aufbaupolitik in den neuen Ländern“. S. 108.

Tabelle 16: Veränderungen der Luftschadstoffemissionen und des Energieverbrauchs in Ostdeutschland (1990 - 1992, in %)[265]

Luftschadstoffe	Kraft- und Fernheizwerke		Industrie		Haushalte und Kleinverbraucher		Insgesamt	
	Veränd. 90/92	Anteil 92	Veränd. 90/92	Anteil 92	Veränd. 90/92	Anteil 92	Veränd. 90/92	Anteil 92
CO_2	-28,1	52,4	-52,2	17,9	-51,5	15,9	-35,6	100
CO	-26,5	21,2	-60,7	6,7	-47,8	28,1	-29,6	100
NO_x	-23,4	43,9	-44,4	8,4	-22,7	2,5	-16,6	100
SO_2	-30,9	86,1	-62,6	6,6	-56,8	6,6	-36,5	100
Staub	-45,3	63,3	-69,4	18,6	-63,3	8,5	-53,8	100
Energieverbrauch	-34,6	33,4	-44,2	22,7	-34,3	29,8	-33,4	100

Die in der Tabelle 16 enthaltenen Zahlen verdeutlichen die Entwicklung in den ersten Jahren nach der Wende. Selbst das ab 1992 im Gefolge des komplizierten unternehmerischen und volkswirtschaftlichen Anpassungsprozesses einsetzende leichte wirtschaftliche Wachstum, das die strukturellen Wirtschaftsveränderungen reflektiert, war weiterhin mit einem Rückgang der Umweltbelastung verbunden. Es ist augenscheinlich und ruchbar, daß mit Ausnahme des Verkehrswesens dieser Transformations- und branchenstrukturelle Wandlungsprozeß zu insgesamt weniger umweltintensiven Strukturen führt. Dieser Prozeß ist wegen der Datenlage und der Zuordnung bestimmter verbrennungsintensiver Prozesse nicht ohne weiteres quantifizierbar. Außerdem läßt sich nicht hinreichend klären, welche umweltpolitischen Instrumente dafür entscheidend sind. Offensichtlich spielen aber die Umweltschutzinvestitionen im produzierenden Gewerbe, die wesentlich durch die Auflagenpolitik und die Fördermöglichkeiten beeinflußt werden, eine entscheidende Rolle. Hingegen sind grundlegende, integrative umweltstrukturelle Wandlungen erst in Ansätzen vorhanden.

Kraft- und Fernheizwerkstechnik wurde mit Umweltschutztechnik schrittweise nachsorgend komplettiert. Beim Neubau (nur in geringem Umfang, wegen rückläufiger Nachfrage) kommen ohnehin moderne Anlagen zum Einsatz.

[265] Horbach, J.: Strukturwandel und Umweltbelastung in den neuen Bundesländern. In: Wirtschaft im Wandel. Institut für Wirtschaftsforschung Halle. Heft 15. Halle 1995. S. 9. und
Statistisches Bundesamt (Hrsg.): Umweltdaten Deutschland 1995. Berlin 1995; Statistisches Bundesamt. (Hrsg.): Statistisches Jahrbuch der Bundesrepublik Deutschland 1994. Stuttgart 1994. Berechnungen des IWH.

Haushalte und Kleinverbraucher, z. B. kommunale Einrichtungen, verbesserten die lufthygienische Gesamtsituation durch die Substitution von Rohbraunkohle und Braunkohlebriketts durch emissionsfreundlichere Energieträger.

Eine Analyse des Stromverbrauchs (Abbildung 8) bestätigt die mit den Produktionsstillegungen verbundenen Entlastungseffekte von 1989 bis 1992, aber auch die Wandlungen innerhalb des produzierenden Gewerbes bei leicht zunehmendem Wirtschaftswachstum nach 1993. Material- und energieintensive Produktionen wurden stillgelegt.

Abbildung 8: Entwicklung des Energieverbrauchs in den neuen Bundesländern und Berlin-Ost[266]

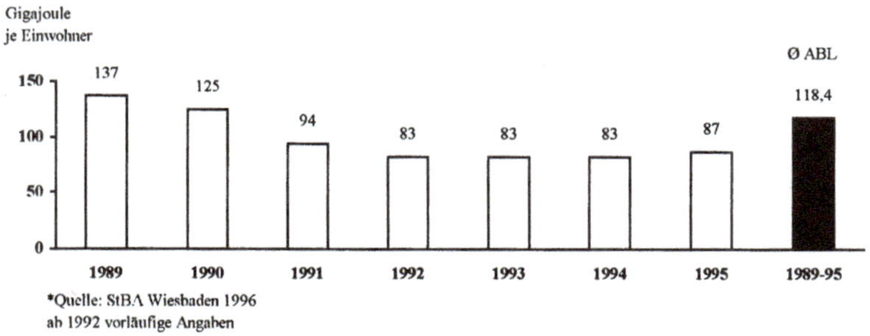

1989/90/91 mußten zunächst durch Betriebsverbote gefährliche Umweltbeeinträchtigungen ausgeschaltet werden. So wurden z. B. die Karbidöfen der *Buna*-Werke und die Chlorfabrik bereits 1990 stillgelegt, um die Staubemissionen und den Quecksilbereinsatz im Raum *Halle/Merseburg* zu senken Mit diesen und weiteren Maßnahmen konnte 1990 eine Senkung der SO_2-Emissionen und der Staubemissionen gegenüber dem Vorjahr um 10 Prozent bzw. 13,5 Prozent erzielt werden.[267] Ähnliches ließe sich über die chemische Industrie,[268] Gießereien und Eisenindustrie sowie Gummiverarbeitung sagen. Außerdem ist zu betonen, daß diese Veränderungen oft auch im Zusammenhang mit der Kapitalstockmodernisierung standen, wodurch weniger umweltintensive Produktionsverfahren zur Anwendung gelangten. Das dürfte sich überproportional auf Reduktion der CO_2-Emissionen ausgewirkt haben. Stabilisierend wirkte sich

[266] Quelle: StBA Wiesbaden 1996; ab 1992 vorläufige Angaben
[267] Bundesumweltministerium: Eckwerte. S. 19.
[268] Vgl. D. 3.5.

lediglich die Energienachfrage der privaten Haushalte auf entsprechende Emissionen aus.

Es bestätigen sich für die ostdeutschen Länder die Erfahrungen aus den westdeutschen Ländern, daß die Umweltschutzinvestitionen die negativen Auswirkungen des Wirtschaftswachstums vor allem durch den Einbau von Umweltschutztechnik bzw. die Verbesserung des energetischen Wirkungsgrades kompensieren und abschwächen, wobei dieser Prozeß aber mit einer Problemverlagerung zum Abfallbereich verbunden ist.

Unabhängig davon, wie die umweltpolitischen Instrumente intendiert sein mögen, dürften die Investitionen in die Luftreinhaltung für die Umweltsituation insgesamt entlastend wirksam geworden sein. In den Jahren 1991 und 1992 wurden in Ostdeutschland rund 52 Prozent der Umweltschutzinvestitionen in diesem Bereich getätigt. Daran hatten 1991 das Grundstoff- und Produktionsgütergewerbe mit 73 Prozent, die Chemieindustrie mit 22 Prozent und die Energieversorgung mit 17 Prozent einen hohen Anteil.[269]

> „Die erzielten Verbesserungen der Luftqualität dürfen aber nicht darüber hinwegtäuschen, daß die Belastungen durch SO_2 und durch einige spezielle Schadstoffe in ostdeutschen Ballungszentren noch höher als in vergleichbaren westdeutschen sind."[270]

5.2. Verhältnis Bürokratie - Emittentengruppen

Die Wirksamkeit der eingesetzten Instrumente läßt sich nicht nur aus statistischen Zahlenangaben ableiten oder durch Hochrechnungen ermitteln. Die Instrumente der Umweltpolitik unterliegen immer ganz konkreten praktischen Vollzugsbedingungen, zu denen auch die Beziehungen zwischen den einzelnen Akteuren gehören.

Als konkrete Anforderungen an die Unternehmen stellen sich zumindest die folgenden Punkte:

- Genehmigungsverfahren/Genehmigungspraxis
- Emissionserklärungen und Sanierungsanordnungen
- Kosten im Verwaltungsvollzug (Genehmigungsverfahren und Öko-Controlling)

---

[269] Vgl. Abschlußbericht zum Forschungsvorhaben „Schwerpunktmäßige Dokumentation der ökologischen Aufbaupolitik in den neuen Ländern. S. 109.

[270] Ebenda.

- Probleme mit der Umweltverwaltung (Konflikte, Erfahrungen, Erörterungstermine)
- Instrumentierungen
- Schadstoffspezifika.

Aus Informationen betroffener Unternehmen in Sachsen ergibt sich dabei das folgende Bild:[271]

Befragte Unternehmen beklagen die **Fristigkeiten und Tiefe der Genehmigungsverfahren** durch die Umweltfachämter, die „überall Einwände" vorbringen (wollen). Die Belastung der Unternehmen ergibt sich dabei besonders durch die zeit- und personalaufwendigen Formvorschriften, vor allem bei gescheiterten Anträgen. Manche Formblätter sind in 15facher, z. T. sogar in 40facher Ausfertigung einzureichen. Die Genehmigungspraxis ist zersplittert in Umwelt, Bau- und Gewerbeaufsicht. Da bisher jedes Fachamt Daten in anderer Form und Aufbereitung verlangt, sind

- Datenharmonisierung und
- Genehmigungsmanagement

erforderlich. Dabei ist außerdem zu berücksichtigen, daß die Genehmigungen den nötigen **Vorlauf für vorgesehene Investitionsmaßnahmen** sicherstellen müssen, wobei jedoch nie alle Details der Investition beschreibbar sind und bestimmte Technik-Folgen oft nicht abschließend beurteilt werden können. Die Umweltverwaltungen sollten daher verstärkt Teil- und Änderungsgenehmigungen erteilen und Probeläufe erlauben.

Beim Investitionsvolumen in Höhe von ca. 800 Mio. DM betrugen die Genehmigungsgebühren z. B. der *Papierfabrik Eilenburg GmbH* ca. 2 Mio. DM (0,25 Prozent). 24 Mio. DM wurden in Abwasserreinigung und 18 Mio. DM in Frischwasserreinigung investiert (zusammen 5,25 Prozent). Die Fabrik gibt der *Mulde* das Wasser sauberer zurück, als sie es dem Fluß entnimmt. Die für die Papierherstellung aus 100 Prozent Altpapier erforderliche Wasserqualität wird durch entsprechende Wärmetechnik hergestellt, wobei allerdings Schadstoffe an die Umgebungsluft abgegeben werden, die zuvor im Flußwasser gebunden waren. Eine „Verrechnung" der dadurch verursachten Schadstoffemissionen mit den äußerst geringen und weit unter den Grenzwerten liegenden Schadstoffemissionen der modernen Heizanlage ist nicht statthaft, auch wenn beide Emissionsquellen zusammen betrachtet die Grenzwerte nicht überschreiten.

---

[271] Persönliche Information von Herrn Dr. Ing. Ulrich Höke, Leiter Forschung und Entwicklung, Umwelt, Prokurist, Sachsen Papier Eilenburg GmbH, und von Herrn Hans-Jörg Heyner, Leiter Umweltschutz, Buna Sow Leuna (BSL) Olefinverbund GmbH, Werk Böhlen (bei Leipzig) vom 12. April 1996.

Das „Bubble-Prinzip" findet nicht einmal unternehmensintern Anwendung, da jede Emissionsquelle gesondert betrachtet werden muß.

Die nachfolgende Abbildung zeigt exemplarisch, wie das Genehmigungsprozedere bei dem 800-Mio.-DM-Investitionsvorhaben *Sachsen Papier GmbH Eilenburg* abgelaufen ist (Abbildung 9):

Abbildung 9: Praxisbeispiel Genehmigungsprozedur[272]

SACHSEN PAPIER
ENSO-GRUPPE

GENEHMIGUNGSSITUATION

1. Raumordnungsverfahren und Bebauungsplanverfahren

- Landesplanerische Stellungnahme als Ergebnis des Raumordnungsverfahrens mit Umweltverträglichkeitsprüfung (1. Stufe) vom Juni 1992

2. BImSch - Teilgenehmigung 1 (Errichtungsgenehmigung)

- Antrag vom 04.05.1992
- Genehmigungsbescheid vom 09.12.1992

3. Planfeststellungsverfahren
(beinhaltet erweiterte UVS - 2. Stufe zur Abwasserreinigungsanlage und Landschaftspflegerischen Begleitplan)

- Antrag vom 12.05.1992
- Planfeststellungsbeschluß vom 23.03.1993

4. BImSch - Teilgenehmigung 1 A/Änderungsgenehmigung zu TG 1
(zusätzliche Anlage: Flockentrockner)

- Antrag vom 18.02.1993
- Genehmigungsbescheid vom 16.06.1993
- Einreichung Widerspruch zu Lärmgrenzwerten

5. BImSch - Teilgenehmigung 2 (Kraftanlage - Errichtungsgenehmigung)

- Antrag vom 22.06.1992
- Genehmigungsbescheid vom 10.05.1993

[272] Dr. Höke, Sachsen Papier Eilenburg GmbH, 29. Juli 1994.

6. BImSch - Teilgenehmigung 3 (Inbetriebnahmegenehmigung)

- Antrag vom 15.12.1993
- Genehmigung vom 30.05.1994

7. Änderungsgenehmigungen
zusätzliche Anlagenteile: PM-Mikroflotation, Altpapier-Sortieranlage, Zerreißer

- Antrag vom 05.04.1994
- Genehmigung vom 29.07.1994

8. Änderung der Abwasser-Einleitwerte

- Scoping Termin 05.09.95
- Antrag vom 14.12.95 mit UVS
- Planfeststellungsbeschluß voraussichtlich April 1996

9. NO_X-Reduzierung im Abgas des Reststoffkessels

- Bescheid vom 27.04.95
- Genehmigungsantrag vom 30.11.1995
- Genehmigung voraussichtlich März 1996
- Realisierung bis 04/96

10. Hilfskesselanlage - Änderungsgenehmigung

- Antrag vom 26.01.96
- Genehmigungsbescheid voraussichtlich April 1996

11. Lärmgrenzwerte

- Investitionsprogramm zur weiteren Lärmdämmung Ende 1995 abgeschlossen
- Widerspruchsbescheid zu Lärmgrenzwerten vom 27.03.95
- Weitere Anhebung der Lärmgrenzwerte angestrebt nach Neufestlegung der Immissionsrichtwerte im Flächennutzungsplan der Stadt Eilenburg

Umwelt-Gesetzliche Grundlagen für Errichtung und Betrieb der Papierfabrik:

1. Gesetz über die Umweltverträglichkeitsprüfung (⇒ Umweltverträglichkeitsprüfung)
2. Wasserhaushaltsgesetz (⇒ Planfeststellungsverfahren)
3. Bundesimmissionsschutzgesetz (⇒ BImSch-Verfahren)

Aus unternehmerischer Sicht ergeben sich jedoch Unterschiede bei ostdeutschen Unternehmen, die unter Verwaltung der Treuhandanstalt (THA) stehen oder standen („Treuhandbonus"), und Unternehmen, die neu gegründet wurden bzw. im Rahmen größerer Investitionen angesiedelt werden oder wurden.

So konnten für die Errichtung der Papierfabrik die Investitions- und Umweltprogramme der Förderbanken in die Finanzierung mit einbezogen werden (Subventionen).

Beim Unternehmen *Buna Sow Leuna Olefinverbund GmbH (BSL), Werk Böhlen,* übernahm weitestgehend die THA die Kosten für Umweltschutzinvestitionen, die gemäß verschiedener Sanierungsanordnungen erforderlich wurden (Benzol- und H_2S-Emissionen, Altanlagen, Rückstoffverbrennungsanlagen). Das Unternehmen verfolgt dabei das Ziel, die Emissionen gegen Null zu senken, aber gleichzeitig dem Grundsatz zu folgen, das zu tun, was technisch möglich und wirtschaftlich vertretbar ist. Neuanlagen werden ohnehin nach den gültigen strengen Auflagen errichtet. Bei der Realisierung seiner umweltpolitischen Unternehmenskonzeption möchte BSL gegenüber der Umweltverwaltung keinerlei Ausnahmeanträge stellen und die geforderten Grenzwerte und Auflagen intern möglichst etwas unterschreiten. Allein für 15 alte Anlagen müßten Anzeigen bei der Umweltverwaltung eingereicht und einige Zwischenlösungen gefunden werden. Dabei wird vom Unternehmen positiv zum Verhältnis mit der Umweltverwaltung bemerkt, daß es keine Verfahren mit Einsprüchen gab. Das liegt offensichtlich auch daran, daß die umliegenden Gemeinden durch Einkommen und Beschäftigung mit der Produktion des Chemiewerkes verbunden sind. (Einige Bürgermeister arbeiteten früher selbst in der chemischen Industrie.) Standortpflege wurde der Stillegungshysterie anderer Orte entgegengesetzt. Dabei dürfte zu berücksichtigen sein, daß es seit 1990 keine Störfälle und Havarien gab, weil besonders problematische Anlagen auch aus ökonomischen Gründen stillgelegt wurden. Das eigene Industriekraftwerk (Braunkohle) wurde vom Netz genommen. Der Umwelteffekt erscheint sehr sekundär, weil die besonders umweltschädlichen Anlagen auch besonders unökonomisch arbeiteten. Die umweltpolitische Sensibilität der Bevölkerung scheint mit der Währungsunion von 1990 weggefallen zu sein.

Für das Chemieunternehmen kann außerdem exemplarisch vom Wirken eines „Treuhandbonus" ausgegangen werden, der der örtlichen und regionalen Ebene nur begrenzte Einflußmöglichkeiten einräumte. Die Behörden verhielten sich im unmittelbaren Umfeld (*Böhlen* und *Borna*) kooperativer als bei größerer räumlicher Entfernung (*Leipzig*).

Das Verständnis der Verwaltungsangestellten und Beamten sei größer bei Fachleuten als bei Juristen, die mehr den Formalien und Rechtsmitteln Beachtung schenkten als der Problembearbeitung. Für das Unternehmen war die mit der Verwaltungsreform verbundene **Trennung von Vollzug und Umweltpoli-**

tik anfangs problematisch, weil jetzt mehrere Ansprechstellen geschaffen wurden und die Einteilung der Zuständigkeiten mit Reibungsverlusten einherging. Bei der Bewertung der Facharbeit schneiden die Landesämter für Umwelt besser ab als die Kreisverwaltungen. Insgesamt jedoch gab es wenig Probleme.

Allgemein wird kritisiert, daß die Vorschriften immer unübersichtlicher werden. Kleine und mittlere Unternehmen seien davon besonders betroffen, weil sie kaum über ausreichende Grundlagen (Kosten, Personal) verfügten. Für Unternehmen mit überregionalem Charakter stellen außerdem die **unterschiedlichen Landesregelungen** ein Hindernis dar (Bsp. Wasserentnahme in Sachsen gegen Geld, in Sachsen-Anhalt unentgeltlich).

Vorgeschlagen wurde von den befragten Unternehmen außerdem eine Verrechnung von Abgaben mit Subventionen. Die Gebühren für Genehmigungsbescheide (bei BSL ca. 100 bis 300 TDM je Anlage) sollten von ein und derselben Behörde zurückgerechnet werden können. Eine **Standardisierung der Antragsverfahren und deren Verschlankung** wären wünschenswert.

5.3. Beurteilungsvorschlag und regionale Typisierung

Die dynamischen Transformationsprozesse in Ostdeutschland gestatten noch keine abschließende Beurteilung aller aufgeworfenen Problemstellungen. Neben den Energieprozessen kann als Kernproblem für die Luftreinhaltung das von Produktionsprozessen verursachte Verschmutzungs- und Belastungspotential angesehen werden. Für jeden Produktionsprozeß wäre ein Koeffizient zu bilden: gewünschtes Ergebnis der Produktion zu ungewollter Schadstoffemission. Umweltschutzmaßnahmen könnten danach beurteilt werden, wie sie zur Minderung dieses Koeffizienten beitragen. Noch wichtiger ist dabei, daß die Förderung, die sich als Hauptinstrument (nach den Auflagen) erwiesen hat, eigentlich differenziert eingesetzt werden sollte - nach Stufen:

1. Höchste Förderung:
   für integrierten, vorsorgenden schadstoffvermeidenden Umweltschutz (z. T. höheres unternehmerisches Risiko).
2. Mittlere Förderung:
   für nachsorgenden Umweltschutz.
3. Geringe Förderung:
   sonstige Umweltschutzinvestitionen.
4. Sonstige Förderung:
   Förderung von Herstellern von Umweltschutztechnik.

Derartige Abstufungen sind nur ansatzweise erkennbar. Eine gesonderte Statistik der Investitionen in den Umweltschutz liegt für die betrachteten Regionen nicht vor. Für große Bereiche des produzierenden Gewerbes sind Umweltschutzinvestitionen noch unter der Treuhandanstalt angeschoben worden, worüber aber keine differenzierten Zahlenangaben verfügbar sind.

Jede stärker ökologisch ausgerichtete Wirtschaftspolitik erfordert die Gleichbehandlung von Ursachenkomplexen der Umweltproblematik. Eine Begrenzung der Diskussion auf die Reduzierung des Eintrages von Schadstoffen in ein Umweltmedium stellt eigentlich eine unzulässige Verkürzung dar. Trotzdem ermöglicht die Konzentration auf die Luftreinhaltung konkrete Problembearbeitungsansätze im regionalen Umfeld.

Bei Überlegungen zur Gestaltung einer solchen Wirtschaftspolitik eines Bundeslandes oder in einer Region müssen Komponenten berücksichtigt werden, die die Gestaltungsmöglichkeiten und -spielräume erheblich verringern:

- Die angespannte Finanzlage, die sich mittelfristig weiter verschlechtern dürfte, engt die Möglichkeiten ein und erhielte über Umstrukturierungen neue Möglichkeiten.[273]

- Die Bandbreite für Landes-und Kommunalpolitik wird ebenso wesentlich durch Bundes- und EU-Vorschriften limitiert.

- Die Unterscheidung der Umweltbelastungen z. B. in laufende Emissionen und bestehende Altlasten oder nach anderen Ursachen- und Bedingungskomplexen zeigt, daß aus den vorhandenen Finanztöpfen unterschiedliche Umweltmaßnahmen für die jeweilig dominierende Problemlage zur Verfügung gestellt werden müssen. Sie reichen vom präventiven Schutz über nachsorgende Umweltmaßnahmen bis hin zur langfristigen Stimulierung der umweltfreundlichen Entwicklung.

- Begonnene und geplante Investitionen legen für einen längeren Zeitraum unverrückbar neue Strukturen in der Wirtschaft fest. Sie berücksichtigen den geltenden Standard in der (Emissions-) Umwelttechnik. Erzeugnis- und Technologie-Innovationen müssen dabei die Nachhaltigkeit der Wirtschaftsentwicklung gewährleisten, lassen sich aber nur schwer in ihren Folgen abschätzen.

Die Verknüpfung dieser wirtschaftspolitischen Rahmenbedingungen mit der regionalorientierten Umweltpolitik erfordert ein neues Herangehen an die differenzierten Problemlagen. Die Einteilung von Regionen in bestimmte Typen

---

[273] Vgl. Hunstock, D. u. a.: Zur Entwicklung der Finanzlage der ostdeutschen Kommunen. In: Deutsches Institut für Wirtschaftsforschung: Wochenbericht. Nr. 30. Berlin 1993.

könnte dabei hilfreich sein, wie die beiden RIS *Leipzig* und *Neubrandenburg* zeigen.

In Anlehnung an die Raumplanung können die dabei abgeleiteten Schlußfolgerungen nun dazu genutzt werden, als umweltpolitische Hilfskonstruktion diese ausgewählten Regionen nach *Raumtypen* zu klassifizieren. Dabei können die regional unterschiedlichen Umweltqualitätsniveaus, Optimalitätskriterien, Präferenzen und Nebenbedingungen berücksichtigt werden. Mit der Klassifizierung bestimmter Raumtypen läßt sich das umweltpolitische Instrumentarium effizienter und mit größerer ökologischer Reichweite einsetzen und differenzieren. Zeitpunkt, Dauer und Umfang der entsprechenden Maßnahmen, insbesondere der Fördermaßnahmen, können besser bestimmt werden. Höhere Transparenz wäre möglich. Regionale Entscheidungskompetenz und entsprechendes Engagement ließen sich besser einbeziehen.

Leipzig entspricht dem Raumtyp der „alten Industrieregion", für den ein angemessener Instrumenteneinsatz definiert werden müßte. In der Europäischen Union werden die Regionen *Ostdeutschlands* als „Ziel-1-Region" typisiert, weil sie den stärksten Nachholebedarf an Wirtschaftsförderung und Entwicklung aufweisen.[274] Jedoch nicht explizit einher geht damit die umweltpolitische Instrumentierung. Die verschiedenen Instrumente der Luftreinhaltepolitik konzentrieren sich bisher (noch) nicht auf die tatsächlichen Problemregionen. Keine Region Ostdeutschlands möchte aber aus der breiten Förderpolitik herausfallen, weil sie diese zur Verbesserung ihrer Wirtschaftsstrukturen tatsächlich auch benötigen. Aber ihre umweltpolitischen Voraussetzungen sind z. T. erheblich verschieden und rechtfertigen den Umfang der bereitgestellten Mittel nicht immer. Das trifft auch auf das RIS *Neubrandenburg* zu. Hier ist Umweltschutz einer anderen (niedrigeren) Stufe angesagt, doch dominieren arbeitsmarktpolitische Problemfelder das wirtschaftspolitische Instrumentarium.

Aber auch für die relativ unbelasteten Regionen besteht ein vitales Interesse darin, die geringen Belastungsniveaus zu erhalten, um den Anforderungen, die sich z. B. aus der Förderung von Erholung und Tourismus, der Ansiedelung von Hochtechnologien (Biotechnologien, Reinsträume für die Chip-Produktion o. ä.) ergeben, auch auf lange Sicht Rechnung zu tragen. Trotzdem ist bei der Instrumentierung der Umweltpolitik dem Handlungsbedarf der Belastungsgebiete Priorität einzuräumen, wie bei einer anstehenden Entscheidung für oder gegen die Investition in Umweltschutztechnik in erster Linie das höher belastete Territorium mit geringerem natürlichen Assimilations- und Abbaupotential mit dieser Technik auszustatten ist, da dort große Effekte mit der Umweltschutztechnik zur Luftreinhaltung erreichbar sind.

---

[274] Die neuen Bundesländer sind von der Europäischen Union (EU) bis 1999 und darüber hinaus als Fördergebiet mit höchster Priorität eingestuft.

Präventiver Umweltschutz in der Luftreinhaltung kann nur darauf ausgerichtet sein, von vornherein für die Ansiedelung abproduktarmer oder -freier Technologien zu sorgen. Dazu zählt auch ein hoher Konzentrationsgrad bei modernen Energieerzeugungsanlagen (Blockheizkraftwerke), da mit steigender Anlagengröße auch steigende Wirkungsgrade in der Energieerzeugung und demzufolge geringere Umweltbelastung verbunden sind. Außerdem lassen sich hier die bekannten nachsorgenden Umweltschutztechniken zur Reduzierung des mit den Verbrennungsprozessen verbundenen Schadstoffaufkommens kostengünstig und wirksam installieren. Dezentral hingegen sind die vielen kleinen alternativen Energieinnovationen zu organisieren, wie aus dem nachfolgenden Beispiel besonders deutlich wird.

D. Ergebnisse und Schlußfolgerungen

1. Allgemeine Resultate

Planwirtschaftliches Unvermögen und zunehmende Ignoranz der Belange des Umweltschutzes haben in der DDR zu schwerwiegenden Umweltbelastungen geführt. Anspruch und Realität klafften weit auseinander. Die DDR lebte zunehmend von der Substanz, die immer mehr dabei verschlissen wurde. Besonders in Mitleidenschaft gezogen wurden die Ballungsgebiete bzw. Industriezentren. Vorrangiges Ziel der Umweltpolitik mußte es daher sein, die Umweltsituation insgesamt zu verbessern und auf mittlere Sicht eine annähernde Einheitlichkeit auch in den ökologischen Lebensverhältnissen in Deutschland zu gewährleisten. Die Europa- und Bundesumweltpolitik setzte dabei keine regionalen Prioritäten, konzentrierte sich nicht vornehmlich auf die besonders betroffenen Ballungsräume. Lediglich auf Landes- und Kommunalebene wurden bestimmte regionale Prioritäten zwecks Sanierung und Entwicklung gesetzt.

In den neuen Bundesländern ist die Qualität der Luft seit der Vereinigung merklich verbessert worden, zeigen die bisherigen Maßnahmen zur Luftreinhaltung ihre Wirkung. Aktivitäten zur Emissionsreduzierung, neue Energieträger sowie Betriebsstillegungen haben dazu beigetragen, daß sich die durchschnittlichen Staubemissionen um mehr als die Hälfte verringerten. Der Ausstoß an Schwefeldioxid sank in Belastungsgebieten um über 50 Prozent, in weniger belasteten Gebieten um etwa ein Drittel.[275]

Das allein spricht schon für eine Regionalisierung nach dem Vorbild der umweltpolitischen Anpassung für Ostdeutschland als einer einheitlichen Problemregion. Dies äußert sich in erster Linie in Gestalt der Umweltschutzsofortprogramme und der z. T. schrittweisen Übernahme bundesdeutscher umweltpolitischer Regularien, gekoppelt mit Sonderprogrammen, der Förderung von Forschungs- und Entwicklungsvorhaben sowie der Arbeits- und Regionalförderung im Umweltschutz. Im einzelnen ergibt sich gerade hier ein differenziertes Bild hinsichtlich der umweltpolitischen Zielvorgaben und der Instrumentierung.

Neben den drastischen und in ihrem Ausmaß nicht vorhersehbaren Produktionseinbußen und den strengeren Umweltauflagen resultiert die merkliche Luftverbesserung vor allem aus der immer schnelleren und spürbareren Umstellung auf umweltfreundlichere Energieträger. Ein Prozeß, der noch nicht abgeschlossen ist und der von vielfältigen Faktoren abhängig ist, darunter hauptsächlich pretiäre (einschließlich Subventionen) und Koppeleffekte mit anderen Modernisierungs- und Strukturmaßnahmen. Allein über eine Million Haushalte wurden von Kohlefeuerung auf Gas- oder Ölheizung umgestellt.

---

[275] Angaben des Instituts für Wirtschaftsforschung Halle. Halle, Februar 1994.

Doch die Förderung sieht dabei von Bundesland zu Bundesland mitunter recht unterschiedlich aus, wobei die Differenzierungsgründe nicht umweltpolitischer Art, sondern häufig haushaltspolitischer Natur (auf Landes- und Kommunalebene) sind.

Insgesamt kann zu den wichtigsten ökonomischen Impulsen der umweltpolitischen Maßnahmen eingeschätzt werden, daß sie den komplizierten unternehmerischen und volkswirtschaftlichen Anpassungsprozeß in den neuen Bundesländern nicht behinderten, sondern unterstützten. Das betrifft sowohl die Standortqualität als auch die Wachstums-, Einkommens- und Beschäftigungswirkungen. In Zukunft kommt es aber primär darauf an, noch stärkere Akzente im permanent vorsorgeorientierten Charakter des Umweltschutzes zusetzen. Doch das trifft wiederum nicht nur auf Ostdeutschland, sondern auf die gesamte Bundesrepublik Deutschland zu.

2. Der Zielfindungsprozeß

Mit der Vereinigung der beiden deutschen Staaten wurde auf zentraler Ebene und mit Unterstützung der Europäischen Union die grundsätzliche umweltpolitische Zielstellung auf Angleichung der Lebensverhältnisse für die neuen Bundesländer festgelegt. Dabei war von Anfang an klar, daß für Ostdeutschland eine besondere Ausgangssituation besteht, die auch ein schrittweises und differenziertes Vorgehen bei gleichzeitiger Übernahme der bisherigen umweltpolitischen Regularien der Bundesrepublik beinhaltet.

Es zeigt sich, daß hinsichtlich der Formulierung der Ziele der Umweltpolitik, die immer die Grundlage für die Instrumentierung und ihre mögliche Regionalisierung bilden, offensichtlich die allgemeine umweltpolitische Umfeldsituation von entscheidender Bedeutung ist. Neben den umweltpolitischen Akteuren (Behörden, Unternehmen, Gruppen, Medien) ist die konkrete örtliche, regionale, nationale usw. Situation, in der agiert wird, der Ausgangspunkt für entsprechende Aktionen und Maßnahmen. Zu berücksichtigen sind dabei insbesondere die wirtschaftlichen Rahmenbedingungen, hierbei wiederum die konjunkturelle Lage, aber auch transformationsbedingte Anpassungserfordernisse und Finanzierungsmöglichkeiten, sowie spektakuläre Einzelaktionen, Havarie- und Störfälle.[276] Sie führen in der Regel zu einer stärkeren Reflexion umwelt-

---

[276] Wie Untersuchungen des *Wissenschaftszentrums für Sozialforschung Berlin* und der *Forschungsstelle für Umweltpolitik an der Freien Universität Berlin* zu Umweltverbesserungen u. a. in der Luftreinhaltung in *Japan* und *Deutschland* zeigen, spielen z. B. die Parteien und Parlamente in kaum einem Fall eine zentrale Rolle, auch die angewandten Instrumente dürfen dieser Untersuchung zufolge nicht überschätzt werden. Vielmehr komme es auf die Bedingungen an, unter denen eine Umweltverbesserung erreicht wird: wirtschaftliche Krisen- oder Boomzeiten, öffentlicher Druck, spektakuläre Aktionen und Ereignisse, die auch einem "falschen

politischer Konsequenzen, zu denen auch regionale Implementationen gehören können. Dies ist allerdings kein mechanistischer oder automatischer Prozeß, für den für alle Zeiten allgemeingültige Gesetzmäßigkeiten gelten oder gar schematische Handlungsmuster zur Grundlage von Entscheidungen genommen werden könnten. Insofern sind damit auch die Möglichkeiten und Grenzen einer Regionalisierung umweltpolitischer Instrumente verbunden.

Erwartungsgemäß hat der Zentralstaat, aber haben auch dezentrale Entscheidungsträger wie Länder, Kommunen oder Regionen in vielen Fällen maßgeblichen Einfluß auf Veränderungen. Das gilt auch für den Einsatz des klassischen regulativen Instrumentariums, wie es etwa in der deutschen Großfeuerungsanlagenverordnung praktiziert wurde. Bei der jüngeren Diskussion um die Ozon-Regelungen wird das ebenfalls deutlich. Politische Verhandlungssysteme sind daher erforderlich, eine immer bessere Problembearbeitung der Konflikte zwischen den beteiligten Seiten zu gewährleisten.

Unterzieht man den umweltpolitischen Zielfindungsprozeß hinsichtlich der Beurteilungskriterien umweltpolitischer Instrumente einer regionalorientierten Kritik, so ist zusammenfassend festzustellen, da

erstens die ökologischen Anforderungen, wie

- Ursachen und Umfang des Aufkommens von Schadstoffen,
- die Abbaubarkeit und Ausbreitung von Schadstoffen,
- die räumlichen und zeitlichen Bedingungsgefüge für Umweltstandards,

trotz Emissionskatastern, Luftreinhalteplänen und Sanierungs- und Entwicklungskonzeptionen nicht hinreichend auf regionaler Ebene erfaßt und berücksichtigt sind, um einen entsprechenden regionalen Zielfindungsprozeß zu gewährleisten und

zweitens die ökonomischen Anforderungen, wie

- gesamtwirtschaftliche Kosten der Zielbestimmung und -Verwirklichung sowie der Instrumentierung,
- zeitliche und räumliche ökonomische Wirkungen von Standards,
- Wettbewerbs-, Wachstums-, Einkommens- und Beschäftigungswirkungen,
- Standortbedingungen für Investoren und hochqualifizierte Arbeitskräfte,

---

Instrumentarium" zur Wirksamkeit verhelfen können. Entscheidende Bedeutung komme den Strategien der Akteure zu. Vgl. Jänicke, M.: Langfristige Umweltveränderungen - Probleme und Lösungen. Berlin, Heidelberg usw. 1994.

auf zentraler Ebene kaum reflektiert werden, sondern erst in zweiter Linie durch die Entscheidungsträger vor Ort erkannt und zur Problembearbeitung herangezogen werden. Am ehesten wirkt der Zentralstaat noch auf das globale Finanzierungssystem, auf die Stimulierungsbedingungen und das Markt- und Verbraucherverhalten ein.

Drittens sprechen die instrumentellen und politischen Anforderungen eher für eine regionale Bindung des Zielbestimungsprozesses, weil

- hier höhere regionale und örtliche Kompetenz,
- Praktikabilität,
- Durchsetzbarkeit und
- Akzeptanz bei den Akteuren

erwartet werden kann.

Diese Anforderungen bestimmen die Vor- und Nachteile einer Regionalisierung der Luftreinhaltepolitik wesentlich mit. Die Instrumente Luftreinhalteplanung und die Einteilung eines Territorialgebildes in Belastungs- oder Reinluftgebiete oder eine wie auch immer geartete Typisierung von Regionen haben nur dann wirklich Sinn, wenn das gesamte umweltpolitische Instrumentarium auch fest mit diesen, die konkreten regionalen Bedingungen, Möglichkeiten und Erfordernisse der Luftreinhaltung berücksichtigenden grundlegenden Elementen verknüpft ist. Das betrifft dann den gesamten Instrumentenfächer der Umweltpolitik. Voraussetzung ist eine klare Aufgabenbestimmung und die territoriale Zuordnung von Umweltzielsetzungen und Vollzugsorganisation.

3. Die Nutzung und Bewertung der Instrumente

3.1. Auflagen

Wie die Analyse gezeigt hat, können Auflagen sehr einfach regional differenziert und praktiziert werden. (Ein gutes Beispiel sind auch die Havarien und Störfälle.) Nicht gelöst wird dabei das Problem des hohen administrativen Aufwandes und der geringen Marktkonformität. Für Ostdeutschland hat sich bewährt, zeitliche Anpassungsschritte bei der Inkraftsetzung bestimmter Auflagen vorzusehen. Nicht berücksichtigt wurden dabei allerdings das regionale Gefälle in der Belastungssituation Ostdeutschlands und in seinen Naturraumausstattungen und Agglomerationsbedingungen, was mit gravierenden Effizienzverlusten verbunden sein dürfte. Ausnahmeregelungen zeigen an, daß Differenzierungen notwendig und möglich sind.

3.2. Abgaben und Steuern

Regional gut differenzieren lassen sich auch Abgaben bzw. Steuern. Doch auch hier sind die Ineffektivitäten offensichtlich hoch, selbst wenn man berücksichtigt, daß die in einer Region anfallenden Abgaben auch hier wieder in Form von Zuschüssen gezielt einsetzbar wären. Trotzdem wären der Kenntnisstand, der Motivationseffekt und die Nähe zu den Problemen und Akteuren besonders von Vorteil. Doch ein regio-ökologisch-ökonomisches Netzwerk besteht leider noch nicht, so daß vor allem hinsichtlich der Praktikabilität Abstriche am regional angepaßten Einsatz dieses Instruments vorzunehmen sind. Dieses Instrument regional differenzierbarer zu machen als bisher wäre aber sicherlich dann geboten, wenn - wie es in einzelnen Regionen Ostdeutschlands der Fall ist - wegen einer besonders hohen Belastungsdichte oder einer besonders hohen Anforderung an die Luftgüte die bundes- bzw. EU-einheitlichen Vorschriften nicht zu den gewünschten Zielen führen. Klare zeitliche Vorgaben und sektorübergreifende Beiträge zur Beurteilung der Belastbarkeit und Entwicklungsfähigkeit einer Region gehören zu den wichtigsten Elementen von gezielten Programmen, die hierzu in den Regionen aufzustellen wären. Sie ließen sich mit anderen Instrumenten kombinieren, gehen aber über die bisherige Verwaltungsstruktur und -praxis in der Regional- und Strukturpolitik wesentlich hinaus. (Lediglich im Verpackungsbereich gibt es lokale Besteuerungen; bei Müll- und Abwassergebühren ist die Kostendeckung ohnehin territorial organisiert.)

3.3. Fördermittel/Subventionen und Investitionen

Mittlerweile ist die Zahl der Programme, die der Förderung von Umweltschutzmaßnahmen gewidmet sind, fast unübersehbar geworden. Ihr Erfolg ist jedoch nicht immer sicher. Unklar ist, ob die Förderprogramme tatsächlich ihren Förderzweck erfüllen oder ob sie umweltpolitisch zweckentfremdet für den Vollzug ordnungsrechtlicher Vorschriften von Unternehmen gebraucht werden, die bislang nicht willens oder in der Lage waren, die geforderten emissionsmindernden Maßnahmen zu ergreifen.[277]

Vielfach wird in der Praxis auf die Förderung von konkreten technischen Verfahren abgezielt, weil Unvollkommenheiten des Marktes (Risikobereitschaft, fehlende Kapitalausstattung, mangelnder Patentschutz, restriktive Kreditvergabe) dies erforderlich machen. Probleme treten bei Unsicherheiten der Entscheidungsfindung und bei der Einbeziehung der Akteure auf, weshalb sich

---

[277] Vgl. Zundel, S.: Förderinstrumente und wirtschaftliche Entwicklung. In: IÖW-Informationsdienst. Institut für ökologische Wirtschaftsforschung. Berlin, September/Oktober 1994. S. 12 - 13.

staatliche Programme oftmals schwer damit tun, zur Einführung von neuen „ökologischeren" Technologien beizutragen. Hinzu kommt der administrative und Steuerungsaufwand für entsprechende Projekte. Sorgfältige Vorfeldarbeit ist bei der Information und Beratung vor und während der Antragstellung und Abwicklung erforderlich (Diskussion um das ökologische Optimierungspotential sowie Planungs- und Genehmigungsphase). Eine Straffung dieser Prozeduren führt zwangsläufig zur Standardisierung und widerspricht damit der Differenzierung und Flexibilisierung in der Förderpraxis (Bearbeitungszeit). Hilfreich wäre, wenn vermehrt auf private oder halbprivate Projektträger und Service-Unternehmen zurückgegriffen werden könnte, um den Antragsteller bei der Verbesserung seines betrieblichen Rechnungswesens zu unterstützen, um die ökonomisch-ökologischen Effekte neuer Umwelttechniken verursachergerecht zuordnen und zahlenmäßig besser spezifizieren zu können. In großen wie in kleinen Unternehmen "verschwinden" Kosten des betrieblichen Umweltschutzes noch immer in den Gemeinkosten und sind folgerichtig allenfalls rudimentär Gegenstand ökonomischer Optimierungsbemühungen.

Mit der Einordnung der neuen Bundesländer in die höchste Förderkategorie der europäischen Regionalförderung (Ziel-1-Gebiete) sind erhebliche EU-Mittel verbunden. Vor diesem Hintergrund muß entschieden werden, ob die Mittel des europäischen Regionalfonds auch weiterhin so gut wie ausschließlich zur Verstärkung der Investitionsförderung im Rahmen der Gemeinschaftsaufgabe "Verbesserung der regionalen Wirtschaftsstruktur", oder prononcierter auch in anderen korrespondierenden Politikbereichen (Technologie, Energie, Verkehr) eingesetzt werden. Hier ist die Möglichkeit und der Gestaltungsspielraum für eine stärkere regionale Differenzierung gegeben, um Fördermittel dort zu konzentrieren, wo der höchste Anpassungsbedarf besteht bzw. dies den regionalen Leitbildern entspricht. Dies setzt jedoch regionale Zielvorstellungen und Konzepte voraus.

Für Ostdeutschland und die diesbezügliche Umweltpolitik seit 1990 ist festzustellen, daß das Instrument der Subventionen den entscheidenden Beitrag zum proaktiven Umweltschutz geleistet hat. Daß dadurch gleichzeitig die Wirtschafts-, Arbeitsmarkt- und Regionalpolitik unterstützt wurden, ist eine positive (Neben-) Erscheinung des ostdeutschen Transformationsprozesses. Zwar wird der hohe Subventionsbetrag in Richtung Ostdeutschland immer wieder beklagt, doch wird die Rückführung der Subventionen auch für Westdeutschland immer wieder gefordert. Nach Berechnungen des Ifo-Instituts fließen immer noch mehr als die Hälfte der als Subventionen klassifizierten Finanzhilfen und Steuervergünstigungen in den Westen.[278]

Ohne in Wiederholungen verfallen zu wollen, sei angemerkt, daß neben den Kernbereichen der Luftreinhaltung in der Industrie und Elektrizitätswirtschaft

[278] Vgl. Ifo-Berichte. Ifo-Institut für Wirtschaftsforschung. Heft 2. München 1996.

sich die staatlichen Fördermaßnahmen beispielsweise zur Wohnungsmodernisierung in Höhe von jährlich 2 Mrd. DM positiv auf die Luftbelastungssituation auswirkten. Sie schoben außerdem bis Ende 1993 nach Schätzungen des Instituts für Wirtschaftsforschung Halle private Investitionen von rund 15 Mrd. DM an.[279] Verwiesen sei nochmals auch auf die wirtschaftlichen Potentiale, die sich bei gezielter Förderung alternativer Energieerzeugungs- und -nutzungstechnik ergäben, wie wir am Beispiel der Sonnenkollektorberechnungen für die Gemeinde *Lützschena* sahen.

Im Jahre 1995 entfielen schätzungsweise 49 Prozent der deutschen Kreditnachfrage für Umweltschutzinvestitionen auf umweltschutzgesetzlich weitgehend regulierte und etwa 45 Prozent der Nachfrage auf nicht oder wenig regulierte Förderbereiche. (Rund 6 Prozent der 1995 bewilligten Kredite konnten nicht zugeordnet werden.)

Die Kreditnachfrage (nach subventionierten Krediten) wuchs in den Förderbereichen immer dann, wenn neue gesetzliche Anforderungen gesetzt oder erhöht wurden, so in Ostdeutschland im Immissionsschutz im Gefolge der übernommenen Regelungen nach 1990. In diesen Fällen wurde investiert, um gesetzliche **Auflagen** zu erfüllen. Die **Fördermittel** (Zins- und Tilgungsvergünstigungen) haben die Anpassung an anspruchsvolle Schutzstandards erleichtert und z. T. beschleunigt, aber kaum Impulse für ein „Darüber-Hinaus" zur Überbietung des Schutzstandards ausgelöst. Diese Art der Förderung kann auch als eine Art Kompensation für höhere Kosten durch höhere Auflagen (Wettbewerbsnachteile) verstanden werden. Hierbei spielen natürlich auch die übrigen Wettbewerbsnachteile ostdeutscher Unternehmen und die schwachen Rücklagen privater Haushalte sowie politische Zielsetzungen, wie z. B. Bestandsschutz von Branchen, eine wichtige Rolle. In Bereichen mit schwacher gesetzlicher Regulation stehen naturgemäß ökonomische Effizienzkriterien im Vordergrund. Investitionen werden dann auch mit möglichen Fördermitteln verwirklicht (energiesparende Fertigungsverfahren, integrierte Umwelttechnik, etc.). Allerdings kann mit dem bisherigen Förderinstrumentarium und seiner Implementation eine gezielte Steuerung der Reduzierung von Schadstoffemissionen nicht erwartet werden.

Eine stärkere Einflußnahme auf die Nachfrage der Unternehmen nach Krediten für vorsorgende (integrierte) Maßnahmen wäre durch günstigere Förderkonditionen immer stimulierbar. Das könnte u. a. dazu beitragen, daß auch in den ohnehin gesetzlich stark regulierten Bereichen zunehmend präventive (integrierte) Vermeidungstechniken eingesetzt werden. Für das ERP-Umwelt- und Energieeinsparprogramm sowie für das DtA-Umweltprogramm gilt, daß

---

[279] Vgl. Weisheimer, M.: Ostdeutscher Umweltschutz als Wirtschaftsfaktor. In: IWH-Kurzinformationen. Nr. 25. Institut für Wirtschaftsforschung. Halle, 21. Februar 1994. S. 3 - 4.

sowohl regulierte und nicht regulierte sowie nachsorgende und vorsorgende Förderzwecke gegeben sind.

3.4. Zertifikate

Der Gedanke, für die Inanspruchnahme von Naturmedien ein der Bodennutzung analoges Preissystem zu entwickeln, wurde im deutschsprachigen Raum schon früh für die Luftreinhaltung aufgegriffen.[280]

Aus regionaler Sicht scheint das Instrument der Umweltzertifikate geradezu prädestiniert zu sein, durch die mit der regionalen Immissionsnorm jeweils vereinbarte Festlegung des regionalen Emissionsvolumens (Emissions-Kontingente, -Rechte) zur Minderung von Luftbelastungen beizutragen, wirtschaftliches Wachstum ohne Verschlechterung der lufthygienischen Situation in einer Region zu ermöglichen und längerfristig zu stimulieren. Die Formen Bubble Policy (Emissionsverbund), Offset Policy (Ausgleichsstrategie), Emissions-Reduction Banking (spätere Verrechnungsmöglichkeit von verbrieften Minderungsresultaten) und die Netting Policy (bei Modifizierung von Anlagen) berücksichtigen die räumliche Differenzierung und finden vor allem in den USA Anwendung. Dieser potentialorientierte Ansatz bei gleichzeitiger effizienter marktgerechter Installation spricht für dieses Instrument und unterstreicht seine regionalökonomische Bedeutung. Leider spielt es in Deutschland weiterhin keine Rolle, sind Untersuchungen hierüber nur hypothetischer Art. Auch in Ostdeutschland wurde die Chance nicht genutzt, dieses Instrument einem größeren Praxistest zu unterziehen, vielmehr wurden die klassischen Instrumente bevorzugt.

3.5. Selbstverpflichtungen

Streng genommen sind die Selbstverpflichtungserklärungen der Industrie wegen des tiefgreifenden volkswirtschaftlichen und unternehmerischen Anpassungs- und Umbauprozesses nicht auf die Situation Ostdeutschlands für die Jahre nach 1989 übertragbar. Trotzdem trugen beispielsweise die Unternehmen des Verbandes der chemischen Industrie Ost wesentlich dazu bei, daß die vom Gesamt-Verband der chemischen Industrie für Deutschland insgesamt übernommenen Verpflichtungen[281] erfüllt werden konnten. Sie trugen die Hauptlast. Innerhalb weniger Jahre war es notwendig und möglich, den CO_2-Gehalt um 33 Prozent (1990 bis 1995) zu verringern, weil die unternehmenseigenen

---

[280] Vgl. u. a. Frey, B.: Umweltökonomie. Göttingen 1972. S. 120 ff.

[281] Diese Selbstverpflichtungen unterlagen einem kontrollierten Monitoring.

Energieerzeugungsanlagen von Rohbraunkohle auf Erdgas umgestellt wurden. Damit wurde die Verbandszielsetzung für 2005 in der Hälfte der Zeit erfüllt. Daran beteiligt waren faktisch alle westdeutschen Chemiekonzerne, die in allen ostdeutschen Chemie-Standorten Tochterunternehmen besitzen und mit ihren Investitionen modernste technische Standards einführten. Dadurch waren höhere Produktionsvolumina bei gleichzeitig gesunkenen Energieverbräuchen und damit geringeren Umweltbelastungen möglich (Stichwort: Entkopplung). Die beiden nachfolgenden Tabellen verdeutlichen diese Entwicklung des Rückganges des Energieverbrauchs (vgl. Tabelle 17) und der CO_2-Emissionen der chemischen Industrie (Ost). Die Zahlen entstammen z. T. eigenen Erhebungen des Verbandes und z. T. der amtlichen Statistik und folgen den Prinzipien des Monitorings, auf das sich die Verbände der deutschen Wirtschaft im Rahmen ihrer Selbstverpflichtungserklärungen zum Klimaschutz verständigt haben. (Statistische Brüche ergaben sich aus dem Strukturwandel und geänderten statistischen Abgrenzungen der Zuordnung von Unternehmen zur chemischen Industrie ab 1995. Außerdem werden nunmehr keine Unterscheidungen mehr zwischen alten und neuen Bundesländern vorgenommen.)

Die Zahlen belegen: Während der Einsatz von Energie und Rohstoffen sank, erhöhten sich beispielsweise die Kapazität der Mineralölproduktion von 20,2 Mio. t (1990) auf 22,1 Mio. t (1993) und ihr Inlandsabsatz (gesamt) von 11,5 Mio. t (1990) auf 14,7 Mio. t (1993).

Je nach Privatisierungsvertrag mögen die Formen der „Selbstverpflichtungen“ aber insgesamt recht unterschiedlich ausgesehen haben. Die Angaben dazu können aber kaum exakt quantifiziert werden. Es ist außerdem zweifelhaft, diese Vereinbarungen (aus Privatisierungsverträgen) den Selbstverpflichtungen zuzurechnen. Formal gingen Einzelunternehmen jedenfalls keine Selbstverpflichtungen im Umweltschutz ein.

Manchmal wurden Kaufpreisminderungen wegen Umweltbeeinträchtigungen vereinbart oder über das Hemmnisbeseitigungsgesetz die Lasten zu 90 Prozent vom Bund und den Ländern (z. B. bei vermuteten Bodenkontaminationen) übernommen, damit Investitionen initiiert werden konnten. Dabei zeigte sich jedoch auch, daß die ermittelten Kontaminationen - entgegen ursprünglichen Befürchtungen - nicht durchgängig schwerwiegend sind.[282]

---

[282] Vgl. Abschlußbericht zum Forschungsvorhaben „Schwerpunktmäßige Dokumentation der ökologischen Aufbaupolitik in den neuen Ländern“ im Auftrag des Umweltbundesamtes. Deutsches Industitut für Wirtschaftsforschung Berlin und Institut für Wirtschaftsforschung Halle. Berlin/Halle, Januar 1995. S. 37.

Tabelle 17: Energieverbrauch der chemischen Industrie (Ost) (in 1.000 t Steinkohleeinheiten)[283]

Energieträger	**1990**	**1991**	**1992**	**1993**	**1994**	**1995**
Steinkohle	295	155	108	101	84	90
Braunkohle	2.760	1.950	1.350	674	488	355
- Erzeugnisse	456	258	25	21	19	3
Feste Brennstoffe	**3.511**	**2.363**	**1.483**	**796**	**591**	**488**
Heizöl S	420	273	88	43	49	44
Andere	30	19	38	56	48	60
Flüssige Brennstoffe	**450**	**292**	**126**	**99**	**97**	**104**
Erdgas	1.964	1.791	2.562	2.201	1.162	1.641
Andere Gase	54	16	26	14	3	2
Gasförmige Brennstoffe	**2018**	**1.807**	**2.588**	**2.215**	**1.165**	**1.643**
Summe	**5.979**	**4.462**	**4.197**	**3.110**	**1.853**	**2.195**
Äquivalent für Strombezug	**3.281**	**1.072**	**798**	**677**	**578**	**300**
Summe (einschl. Strombezug)	**9.260**	**5.534**	**4.995**	**3.787**	**2.431**	**2.495**
Strombilanz (Mio. kWh)						
- Eigenerzeugung	3.300	2.989	2.616	1.896	1.692	2.693
- Bezug	8.150	2.981	2.321	2.373	2.611	2.775
- Verbrauch	11.150	5.603	4.741	3.580	3.153	3.451
- Abgabe	300	367	196	689	1.150	2.017

Hinweis: Energiedaten ab 1995 sind wegen geänderter statistischer Zuordnung nicht mit den Vorjahren vergleichbar!

Für den Bereich der Luftreinhaltung spielte das „Instrument" der Selbstverpflichtungen insgesamt aber keine entscheidende umweltpolitische Rolle, weil die Energieträgerumstellungen sowieso im Rahmen der Modernisierung auf der Tagesordnung standen und weil die Rahmenbedingungen durch die übrigen klassischen Instrumente vorgegeben waren (Anpassungszeiten für BImSchG).

---

[283] Persönliche Information von Herrn Uhlich, Verband der chemischen Industrie Ost, Halle/Saale.

Tabelle 18: CO_2-Emissionen der chemischen Industrie (Ost) (in Mio. t CO_2)[284]

Quelle	1990	1991	1992	1993	1994	1995
Steinkohle	0,802	0,422	0,294	0,275	0,228	0,245
Braunkohle	8,970	6,338	4,388	2,191	1,586	1,154
- Erzeugnisse	1,322	0,748	0,073	0,061	0,055	0,009
Feste Brennstoffe	**11,095**	**7,507**	**4,754**	**2,526**	**1,870**	**1,407**
Heizöl S	0,907	0,590	0,190	0,093	0,106	0,095
Andere	0,065	0,041	0,082	0,121	0,104	0,130
Flüssige Brennstoffe	**0,972**	**0,631**	**0,272**	**0,214**	**0,210**	**0,225**
Erdgas	3,241	2,955	4,227	3,632	1,917	2,708
Andere Gase	0,092	0,027	0,044	0,024	0,005	0,003
Gasförmige Brennstoffe	**3,332**	**2,982**	**4,272**	**3,655**	**1,922**	**2,711**
Summe	**15,399**	**11.120**	**9,297**	**6,395**	**4,002**	**4,343**
Import für Strombezug	**10,351**	**3,965**	**3,064**	**3,061**	**3,290**	**3,413**
Gesamtemission	**25,750**	**15,085**	**12,361**	**9,457**	**7,291**	**7,756**

Hinweis: Emissionsdaten ab 1995 sind wegen geänderter statistischer Zuordnung nicht mit den Vorjahren vergleichbar!

Trotzdem muß eingeschätzt werden, daß die Selbstverpflichtungen aus der Sicht des geringen ordnungsrechtlichen Kontrollaufwandes recht sinnvoll sind, wobei aber nicht geprüft werden konnte, ob als Alternative zu den Selbstverpflichtungen, z. B. der chemischen Industrie Ost, andere Instrumente - wie etwa Zertifikate - zu besseren Ergebnissen geführt hätten.

Positive Nebeneffekte sind allemal die Beschäftigungswirkungen in der Ausführungsphase der Modernisierungsinvestitionen der Energieerzeugungsanlagen. Langfristig gehen die Beschäftigungseffekte aber nach der Fertigstellung der Anlagen wieder verloren.

3.6. Kontrolle und Kooperation

Der Aufbau und die Durchführung einer effizienzsteigernden wirksamen Umweltkontrolle ist für die Realisierung der Umweltpolitik von entscheidender Bedeutung. Dabei kommt es nicht so sehr auf die Anstellung von technischen Fachkräften an, sondern auch hier kann die (computergestützte) Überwachungstechnik (vor allem bei größeren Emissionsquellen) zu einem System der

[284] Persönliche Information: Verband der chemischen Industrie Ost, Herr Ulrich, Halle/Saale.

Selbstkontrolle, gepaart mit staatlichen Stichproben (z. T. durch private Überwachungsbüros), ausgebaut werden.

Außerdem kommt der Organisation von Kooperationsbeziehungen innerhalb der Regionen im Umweltschutz eine herausragende Stellung zu. Zu denken ist dabei an Konzepte der rationellen Energieanwendung (Blockheizwerke, Fernwärme, Erdgasnetze, geothermische Heizzentralen o. ä.), effiziente Ver- und Entsorgungskonzepte, technische Kooperation, die Unterstützung regenerativer Energiegewinnung, Aufbau von Netzwerken usw. Kooperationen werden immer dann greifen, wenn sie marktkonform inspiriert sind. Auch gesetzliche Regelwerke wirken dabei generierend.

Für Ostdeutschland hat sich gezeigt, daß mit der Übernahme westdeutscher Verwaltungs- und Rechtsvorschriften die doppelte Stellung der BHI und der Staatlichen Umweltinspektionen bei den Räten der Bezirke als Politik- und Vollzugsorgan in der Luftreinhaltung aufgehoben wurde. Verwaltungsprozesse wurden restrukturiert, wodurch zeitweilige Brüche unvermeidlich waren. Noch drei Jahre nach der Vereinigung und Wiedereinrichtung der Länder in Ostdeutschland lagen keine neuen zusammengefaßten Meßzahlen für die jeweilige Luftbelastungssituation in den neuen Ländern vor. Die Erarbeitung von Emissionskatastern wurde erst begonnen. Somit bestanden zunächst kaum Voraussetzungen für einen stärker regionalgebundenen Vollzug der Umweltpolitik. Mit Sofortprogrammen und der Vergabe von Studien über die Sanierungserfordernisse und Perspektiven konnten erste Ansätze herausgearbeitet werden, auf deren Grundlage nach 1993 schrittweise begonnen wurde, zielgerichtete Entwicklungen in Angriff zu nehmen. Ein grundlegender ökologischer Umbruch war und ist damit jedoch noch nicht verbunden. Selbst zum Entwicklungsstand westlicher Umweltämter und Landesministerien dürften weiterhin Unterschiede bestehen, die mit der komplizierten Ausgangslage, aber auch z. T. mit hausgemachten politischen Instabilitäten zusammenhängen. (Beispiele für Fehlentwicklungen, die hier zu beobachten waren, sind die Abwassergebühren und -Zweckverbände. Außerdem: In Sachsen gibt es seit 1990 inzwischen bereits die sechste Durchführungsverordnung zum Landesumweltgesetz, d. h. jedes Jahr eine neue!)

3.7. Bewertung der Instrumentennutzung

Fassen wir unsere bisherigen Beobachtungen und Ergebnisse zu einer Bewertung des Instrumenteneinsatzes zusammen, so vermittelt die Tabelle 19 einen groben Überblick über Vor- und Nachteile der wichtigsten Instrumente für die Region Ostdeutschland insgesamt. Hinsichtlich der Berücksichtigung der Belange von sehr gegensätzlichen Problemlagen in Teilregionen kann das Bild schon wieder anders aussehen.

Addiert man die positiven Punkte auf und verrechnet sie mit den Minuspunkten, so ergibt sich: Die Umweltsubventionen erweisen sich als besonders günstig, die Umweltauflagen am wenigsten. Allerdings gilt diese Untersuchung nur für die neuen Bundesländer und nur für die ausgewählten Kriterien.

Tabelle 19: Vergleich der Anwendung wichtiger umweltpolitischer Instrumente in den neuen deutschen Ländern[285]

	Umwelt-subventionen	**Umwelt-auflagen**	**Umwelt-abgaben**
Zeitlicher Aufwand	+	++	-
Umweltökonomische Effizienz	-	-	++
Genauigkeit der Zielerreichung	++	-	-
Marktwirtschaftliche Konformität	+	--	0
Sozialverträglichkeit	++	--	0
Einhaltung des Verursacherprinzips	0	++	++
Werteskala: sehr gut: ++; sehr schlecht: --; neutral: 0			

Allgemein werden die Umweltsubventionen als problematisch angesehen, da die übrigen umweltpolitischen Instrumente den Umweltsubventionen im komplexen Vergleich theoretisch überlegen sind. Für eine Regionalisierung umweltpolitischer Instrumente erscheinen die Subventionen aus Sicht der Politiker besonders geeignet zu sein, wie das Beispiel der neuen deutschen Bundesländer bestätigt.

Auflagen und Zertifikate werden in der Literatur in ihrer ökologischen Reichweite als wirkungsvoller angesehen. Abgabenlösungen böten hingegen wie auch die Zertifikate-Lösung einen stärkeren Innovationsanreiz.[286] Letztlich konnten wir die exakte Wirkung einzelner Instrumente in die eine oder andere Richtung für Ostdeutschland nicht exakt verifizieren. Die Datenlage erwies sich für den Bereich der Subventionen als besonders ergiebig, für andere Bereiche eher schlecht.

---

[285] Herrscher, T.: Umweltpolitik am Beispiel der neuen Bundesländer - Kritischer Vergleich verschiedener Instrumente. Diplomarbeit am Fachbereich Wirtschaftswissenschaften. Universität Frankfurt/Main 1992. S. 75.

[286] Vgl. Kemper, M.: Das Umweltproblem in der Marktwirtschaft. S. 113, 182.

Im Zusammenhang mit dem allgemeinen Instrumente-Fortentwicklungsbedarf und der Debatte um den Wirtschaftsstandort Deutschland präferiert beispielsweise *Klemmer* die Zertifikatlösung gegenüber der diskutierten Steuerreform. Es erscheine viel praktikabler, die Kohlendioxid-Emissionen der Industrie (der Energieerzeuger) durch die Vergabe von Zertifikaten zu beeinflussen, die eine begrenzte Umweltbelastung erlauben und den Unternehmen nach Länderquoten zugewiesen werden. Länder bzw. Unternehmen, die ihre Quote überschreiten wollen, müßten Zertifikate von anderen erwerben. Besonders durch die Variante des Verpachtens bzw. Vermietens solcher Zertifikate (mit Preisgleitklauseln oder Nachverhandlungs-Möglichkeiten) könnten gerade Entwicklungsländer, die ihre Quoten selber nicht ausschöpfen, von einem Kapitalstrom profitieren.[287] Die Zertifikate widerspiegeln am besten die regionalen Bedingungen und Erfordernisse der Luftreinhaltung und machen diese transparent. Im praktischen Umweltschutz Deutschlands konnten sie sich bisher nicht durchsetzen.

In der Umweltökonomie ist es fast schon zu einer Tradition geworden, in erster Linie zwischen marktwirtschaftlichen und ordnungsrechtlichen Instrumenten zu unterscheiden, wobei traditionell davon ausgegangen wird, daß nur der Staat umweltpolitische Instrumente einsetzt. Aber auch die Unternehmen haben proaktive umweltpolitische Gestaltungsmöglichkeiten vor allem mit solchen Instrumenten wie Managementmethoden, Ökobilanzen, Strategien, Ökoleasing, die in der Zukunft stärker fortentwickelt und diskutiert werden dürften.[288] Die Verknüpfung dieser bei den Wirtschaftseinheiten als umweltpolitischen Akteuren (Emittenten) gelegenen Elemente des regionalen Umweltbedingungsgefüges mit den von den politischen Entscheidungsträgern zu definierenden und zu kontrollierenden Zustand der Umwelt beispielsweise in Netzwerken erfordert derartige Ökobilanzen und marktnahe, transparente Instrumente wie die Zertifikate. Die Entwicklung in eine solche Richtung steht angesichts des Vorhandenseins moderner Informationstechnik und -technolgie auf der Tagesordnung. Dies entspricht dem Trend nach Dezentralisierung.

Weitgehend anerkannt ist die These, daß der Staat für die Setzung der Rahmenbedingungen des privaten Handelns zuständig ist. Wo nicht durch Gebote und Verbote unmittelbare Gefahren abgewendet werden müssen, soll nach Maßgabe des Verursacherprinzips eine Internalisierung der externen Kosten über Öko-Steuern und -abgaben erreicht werden. Die Zertifikatlösungen sollen auf ihre Weise dazu beitragen, daß die Umwelt nicht übernutzt wird. Diese Etablierung geeigneter Rahmenbedingungen ist aber zu einem zunehmend

---

[287] Vgl. o. V.: Immer teurer? In: Zeitschrift für kommunale Wirtschaft. München, April 1994. S. 26.

[288] Vgl. Zundel, S.: Ausgewählte Instrumente proaktiver Umweltpolitik. In: IÖW-Informationsdienst. Institut für ökologische Wirtschaftsforschung. Berlin, März/April 1994. S. 14.

mühseligen Geschäft geworden. Im angelsächsischen Sprachraum gibt es dafür die Unterscheidung zwischen command and control- und push and pull-Ansätzen. Dem liegt ein modernes Staatsverständnis zugrunde, um das komplizierte Verhältnis zwischen Markt und Staat auch für die Umweltpolitik modern zu definieren.[289] Doch auch unabhängig davon sind Kompensations- und andere Lösungen ohne ordnungsrechtlich festgelegte Grenzwerte offensichtlich über einen längeren Zeitraum nicht denkbar und z. T. auch nicht praktikabel. Trotzdem zeigt sich deutlich, daß ein regionales umweltpolitisches Management erforderlich ist, das mit geeigneten Werkzeugen auszustatten ist.

Die Regionalisierung spielt aus raumplanerischer Sicht erfahrungsgemäß eine wichtigere Rolle. Alle Bestimmungen über Umweltverträglichkeitsprüfungen, über Möglichkeiten der Flächennutzung, wie sie bei Bauleitplanungen, im Gewerberecht und Naturschutz Anwendung finden, zeigen, daß mit diesen Regularien Möglichkeiten und Erfordernisse zu einer sinnvollen Regionalisierung im ökologischen Interesse ergriffen werden können. Nur im Bereich der ökonomischen Instrumente der Umweltpolitik wird davon kein Gebrauch gemacht. Politik und Verwaltung neigen eher zu national einheitlichen Regelungen und Vorgaben. Gerade das aber läßt hoffen, denn im europäischen Maßstab gesehen unterscheiden sich die Verwaltungspraxis und politischen Traditionen, daß es bei Setzung europäischer Standards für Mindestanforderungen durchaus zu national bzw. regional unterschiedlichen Instrumentennutzungen in Gestalt differenzierter Abgabensätze kommen wird.

Das Kriterium der ökonomischen Effizienz spricht für eine Regionalisierung von umweltpolitischen Instrumenten der Luftreinhaltung.

Die Frage bleibt: Gilt das für Emissionsnormen/Abgaben und Subventionen gleichermaßen? Man könnte meinen, für Subventionen nicht, weil die Finanzierungsart wettbewerbspolitisch erheblich sei. Die Branchen seien unterschiedlich betroffen. Subventionen sind ineffizient. Bewegung von Direktinvestitionen zeigen international kein einheitliches Bild.

Die auf diese Weise zum Ausdruck gebrachte Situation des Umweltmediums Luft ist ein ganz bestimmter regionaler oder lokaler Standortfaktor der Produktion und des Konsums. Regionale Unterschiede stellen demzufolge komparative Wettbewerbsfaktoren dar, was durchaus räumliche Allokationswirkungen hat, die sich jedoch langfristig betrachtet aufheben dürften, wenn man hinreichende Mobilität von Produktionsfaktoren und Gütern zur Anpassung an die regionalen Produktions-Kosten-Verhältnisse unterstellt. Als ein Beispiel dafür läßt sich die Anwendung von Subventionen und die zeitlich gestaffelte Auflagenpolitik in Ostdeutschland anführen.

---

[289] Vgl. Zundel, S.: Proaktive Umweltpolitik. In: IÖW-Informationsdienst. Berlin, November/Dezember 1993. S. 1 - 2.

Im gleichen Maße, wie sich die regionalen Luftbelastungsunterschiede ausgleichen werden, werden auch die Unterschiede bei der Wirksamkeit umweltpolitischer Instrumente abnehmen. Die regionalorientierte Umweltpolitik hebt sich selbst somit theoretisch gesehen irgendwann auf. Praktisch ist eine solche Angleichung jedoch kaum realisierbar, wird es vielmehr immer Differenzierungen geben, noch dazu, wenn es sich um derartig viele Einflußfaktoren handelt, wie bei der Komplexität der mit der Luftreinhaltung verbundenen Faktoren.

4. Offene Möglichkeiten

Die umweltpolitischen Regularien auf kommunaler, Länder-, Bundes und EU-Ebene unterliegen z. T. schnellen Veränderungen (z. B. Förderrichtlinien und -Programme, Subventionen). Sie sind dabei mittlerweile so kompliziert geworden, daß selbst Experten kaum noch die Vielfalt an Vorschriften, Verordnungen und Ausführungsrichtlinien überblicken. Kleine und mittlere Unternehmen werden mit diesem Problem besonders konfrontiert, weil ihre Ertragskraft in der Regel keine großen Verwaltungsstäbe mit speziellen Umweltabteilungen oder Umweltfachleuten - wie in der Großindustrie - zuläßt. Betroffen sind aber auch die privaten Haushalte und öffentliche Verwaltungen.

Hinzu kommen laufende Aktualisierungen, so daß die Gefahr wächst, veraltete Verordnungen bei Entscheidungen zugrunde zu legen. Kleine und mittlere Unternehmen sind kaum aus eigener Kraft in der Lage, alle gesetzlichen Regelungen und Veränderungen auf die Relevanz für ihr Unternehmen hin zu sondieren und zu beobachten, geschweige denn anzuwenden. Vielleicht sollten hier in Analogie zu den Wirtschaftsprüfungs- und Steuerberatungsunternehmen, die unabhängige Spezialisten des Steuer- und Handelsrechtes sind, gleichfalls Umweltprüfungs- und -beratungsunternehmen turnusmäßig derartige Unternehmen betreuen und regelmäßig einen Bestätigungsvermerk erteilen. Trotzdem bleibt aktive unternehmerische Umweltinitiative immer auch ein Image- und Erfolgsfaktor (Energie- und Materialeinsparungen, Abfallvermeidung, Reinigung usw.), auch wenn allgemeingültige objektive Bewertungskriterien nicht gegeben sind.

Selbst die Behörden leiden unter der Gesetzes- und Regelungswucht. Genehmigungsverfahren für genehmigungsbedürftige Anlagen lt. BImSchG dauern heute oftmals zwei bis fünf Jahre. Eingereichte Anträge werden häufig ohne Erläuterungen wegen Unvollständigkeiten oder Fehler zurückgewiesen. Mit dem zunehmenden Zeitverlust wächst auf beiden Seiten der Ärger und auch der ökonomische Verlust. Beratungsfunktionen übernimmt gegenwärtig hauptsächlich der Technische Überwachungs- und Prüfverein (TÜV).

Außerdem besteht ein Mangel der derzeitigen Regionalpolitik in der teilweisen Zersplitterung der regionalpolitischen Instrumente: Gegenwärtig existieren kaum integrierte Gesamtkonzepte, sondern die verschiedenen Politiken wie die Gemeinschaftsaufgabe, die Arbeitsmarkt-, Teile der Infrastruktur-, der Forschungs- und Entwicklungspolitik oder der Umweltpolitik laufen relativ unvernetzt nebeneinander her. Konzentrierte regionale Leitbildorientierungen sollten hier Abhilfe schaffen.

Aus heutiger Sicht müßte sich eine regionale ökologieorientierte Politik mindestens darauf konzentrieren:

- ihre Infrastrukturen ökologiegerecht zu entwickeln, um Handlungsoptionen zu eröffnen, und
- mit den Mitteln der Wirtschafts- und Technologiepolitik darauf hinzuwirken, daß ökologisch orientierte Wirtschaftsentwicklung möglich wird.[290]

Aber bisher sind die (rechtlichen) Handlungsmöglichkeiten in den Regionen begrenzt. Außerdem unterliegen wesentliche Teile der Haushaltsmittel und der Infrastruktur dem Bund. Eine eigenständige Wirtschaftspolitik ist nicht nur aufgrund der finanziellen Engpässe relativ eingeschränkt.

5. Schlußfolgerungen für die regionalorientierte Umweltpolitik

Umweltpolitischen und umweltökonomischen Strategieempfehlungen liegt regelmäßig die Vorstellung zugrunde, durch Implementierung eines einzigen Regulierungsmechnismuses könnten alle ökologischen Ansprüche befriedigend erfüllt werden. Dabei wird bei der instrumentellen Spezifizierung umweltpolitischer Absichten allgemein von einem national einheitlichen Instrumentengebrauch ausgegangen.

Zugleich kreisen die politischen und theoretischen Diskussionen um ganz bestimmte eingrenzende Vorteilhaftigkeitsprofile einzelner Instrumente - oft auch ungeachtet der realexistierenden Implementation dieser Instrumente.

Die gegenwärtige Praxis repräsentiert dabei die aus politischen Notwendigkeiten und historischen (oft nationalen) Erfahrungen entwickelten Regularien und rezipiert allenfalls partiell die Vorschläge der ökonomischen Theorie. Insbesondere muß von der Vorstellung Abschied genommen werden, daß traditionell dem Ordnungsrecht zuordbare umweltpolitische Eingriffe zugunsten rein

---

[290] Vgl. Lüdigk, R./Petschow, U.: Chancen und Risiken ökologischer Wirtschaftspolitik in Sachsen-Anhalt. Studie im Auftrag der Friedrich-Ebert-Stiftung. Berlin und Halle, im Oktober 1993. S. 40.

marktmäßiger Steuerungen abgelöst werden könnten und Instrumente nur nach Effizienzaspekten evaluiert werden dürften.

Angesichts der sich hieraus ergebenden Kluft zwischen Theorie und Praxis wurde in dieser Arbeit eine systematische Aufbereitung sehr vielfältiger und heterogener regionaler Komponenten für den Instrumenteneinsatz in der Luftreinhaltung vorgenommen.

Aus der regionalen Sicht erscheint zunächst das Förderinstrumentarium an vorderer Stelle, das auch in der Vergangenheit durchaus differenziert genutzt wurde.

Auch eine Anpassung der ökologischen Ziele an die regionalen Gegebenheiten ist mit einer einheitlichen Abgabe offenbar nicht zu erreichen. So ergibt sich die Notwendigkeit, diesen Mangel durch die Möglichkeit einer regional divergenten Festlegung der Abgabe/Steuer auf der Basis national einheitlicher Sätze oder Anwendungsstandards mit sinnvollen Intervallen zu beseitigen und dieses umweltpolitische Instrument selbst effizient zu installieren, vielleicht in luftreinhaltepolitischen Selbstverwaltungsorganisationen.

Ein solches breit angelegtes Programm aktiver, auf Vorsorge ausgerichteter regionaler Umweltpolitik, das den ganzen Fächerkanon der umweltpolitischen Regularien berücksichtigt, sollte zwei Dimensionen enthalten: Zum einen den Programmteil, der sich mit der infrastrukturellen Entwicklung befaßt, und zum anderen einen Programmteil der die Unternehmensebene im Blick hat.

Auf der Ebene der Umweltinfrastruktur erscheint es sinnvoll, Kriterien an die Dringlichkeit entsprechender Maßnahmen (Verkehrs- und Raumpolitik, Energiequellen, -erzeugung und -verteilung usw.) zu stellen. In einem zweiten Programmteil könnten Kriterien entwickelt werden, die die Markt- und Beschäftigungspotentiale der Unternehmen im Bereich der Umweltschutztechnik und der regenerativen Energien im Sinne der Markt- und Konkurrenzfähigkeit entsprechender Produkte und Verfahren einschließlich der erforderlichen Innovationen in dieser Richtung (Patente) betreffen. Voraussetzung für diesbezügliche Entscheidungen ist die Kenntnis der darin enthaltenen ökonomischen und ökologischen Potentiale.

Für die Konzentration auf Umweltschutzinvestitionen des produzierenden Gewerbes einer Region wäre es sinnvoll, die Wirksamkeit von Fördermitteln im Umweltschutz durch folgende Maßnahmen zu verbessern:

- verstärkter Einsatz von ökologieorientierten Steuern,
- Betonung des Vorsorgeprinzips durch zielgerichtete Präferierung des umwelttechnischen Fortschritts und

- vereinfachte Information, Beantragung und Verwaltung, z. B. über Banken unter Einschaltung ökologisch orientierter Wirtschaftsprüfer.

Das gegenwärtige Instrumentarium ist weiterhin stark auflagenlastig. Andererseits führt dies in Kombination mit Fördermitteln zu erwünschten ökologischen Ergebnissen. Doch dienen die Fördermittel häufig nur zur Finanzierungsgestaltung der ohnehin per Auflagen vorgeschriebenen Umweltschutzaktivitäten. Anreize darüber hinaus kommen nur schwach zum Tragen. Dies dient zwar auch zur Erhaltung der Arbeitsplätze, kann aber nicht darüber hinweg täuschen, daß zu geringe proaktive und präventive ökologische Entwicklungen in der Wirtschaft stimuliert werden. Emittenten müßten also per Abgaben stimuliert werden, auch die noch zulässigen Restemissionen (also über die Auflagen hinaus) zu reduzieren und so den „Stand der Technik" durch technischen Fortschritt zu übertreffen.

Zinsverbilligte Kredite sollten dieses Faktum ebenfalls berücksichtigen: Kredite sollten eben erst dann wirklich billiger sein, wenn sie über die sowieso vom Gesetz vorgegebenen Umweltvorschriften hinausgehen.

Die Differenzierung obliegt hierbei den regionalen Akteuren und Entscheidungsträgern und sollte nach regionalen Erfordernissen erfolgen. Banken haben einen solchen Überblick i. d. R. nicht. Auch hier bedarf es der kompetenten Schnittstelle, die bisher im Verwaltungsvollzug auf regionaler Ebene fehlt. Fördermaßnahmen des Bundes berücksichtigen dies z. T. bereits, haben aber dabei noch keine Breitenwirkung ihrer Programme erreicht.

Von den rund 19,9 Mrd. DM Umweltschutzinvestitionen ostdeutscher Kommunen entfallen für die Zeit von 1991 bis 1993 nur etwa 2,1 Mrd. DM auf „übrige" Umweltbereiche, wie Luftreinhaltung, Abfallwirtschaft, Landschaftspflege. Das Gros geht in die Abwasserentsorgung.[291] Auch die Umweltschutzinvestitionen der Kommunen wurden und werden durch ein Bündel von wirtschafts- und umweltpolitischen Maßnahmen begünstigt und möglich. Sie bleiben wegen der schwierigen Haushaltslage weiterhin besonders relevant. Es besteht auch hier weiterhin Anpassungsbedarf zwischen West- und Ostdeutschland. Vor dem Hintergrund der Wahrung der kommunalen Autonomie spricht einiges dafür, das Mittelaufkommen der Kommunen zu verbessern, da auch die Bundes- und Landeshaushalte angespannt sind. Aus umweltpolitischer Sicht der Kommunen sind daher folgende Ansatzpunkte zu nennen:

[291] Für Maßnahmen der Luftreinhaltung ist der Investitionsbedarf in kommunaler Trägerschaft geringer, da gewerbliche Unternehemen Hauptemittenten sind. Investitionsgegenstand der Kommunen sind aber öffentliche Unternehmen (Stadtwerke, Energieerzeugungsanlagen, Fernwärmesysteme o. ä.) Vgl.Umweltschutzinvestitionen ostdeutscher Kommunen. Institut für Wirtschaftsforschung Halle. Forschungsreihe. Heft 7. Halle 1994. S. 57.

- verstärkter Einsatz von ökologieorientierten Steuern unter Beteiligung der Kommunen,
- Bündelung unterschiedlicher Förderprogramme zu Förderpakten auf einer Ebene - vorzugsweise der regionalen - mit dem Ziel, die Mittel in einem Pool zu sammeln und koordiniert und schwerpunktbezogen zu vergeben,
- verbesserte Übersichtlichkeit und Mittelbeantragung, -Vergabe und Kontrolle,
- Entlastung der Regionen durch Mobilisierung privaten Kapitals für Umweltschutzaufgaben und
- Betonung des Vorsorgeprinzips durch Bevorzugung entsprechender Aktivitäten.

Da immer wieder deutlich wird, daß der Verwaltungsaufwand für die vielen Ansprüche, die mittlerweile an das umweltpolitische Instrumentarium und seinen Vollzug gestellt werden, zu hoch ist, und außerdem dadurch kleine und mittlere Unternehmen gegenüber Großunternehmen benachteiligt sind, müßte eine Vereinfachung und Gleichstellung der Akteure im Umweltschutz erreicht werden, durch

- Verringerung der Anzahl der Programme,
- bessere Koordinierung der Maßnahmen der beteiligten Gebietskörperschaften (Netzwerk) und
- bessere Informationsbasis und Serviceangebote für Klein- und Mittelunternehmen (Öko-Audit und Datenbanken).

Ein gangbarer Weg bestünde hierzu über die Typisierung von Regionen gemäß ihrer ökologisch relevanten Determinanten.

Es konnte nicht untersucht werden, ob die Instrumente nach unterschiedlichen Kostenstrukturen zu differenzieren wären. So war es nicht möglich, Anreizwirkung und Effizienz bei der Untersuchung einzelner Instrumente genau zu vergleichen oder gar in regional zweckmäßiger Weise ihre Verbindung abzuleiten oder zu empfehlen. Dies wäre zwar ein notwendiger Schritt zu neuen Untersuchungen zur Operationalisierung praktischer Umweltpolitik.

Hinsichtlich der institutionellen Träger muß festgestellt werden, daß es sich dabei um ressort- und ebenenübergreifende Aufgabenstellungen im Interesse von Arbeit *und* Umwelt handelt, was letztlich bedeutet, daß besondere Formen der Koordinierung, Kooperation bzw. Abstimmung zwischen den einzelnen Akteuren, Fachressorts und territorial-staatlichen Ebenen erforderlich werden. Sie reichen von der exakten Identifizierung der regionalen Umweltsituation über die regional divergente Instrumentenmischung bis hin zur Aktivierung und

Kontrolle der Vermeidungsmaßnahmen. Die Funktionsweise von Märkten scheint dafür offensichtlich nicht ausreichend geeignet.

Dabei wäre zu untersuchen, inwieweit das Management solcher vernetzten Programme durch entsprechende qualifizierte Projektträger und unabhängige Service-Unternehmen erfolgen sollte. So könnten mit einer solchen Service-Gesellschaft (Schnittstelle) ressortunabhängig und aus einer Hand die unterschiedlichen Elemente und Akteure eines solchen Programms zusammengeführt werden, von der Technologieberatung zur Beurteilung der Umweltauswirkung einzelner Maßnahmen, ihre Förderwürdigkeit und Kreditfinanzierung bis zur Wirtschaftsrelevanz.

Der hier vorgeschlagene Weg einer unter Umständen zeitlich befristeten Regionalisierung in der Implementation des umweltpolitischen Instrumentariums könnte eine verbesserte Ausgangsposition zur immer besseren Problembearbeitung der Nutzungskonflikte gerade in den Regionen schaffen, in denen die Probleme am größten sind. Für Ostdeutschland insgesamt hat sich dieser Weg zunächst offensichtlich bewährt. Für ostdeutsche Teilregionen hingegen wären Einschränkungen angebracht, was sich auf den einfachen Nenner bringen läßt: Weniger belastete Gebiete bedürften geringerer Förderung, was aber arbeitsmarktpolitische Nachteile gehabt hätte, stärker belastete Gebiete vertrügen eine noch stärkere Förderung. Ob sich diese Erfahrungen allerdings beispielsweise auf ost- und mitteleuropäische oder andere Problemregionen in Europa ohne weiteres übertragen lassen, hängt wesentlich von den Finanzierungsmöglichkeiten für das Förderinstrumentarium ab.

Politische Erfolgsrezepte für den Umweltschutz gibt es indes auch hierbei nicht.

Auf der Suche nach praktikablen, politisch durchsetzbaren, effizienten und problemadäquaten Lösungen müssen alle entscheidenden Akteure zusammenwirken. Dabei müssen neben den Umweltökonomen auch die Juristen, Techniker und Naturwissenschaftler einbezogen sein. Die Ökonomen sind vom *Sachverständigenrat für Umweltfragen* aufgefordert, sich jenen Fragen zuzuwenden, wie innerhalb des wirtschaftlichen und sozialen Datenkranzes eine maßnahmeorientierte Umweltpolitik gestaltet werden kann, welche Durchsetzungs- und Vollzugsprobleme auftreten und welche Wirkungen von einzelnen umweltpolitischen Maßnahmen ausgehen.[292] In den Regionen kann dafür ein möglicher Lösungsschlüssel liegen.

Andererseits muß klar gesagt werden, daß sich selbst im Bemühen um eine bessere Umwelt durch das ausschließliche Setzen auf autarke regionale Einheiten und ein Plädieren für eine „Renaissance der Orte oder Regionen“ keine

---

[292] Vgl. Rat von Sachverständigen für Umweltfragen: Umweltgutachten 1978. In: Bundestagsdrucksache 8/1938. S. 522. Tz 1698.

großartigen Handlungsalternativen ergeben. Denn in Praxi wachsen die Regionen, Staaten und Kontinente immer mehr zusammen, bieten sich daraus auch Entwicklungschancen für den anzustrebenden Gleichklang von Ökonomie und Ökologie. Die globalen Umweltprobleme, wie Klimaschutz, lassen sich nicht allein durch einen ökologischen Regionalismus lösen. Vielmehr fällt dabei ins Gewicht, die regionalen Potentiale besser zu kennen und zu nutzen und sie gewissermaßen in die internationale Arbeitsteilung im Interesse des Umweltschutzes einzubinden.

Literaturverzeichnis

Abschlußbericht zum Forschungsvorhaben „Schwerpunktmäßige Dokumentation der ökologischen Aufbaupolitik in den neuen Ländern". Deutsches Institut für Wirtschaftsforschung und Institut für Wirtschaftsforschung Halle. Berlin/Halle 1994

Adler, U./Sprenger, R.-U./Wackerbauer, J.:
Umweltschutz in den neuen Bundesländern. In: Ifo-Schnelldienst, Nr. 11 (44. Jg.). Ifo-Institut für Wirtschaftsforschung. München, 11. April 1991.

Altvater, E.:
Die Zukunft des Marktes. Münster 1991.

Autorenkollektiv unter Leitung von Heinrichs, W. (Hrsg.):
Grundfragen der sozialistischen Reproduktionstheorie. Berlin 1982. Sowie: dieselben: Umfassende Intensivierung und Reproduktionstheorie. Berlin 1987.

Autorenkollektiv unter Leitung von Oehler, E.:
Landeskulturrecht. Lexikon. Berlin 1983. S. 68.

Autorenkollektiv unter Leitung von Ostwald, W.:
Territoriale Reproduktionsbedingungen der DDR (Thesen). Wissenschaftlicher Rat für die wirtschaftswissenschaftliche Forschung der Akademie der Wissenschaften der DDR. Berlin/Leipzig 1988.

Beckenbach, F. (Hrsg.):
Die ökologische Herausforderung für die ökonomische Theorie. Ökologie und Wirtschaftsforschung. Marburg 1991.

Beckenbach, F.:
Die regionale Wirtschaftsförderung - Bestandsaufnahme und Alternativen. Eine Untersuchung am Beispiel Niedersachsens. In: Institut für Ökologische Wirtschaftsforschung. Informationsdienst. Nr. 10. Berlin 1988.

Bergmann, E./Kanzlerski, D.:
Marktwirtschaftliche Instrumente der Umweltpolitik - ein Thema für die Raumordnung? In: Bundesforschungsanstalt für Landeskunde und Raumordnung: Informationen zur Raumentwicklung. Heft 2/3. Bonn 1992.

Biehl, D./Ullrich, H. H./Wolf, W.:
Regionalisierung raumwirksamer Einnahmen und Ausgaben von Bund, Ländern und Gemeinden. In: Beiträge der Akademie für Raumforschung und Landesplanung. Band 98. Hannover 1988. S. 148 - 151.

Blazejczak, J. u. a.:
Ökologische Sanierung in den neuen Bundesländern - Voraussetzung für ökonomisch und sozial verträgliche Gestaltung. In: Wochenbericht, Nr. 10. (58. Jg.). Deutsches Institut für Wirtschaftsforschung. Berlin 1990. S. 100.

Bonus, H.:
Marktwirtschaftliche Konzepte im Umweltschutz. Stuttgart 1984. S. 14 - 15.

Braun, H. G.:
Konzept und Probleme der dezentralen Industrialisierung in Entwicklungsländern. In: Timmermnn, V.: Beiträge zur Industriealisierungs- und Handelspolitik der Entwicklungsländer. Berlin 1980. S. 45.

Braun, M./Ettl, W.:
Intensiv erweiterte Reproduktion und Nutzung der natürlichen Umwelt. In: Autorenkollektiv unter Leitung von Heinrichs, W. (Hrsg.): Umfassende Intensivierung und Reproduktionstheorie. Berlin 1987. S. 308 (Fußnote).

Brockhaus Handbuch Umweltgestaltung/Umweltschutz. Leipzig 1977. S. 581.

Bundesministerium des Innern (Hrsg.):
Das Verursacherprinzip - Möglichkeiten und Empfehlungen zur Durchsetzung. Umweltbrief Nr. 1. Bonn 1973. S. 2.

Bundesministerium des Innern (Hrsg.):
Was Sie schon immer über Umweltschutz wissen wollten. Bonn 1984 usw.

Bundesministerium für Umwelt, Naturschutz und Reaktorsicherhheit (BMU):
Eckwerte der ökologischen Sanierung und Entwicklung in den neuen Ländern. Bonn 1991.

Bundesministerium für Umwelt, Naturschutz und Reaktorsicherhheit (BMU):
Wegweiser zu Starthilfen im Umweltschutz. Informationsschrift. Bonn 1991.

Bundesministerium für Umwelt, Naturschutz und Reaktorsicherhheit (BMU):
Umweltschutzprojekte in den neuen Bundesländern. Informationsschrift. Bonn 1991. S. 56 - 57.

Der Umweltminister des Landes Mecklenburg-Vorpommern (Hrsg.):
Luftgütebericht 1992 und 1993 für Mecklenburg-Vorpommern. Schwerin. Juni 1994.

Deutscher Bundestag:
Umweltprogramm der Bundesregierung 1971. Bundestagsdrucksache VI/2710. S. 63.

Deutscher Industrie- und Handelstag:
DDR - Umweltschutz. Ökologie statt Autarkie. Bestandsaufnahme und Lösungsansätze. Bonn 1990.

Deutsches Institut für Wirtschaftsforschung:
Beiträge zur Strukturforschung. Heft 64. Berlin 1981. S. 22 ff.

Deutsches Institut für Wirtschaftsforschung:
DIW-Wochenbericht Nr. 13/94. Berlin 1994, S. 179 - 183.
DIW-Wochenbericht Nr. 15/94. Berlin 1994. S. 227.
DIW-Wochenbericht Nr. 27/28. Berlin 1995.

Deutsches Institut für Wirtschaftsforschung:
Vierteljahreshefte zur Wirtschaftsforschung. Heft 3. Berlin 1995. Hier insbesondere S. 509 - 529 und die Übersicht S. 514.

Endres, A./Hopfmann, J.:
Philosophie und Ökonomie zur Einheit von Natur und Gesellschaft. In: Wirtschaftswissenschaft. Heft 10. Berlin 1990 (38. Jg.). S. 1366 ff.

Europäischer Energie- und Umweltpark der Region Leipzig GmbH:
Der Klimaschutz als Leitlinie kommunaler Gestaltung am Beispiel der Gemeinde Lützschena bei Leipzig. Projektdokumentation. Leipzig, Juni 1994. S. 8.

Ewringmann, D./Schafhausen, F.:
Abgaben als ökonomischer Hebel in der Umweltpolitik. In: Umweltbundesamt: Berichte. Nr. 8. Berlin 1985. S. 18, 88 - 98.

Feess, E./Hege, U./Maug, E.:
Emissionsbesteuerung bei grenzüberschreitender Umweltbelastung. In: Steger, U. (Hrsg.):Arbeitspapiere des Instituts für Ökologie und Unternehmensführung. European Business School. Oestrich-Winkel 1990. Nr. 10.

Feess, E.:
Umweltökonomie und Umweltpolitik. (1. Auflage) München 1995.

Fiebig, K.-H.:
Luftreinhaltung in den Städten: Rahmenbedingungen und Elemente einer kommunalen Luftreinhalteplanung. Deutsches Institut für Urbanistik. Berlin 1990.

Frankfurter Allgemeine Zeitung:
Frankfurt/M., 15. Juli. 1993. S. 10.

Frankfurter Allgemeine Zeitung:
Frankfurt/M., 22. Februar 1991. S. 6.

Frankfurter Allgemeine Zeitung:
Frankfurt/M., 22. Juni 1994. S. 15.

Frankfurter Allgemeine Zeitung:
Frankfurt/Main, 12. Januar 1994. S. N 3.

Frankfurter Rundschau:
Frankfurt/M., 1./2. Juni 1994. S. 44.

Frey, B. S.:
Umweltökonomie. Göttingen 1985 (2., erw. Auflage).

Freye, H.-A.:
Humanökologie. Jena 1986. S. 16, 152.

Gebauer, R. H.:
Die Förderung von Umweltschutzinvestitionen gewerblicher Unternehmen in den östlichen Bundesländern 1991. In: Kreditanstalt für Wiederaufbau. Aktuelle volkswirtschaftliche Themen. Nr. 4. Frankfurt/Main 1992.

Geißler, E.:
Probleme der planmäßigen Umweltgestaltung und ihr Beitrag zur Erhöhung der volkswirtschaftlichen Effektivität. In: Wissenschaftliche Zeitschrift. Universität Rostock. Heft 2. Rostock 1985 (34. Jg.). S. 74.

Gielow, E. (Hrsg.):
Schlüsselrolle von Wissenschaft und Technik bei der Lösung umweltreproduktiver Aufgaben. Thesen zum 7. Gesellschaftswissenschaftlichen Umweltkolloquium. Technische Universität Dresden, 13. November 1986. Sektion Betriebswirtschaft.

Gielow, E./Horsch, H.:
Ökonomische Regelungen zur Bewertung und Stimulierung von Umweltschutzmaßnahmen. Konferenzbericht. In: Wirtschaftswissenschaft. Heft 8. Berlin 1986 (34. Jg.). S. 1213 ff.

Gutzer, W./Streibel, G.:
Erfahrungen mit Methoden zur Berechnung der ökonomischen Effektivität von Umweltschutzmaßnahmen. In: Wirtschaftswissenschaft. Heft 8. Berlin 1990. S. 1120 - 1130.

Hampicke, U.:
Ökologische Ökonomie. Individuum und Natur in der Neoklassik. Natur in der Ökonomischen Theorie. Opladen 1992.

Handbuch der Wirtschaftswissenschaften. Raumwirtschaft:
Stuttgart u. a. 1988. S. 406.

Heimpold, G./Junkernheinrich, M.:
Regionalisierung der Regionalpolitik - ein instrumenteller Hoffnungsträger? In: Institut für Wirtschaftsforschung (IWH): Wirtschaft im Wandel. Heft 2. Halle, 8. Februar 1995. S. 7 - 12.

Heinz, I.:
Volkswirtschaftliche Kosten durch Luftverunreinigungen. Ökonomische Bewertung der Wirkungen von Luftverunreinigungen. Studie im Auftrag des Umweltbundesamtes. Berlin 1991.

Hemmer, H. R.:
Wirtschaftsprobleme der Entwicklungsländer. 2. Auflage. München 1988. S. 587 f.

Herrscher, T.:
Umweltpolitik am Beispiel der neuen Bundesländer - Kritischer Vergleich verschiedener Instrumente. Diplomarbeit am Fachbereich Wirtschaftswissenschaften. Universität Frankfurt/Main 1992. S. 75.

Hesse, M.:
Nachhaltigkeit und Region. In: IÖW-Informationsdienst: Nr. 6. Institut für ökologische Wirtschaftsforschung. Berlin, November/Dezember 1994. S. 10 - 12.

Hölder, E. und Mitarbeiter:
Wege zu einer umweltökonomischen Gesamtrechnung. Band 16 der Schriftenreihe „Forum der Bundesstatistik" hrsg. vom Statistischen Bundesamt. Stuttgart 1991.

Holm, K.:
Wasserverbände im internationalen Vergleich. München 1988.

Horbach, J.:
Strukturwandel und Umweltbelastung in den neuen Bundesländern. In: Wirtschaft im Wandel. Institut für Wirtschaftsforschung Halle. Heft 15. Halle 1995.

Hübler, K.-H. (Hrsg.): Stand der DDR-Umweltpolitik und mögliche Auswirkungen auf Berlin (W). Ergebnisse eines Kolloquiums. Manuskript. Berlin 1987.

Hübler, K.-H.:
In: Schriftenreihe für Deutschlandforschung. Bd. XIV. Jahrbuch 1985. Berlin 1985.

Hucke, J.:
Tschernobyl - da hielt das Volk nicht mehr still. In: Sonderveröffentlichung der Tageszeitung Die Welt. Hamburg. Februar 1990.

Huckstein, B.:
Anforderungen an Kompensationslösungen im Immissionschutzrecht der Bundesrepbulik Deutschland. Möglichkeiten der Implementierung ökologisch, ökonomisch und rechtlich vertretbarer Ausgleichsregelungen in der Luftreinhaltung. In: Zeitschrft für Umweltpolitik & Umweltrecht. 12. Jg. S. 1 - 24.

Hunstock, D. u. a.:
Zur Entwicklung der Finanzlage der ostdeutschen Kommunen. In: Deutsches Institut für Wirtschaftsforschung: Wochenbericht. Nr. 30. Berlin 1993.

Institut der deutschen Wirtschaft Köln:
diverse Informationsdienste. Nr. 30. Köln 1993, S. 4.
Nr. 3. Köln 1996. S. 2.

Institut für ökologische Betriebswirtschaft:
Betriebliches Umweltmanagement. Konferenzmaterialien. Universität Gesamthochschule Siegen, 8./9. November 1990.

Institut für Wirtschaftsforschung Halle:
Forschungsreihe. Heft 7. Halle 1994.

Instituts für Wirtschaftsforschung Halle:
Kurzinformationen. Nr. 30. Halle 1994.

Jänicke, M., Mönch, H., Binder, M. u. a.:
Umweltentlastung durch industriellen Strukturwandel? Berlin 1992. S. 73.

Jänicke, M.:
Langfristige Umweltveränderungen - Probleme und Lösungen. Berlin, Heidelberg usw. 1994.

Jarre, J.:
Umweltbelastungen und ihre Verteilung auf soziale Schichten. Göttingen 1975.

Jürk, W.:
Struktur des DDR-Umweltministeriums. In: Informationsdienst Umweltrecht (IUR). Das Forum für Umwelt und Recht, hrsg. vom Verein für Umweltrecht e. V. Heft 2. Bremen, April 1991 (2. Jg.). S. 70 - 72.

Kemper, M.:
Das Umweltproblem in der Marktwirtschaft. Berlin 1989. S. 8 - 9, 33, 46 f., 113, 182.

Kirsten, U.:
Umweltsanierung von Kohlekraftwerken ohne Grenzen. "Schwarzes Dreieck" - gereinigt. In: Neues Deutschland. Berlin, 27. Oktober 1992. S. 14.

Kloepfer, M.:
Rechtsstaatliche Probleme ökonomischer Instrumente im Umweltschutz. In: Wagner, G. R. (Hrsg.):Unternehmung und ökologische Umwelt. München 1990. S. 241 - 261, 257.

Klötzli, F.:
Symptome einer neuen Umweltsituation. In: Neue Zürcher Zeitung. Fernausgabe Nr. 120, 27. Mai 1987, S. 35.

Knoepfel, P./Weidner, H.:
Luftreinhaltepolitik (stationäre Quellen) im internationalen Vergleich. (5 Bd.) Berlin 1985.

Knüppel, H.:
Umweltpolitische Instrumente. Analyse der Bewertungskriterien und Aspekte einer Bewertung. In: Schriften der Friedrich-Naumann-Stiftung. Baden-Baden 1989. S. 23.

Komar, W.:
Förderkreditnachfrage für Umweltschutzinvestitionen. Institut für Wirtschaftsforschung Halle. Forschungsreihe. Heft 1. Halle 1997.

Kosing, A./Heinrich, R.:
Natur - Mensch - Gesellschaft. In: Autorenkollektiv: Sozialismus in der DDR. Berlin 1988. S. 197.

Kothe, P.:
Marktwirtschaftliche Instrumente in der Luftreinhaltung als Modell situationsgerechten Verwaltungshandelns: ein Beitrag zur instrumentellen Erfassung des Kooperationsgedankens. (Diss.) Bonn (Univ.) 1990.

Koziolek, H./Ostwald, W:/Stürz, H.:
Reproduktion und Infrastruktur. Berlin 1986.

Küppers, F.:
Kommune und Umwelt - Kommunale Beziehungen in einer Großstadt. Projekt. In: FÖB-Informationsdienst. Forschungsinformationsdienst ökologisch orientierte BWL. Institut für Ökologische Betriebswirtschaft. Universität Gesamthochschule Siegen. März/April 1991. S. 3 - 4.

Kusch, G./ Montag, R./Specht, G./Wetzker, K.:
Schlußbilanz - DDR. Fazit einer verfehlten Wirtschafts- und Sozialpolitik. Berlin 1991. S. 70, 71, 75.

Lauschmann, E.:
Grundlagen einer Theorie der Regionalpolitik. Hannover 1973. S. 17.

Leipziger Wirtschaft:
Industrie- und Handelskammer Leipzig (Hrsg.). Heft 6. Leipzig, Juni 1993. S. 66.

Lemser, B.:
Der Einfluß der Schadstoffbelastung der Luft. Dissertation. Handelshochschule Leipzig 1987.

Lüdigk, R./Petschow, U.:
Chancen und Risiken ökologischer Wirtschaftspolitik in Sachsen-Anhalt. Studie im Auftrag der Friedrich-Ebert-Stiftung. Berlin und Halle, im Oktober 1993.

Luft, C.:
Die nächste Wende kommt bestimmt. Auf der Suche nach wirtschaftlichen und sozialen Alternativen. Berlin 1994. S. 160.

Maier-Rigaud, G.:
Umweltpolitik in der offenen Gesellschaft. Opladen 1988.

Malinsky, A. H.:
Regionale Komponenten einer präventiven Umweltpolitik. In: Institut für Ökologische Betriebswirtschaft Universität Gesamthochschule Siegen: Betriebliches Umweltschutzmanagement. Konferenzmaterialien. Siegen, 8./9. November 1990.

Marburger, E. A.:
Zur ökonomischen Bewertung gesundheitlicher Schäden durch Luftverschmutzung. In: Kosten der Umweltverschmutzung, Berichte 7/86 des Umweltbundesamtes, Berlin, S. 51 ff.

Marx, D.; Knigge, R.:
Ökonomische Ansätze einer Umweltpolitik. In: Raumforschung und Raumordnung. Bd. 30. Bonn 1972.

Marx, K.:
Das Kapital. Zweiter Band. In: Marx-Engels Werke. Bd. 25. Berlin 1984. S. 89.

Massarat, M.:
Endlichkeit der Natur und Überfluß der Marktökonomie. Schritte zum Gleichgewicht. Marburg 1993 (Reihe Ökologie und Wirtschaftsforschung, Bd. 8).

Meadows, D.:
Die Grenzen des Wachstums. Bericht des Club of Rome zur Lage der Menschheit. Stuttgart 1972. (Aus dem Amerikanischen von Hans-Dieter Heck. Titel der amerikanischen Ausgabe "The Limits to Growth", erschienen bei Universe Books. New York 1972 by Dennis L. Meadows.)

Meißner, W.:
Environmental Reconstruction in Eastern Germany. Frankfurter Volkswirtschaftliche Diskussionsbeiträge. Arbeitspapier Nr. 34. Universität Frankfurt/Main 1992.

Meißner, W.:
Regionalisierte Umweltpolitik und ihre Auswirkungen auf den Wettbewerb. In: Gutzler, H. (Hrsg.): Umweltpolitik und Wettbewerb. Baden-Baden 1981.

Meißner, W.:
Umweltökonomie und Politische Ökonomie. In: Vogt, W. (Hrsg.): Politische Ökonomie heute. Beiträge zur Tagung des Arbeitskreises Politische Ökonomie im Herbst 1987. Regensburg 1988. S. 67 - 87.

Meißner, W.:
Umweltpolitik in den neuen Bundesländern: Das Beispiel der Altlasten-Sanierung. In: WSI-Mitteilungen. Heft 9. Wirtschafts- und Sozialwissenschaftliches Institut. Düsseldorf 1992. S. 539.

Meißner, W.:
Von der Umweltpolitik zum ökologischen Umbau. In: Akademie der Arbeit in der Universität Frankfurt am Main. Mitteilungen. Neue Folge 41. Frankfurt/M., September 1991. S. 9 - 16.

Meleschkin, M. T.:Ökonomie und Ökologie des Weltmeeres. Berlin 1985. S. 16 f., 207 - 209.

Ministerium für Naturschutz, Umweltschutz und Wasserwirtschaft der DDR:
Information zur Entwicklung der Umweltbedingungen in der DDR und weitere Maßnahmen (Basisjahr 1988). Umweltbericht zur Vorlage vor dem Runden Tisch, Januar 1990.

Möller, H. W:
Prinzipien der Umweltpolitik. In: Wirtschaftswissenschaftliches Studium. Heft 11 (15. Jg.). Düsseldorf, November 1986. S. 574.

Mottek, H.:
Umweltschutz ökonomisch betrachtet. In: Im Mittelpunkt der Mensch. Umweltgestaltung - Umweltschutz. Berlin 1975. S. 3.

Mottek, H.:
Zu einigen Grundfragen der Mensch-Umwelt-Problematik. In: Wirtschaftswissenschaft. Heft 1. Berlin 1972. S. 42.

Müller, E.:
Das gesellschaftliche Gesamtprodukt und sein Reproduktionsprozeß. Thesenpapier. Universität Leipzig. Sektion Wirtschaftswissenschaften. Leipzig, 29. Juni 1988. S. 7 - 8, 15 ff.

Müller, H.:
Wer trägt die Umweltbelastungen? Eine empirische Untersuchung über die Verteilung von Umweltbelastungen auf die sozialen Schichten im Rhein-Main-Gebiet. Dissertationsentwurf bei Prof. Dr. J. Gäbler. Fachbereich Wirtschaftswissenschaften. Universität Frankfurt/M. 1994, (unveröffentlicht).

Müller-Witt, H.:
Der Pollution-Rights-Ansatz und seine Auswirkungen auf die amerikanische Luftreinhaltepolitik. In: Zeitschrift für Umweltpolitik. (4. Jg.) 1981. S. 395.

Nekrassow, N. N.:
Territorialökonomie. Berlin 1979 (Übersetzung aus dem Russischen). Originaltitel: Regionalnaja Ekonomika. Moskau 1978. S. 100 - 107, 140/141.

Nick, H.:
KMU und Region - zunehmend Brennpunkte der Wirtschaft. In: Neues Deutschland. Berlin, 01. November 1994. S. 9.

o. V.:
DDR-Umweltpolitik. Aus schlechten Erfahrungen lernen. In: Informationsdienst des Institut der Deutschen Wirtschaft. Nr. 18. Köln 1994. S. 2.

o. V.:
Deutsche Umwelttechnik weltweit Spitzenreiter. Studie von RWI und IWH. In: Süddeutsche Zeitung. München, 24. Januar 1995. S. 12.

o. V.:
Ifo-Berichte. Ifo-Institut für Wirtschaftsforschung. Heft 2. München 1996.

o. V.:
Immer teurer? In: Zeitschrift für kommunale Wirtschaft. München, April 1994. S. 26.

o. V.:
Konferenzmaterialien der Tagung des Insituts für Ökologische Wirtschaftsforschung, Berlin, 18. - 20. Juni 1993.

Ostwald, W. (Hrsg.):
Die DDR im Spiegel ihrer Bezirke. Berlin 1989. S. 16 - 20, 241 - 261.

Paul, I.:
Umweltpolitik. In: Hewel, B./Neubäumer, R. (Hrsg.): Volkswirtschaftslehre. Wiesbaden 1994. S. 593.

Pechan, B.:
Die Bewertung der Natur im ökonomischen System der DDR. In: Landschaftsentwicklung und Umweltforschung. Schriftenreihe des Fachbereichs Landschaftsentwicklung der TU Berlin, Nr. 51. Berlin (West) 1987.

Petschow, U./Meyerhoff, J./Thomasberger, C.:
Umweltreport DDR, Bilanz der Zerstörung, Kosten der Sanierung, Strategien für den ökologischen Umbau. Eine Studie des Institut für Ökologische Wirtschaftsforschung, Frankfurt am Main 1990.

Petschow, U.:
Umweltpolitik unter veränderten politischen Rahmenbedingungen. In: IÖW-Informationsdienst: Institut für Ökologische Wirtschaftsforschung. Berlin, März/April 1993. S. 5.

Prätorius, G.:
Bedeutung der sanften Standortfaktoren im Regionswettbewerb des europäischen Binnenmarktes. In: Institut für Ökologische Betriebswirtschaft Universität Gesamthochschule Siegen: Betriebliches Umweltschutzmanagement. Konferenzmaterialien. Siegen, 8./9. November 1990.

Pressemitteilung:
Mineralölpfennig für Forsten. Deutsche Presse Agentur. Berlin, 17. Januar 1994.

Rat der Sachverständigen für Umweltfragen:
Umweltgutachten 1978. Bundestagsdrucksache 8/1938. S. 120, Tz 433.
Umweltgutachten 1987. Bundestagsdrucksache 11/1568. Bonn, 21. 12. 1987. S. 43.

Rat von Sachverständigen für Umweltfragen:
Die Abwasserabgabe, wassergütewirtschaftliche und gesamtökonomische Wirkungen. Stuttgart/Mainz 1974. S. 44.

Rechtsvorschrift:
BGBl. 1990, Teil II, Nr. 35. Tag der Ausgabe: 28. September 1990.

Rechtsvorschrift:
Bundesimmissionsschutzgesetz (BImSchG). In: BGBl. I, S. 1564. vom 26. August 1992.

Rechtsvorschrift:
Bundes-Immissionsschutz-Gesetz. § 44 Abs. 2.

Rechtsvorschrift:
Durchführungsverordnung zum Landeskulturgesetz. Reinhaltung der Luft, vom 17. Januar 1973. In: GBl. I der DDR Nr. 18 vom 24. April. 1973; sowie laufende Durchführungsbestimmungen zur 5. Durchführungsverordnung u. a. zur Begrenzung und Überwachung der Immissionen und Emissionen (Luftverunreinigungen) vom 28. Juni 1979. In: GBl. I der DDR Nr. 31 vom 27. September 1979.

Rechtsvorschrift:
Einigungsvertragsgesetz. BT-Drucksache 11/7760 vom 31.08.1990.

Rechtsvorschrift:
Gesetz zu dem Vertrag vom 31. August 1990 zwischen der Bundesrepublik Deutschland und der Deutschen Demokratischen Republik - Einigungsvertragsgesetz - und der Vereinbarung vom 18. September 1990 vom 23. September 1990 (Gbl. II, S. 885).

Rechtsvorschrift:
Umweltrahmengesetz der DDR vom 29. Juni 1990. (Gbl. I, S. 649).

Recktenwald, H. C.:
Die Nobelpreisträger der ökonomischen Wissenschaft 1969 - 1988. Düsseldorf 1989. S. 351.

Ritter, U. P.:
Die Evolution von Wirtschaftssystemen, das Interdependenztheorem und die Poppersche Falsifikationsidee. In: Wagner, A./Lorenz, H.-W. (Hrsg.): Studien zur Evolutorischen Ökonomik. Berlin 1995.

Rubik, F.:
Marktökologie und die Quadratur der Umwelt. In: Öko-Mitteilungen. Informationen aus dem Lehrstuhl für angewandte Ökologie. 1985 (8. Jg./Nr. 5). S. 14.

Sächsisches Staatsministerium für Umwelt und Landesentwicklung:
Umweltbericht 1991 und folgende. Dresden 1991 - 1994.

Sachverständigenrat zur Begutachtung der gesamtwirtschaftlichen Entwicklung:
Jahresgutachten. Bonn 1987. Tz. 264.

SANA - Wissenschaftliches Begleitprogramm zur Sanierung der Atmosphäre über den neuen Bundesländern. Frauenhofer Institut für Atmosphärische Umweltforschung. Garmisch Partenkirchen. Mai 1994.

Schneidelbach, L.:
Umweltkriminalität in der DDR - ein Paradies für gewissenlose Sünder. 150 Anzeigen von 1985 - 1989. In: umWelt - Das neue Öko-Magazin. Heft 1. Berlin, September 1990 (1. Jg.). S. 2/3.

Schreiber, H./Timm, G. (Hrsg.):
Im Dienste der Umwelt und der Politik - Zur Kritik der Arbeit des Sachverständigenrates für Umweltfragen. Berlin 1990.

Schulz, W.:
Der monetäre Wert besserer Luft. Frankfurt/M. u. a. 1995, S. 265.

Scitovsky, T. und A.:
What Price Economic Growth. In: Scitovsky: Papers on Welfare and Growth. London 1964.)

Seidel, E.:
Die Marktwirtschaft vor der ökologischen Bewährungsprobe. In: GAiA, Ecological Perspectives in Scince, Humanities and Economics. Basel. Vol. 1 (2) 1992. S. 95 - 104.

Siebert, H./Walter, I./Zimmermann, K. (Hrsg.):
Regional Environmental Policy. New York 1979.

Siebert, H.:
Ökonomische Theorie der Umwelt. Tübingen 1987. S. 124.

Siebert, H.:
Regionales Wachstum und interregionale Mobilität. Tübingen 1970. S. 17.

Siebert, H.:
Umweltpolitik in der Europäischen Gemeinschaft. Zentralisierung oder Dezentralisierung? In: Umweltschutz, Herausforderungen und Chancen für die Wirtschaft. Beihefte der Konjunkturpolitik. Heft 38. Berlin 1991. S. 11.

Simonis, U. E. (Hrsg.):
Infrastruktur. Köln 1977.

Spindler, B.:
Literaturführer Luftreinhaltung und Luftverschmutzung in der DDR. Gesamtdeutsches Institut - Bundesanstalt für Gesamtdeutsche Aufgaben. Bonn, November 1983.

Sprenger, R.:
Was können umweltpolitische Instrumente leisten? In: IÖW-Informationsdienst. Institut für Ökologische Wirtschaftsforschung. Berlin, Juli/August 1990. S. 10.

Staatliche Zentralverwaltung für Statistik (Hrsg.):
Statistisches Jahrbuch der DDR 1989. Berlin 1989. S. 13, 24, 65 f, 67 ff., 180, 243, 245, 418.

Statistischen Bundesamt:
Statistische Jahrbuch 1994 und 1996. Stuttgart 1994 und 1996.

Statistisches Bundesamt (Hrsg.):
Umweltdaten Deutschland 1995. Berlin 1995.

Staude, J.:
Die Basis aktiv, die Spitze destruktiv. In: Neues Deutschland. Berlin, 11. November 1994, S. 8.

Steinitz, K.:
DDR-Wirtschaft '89. In: Neues Deutschland. Berlin, 4. November 1994. S. 9.

Stern:
Nr. 16. Hamburg 1993.

Streibel, G.:
Ökonomische Hebel in der Wasserwirtschaft. In: Wasserwirtschaft - Wassertechnik. Heft 8. Berlin 1967 (17. Jg.). S. 254.

Umweltbundesamt
Forschungsbericht 101031110-02. Berlin 1991.

Umweltbundesamt:
- Daten zur Umwelt 1988/89. Berlin 1989.
- Umweltdaten kurzgefaßt. Berlin 1993.
- UmweltdatenDeutschland 1995. Berlin.

Umweltbundesamt:
Jahresbericht für 1991. In: Zeitschrift für kommunale Wirtschaft. München, September 1992. S. 15 f.

Umweltprogramm der Bundesregierung. Deutscher Bundestag - 6. Wahlperiode. Drucksache VI/2710. S. 6.

van Suntum, U.:
Regionalpolitik in der Marktwirtschaft. Baden-Baden 1981. sowie: Sachverständigenrat zur Begutachtung der gesamtwirtschaftlichen Entwicklung: Arbeitsplätze im Wettbewerb. Jahresgutachten 1988/89. Stuttgart 1988.

Vautz, W.:
Schwefeldioxydbelastungen. Modell. Universität Mainz. Institut für Physik-Mainz 1985.

Voss, G.:
Ökologische Steuerreform. Rechnerisch richtig. In: Institut der Deutschen Wirtschaft: Informationsdienst Nr. 24. Köln, 16. Juni 1994.

Voss, G.:
Umweltschutz. Weniger Staat - mehr Privatinitiative. In: Institut der deutschen Wirtschaft: Informationsdienst Nr. 24. Köln, 16. Juni 1994. S. 6.

Wagner, A.:
Volkswirtschaft für jedermann. Die marktwirtschaftliche Demokratie. München 1992. S. 6/7.

Weimann, J.:
Umweltökonomik. Berlin, Heidelberg, New York ... 1991. S. 132 ff, S. 164 ff.

Weisheimer, M.:
Ostdeutscher Umweltschutz als Wirtschaftsfaktor. In: IWH-Kurzinformationen. Nr. 25. Institut für Wirtschaftsforschung. Halle, 21. Februar 1994. S. 3 - 4.

Wicke, L./ Schafhausen, F. J.:
Instrumente zur Durchsetzung des Umweltschutzes. In: WISU 11. Jg. (1982), S. 411.

Wicke, L.: Umweltökonomie:
3. Aufl. München 1991.

Wicke, L.:
Möglichkeiten und Grenzen zur Milderung von Strukturproblemen und zur Umweltverbesserung im Ruhrgebiet durch flexible umweltpolitische Instrumente auf dem Gebiet der Luftreinhaltung. Ruhr-Forschungsinstitut für Innovations- und Strukturpolitik. Bochum 1984.

Wolf, H.:
Hatte die DDR je eine Chance? Hamburg 1991.

Woll, A.:
Wirtschaftslexikon. 5. Aufl. München/Wien 1991. S. 614, 716 - 722.

Wünsche, R.:
Zur Luftreinhaltung. In: Rat des Bezirkes Neubrandenburg/Bezirksvorstand der URANIA/Bezirksvorstand der Gesellschaft für Natur und Umwelt (Hrsg:): Nutzung und Schutz der Umwelt im Bezirk Neubrandenburg. Umweltkonferenzmaterialien. Neubrandenburg, 24. Februar 1989. S. 43/44.

Zeitung für kommunale Wirtschaft (ZfK):
München, 5. September 1992. S. 1.
München, Januar 1995. S. 17.

Zeuchner, S.:
Sanierung der alten Industrieregion Halle/Leipzig/Bitterfeld. Rufis - Ruhr-Forschungsinstitut für Innovations- und Strukturpolitik. Bochum 1992. S. 1.

Zundel, S.:
Ausgewählte Instrumente proaktiver Umweltpolitik. In: IÖW-Informationsdienst. Institut für ökologische Wirtschaftsforschung. Berlin, März/April 1994. S. 14.

Zundel, S.:
Förderinstrumente und wirtschaftliche Entwicklung. In: IÖW-Informationsdienst. Institut für ökologische Wirtschaftsforschung. Berlin, September/Oktober 1994. S. 12 - 13.

Zundel, S.:
Proaktive Umweltpolitik. In: IÖW-Informationsdienst. Berlin, November/Dezember 1993. S. 1 - 2.

Anhang

Begriffserklärungen

Abgas
Bei Verbrennungsprozessen (z. B. in Feuerungsanlagen, Verbrennungsmotoren) entstehende Gase mit festen und flüssigen und zum Teil äußerst umweltbelastenden Bestandteilen (u. a. Schwermetalle, Stickstoffoxide, halogenierte Kohlenwasserstoffe, chlorierte Kohlenwasserstoffe, Kohlenmonoxid, Staub).

Abgasreinigung
Technische Verfahren zur Verringerung des Schadstoffgehaltes in Abgasen. Feste Bestandteile (z. B. Staub) können durch Naßabscheider, Gewebefilter, Elektrofilter oder Zyklone abgeschieden werden. Gasförmige Bestandteile können im Abgasstrom verbrannt, durch Flüssigkeiten ausgewaschen (Absorption), an andere Stoffe gebunden (z. B. Adsorption an Aktivkohle), kondensiert oder mit Hilfe von Katalysatoren zu weniger schädlichen Stoffen umgewandelt werden. Nach Großfeuerungsanlagenverordnung sind zur Reinigung der Abgase von Kraftwerken und anderen großen Feuerungsanlagen Abgasentschwefelungsanlagen vorgeschrieben. (In der BRD wurden 1992 etwa 160 derartige Anlagen betrieben.)

Abluft
Gesamte abfließende Luft aus einem beweglichen oder ortsfesten Innenraum, die mit geruchsintensiven oder schadstoffhaltigen Bestandteilen belastet sein kann.

Abprodukte
Feste, flüssige, schlammige, staub- oder gasförmige Rückstände von Produktions- oder Konsumtionsprozessen, die gegenwärtig noch nicht wieder genügend genutzt werden (können) und schadlos beseitigt werden müssen (z. B. durch Wiederaufbereitung, Verbrennung oder Deponierung) sowie z. T. einfach dem Naturmilieu übergeben werden (z. B. Abgase). Sie werden gelegentlich auch als Sekundär-Rohstoffe bezeichnet, wenn sie bereits einen Produktions- bzw. Konsumtionsprozeß durchlaufen sind und wieder als Ausgangsstoff für einen neuen derartigen Prozeß verwendet werden sollen. „Wir meinen die Rückverwandlung der Exkremente der Produktion, ihrer sogenannten Abfälle, in neue Produktionselemente." (Marx, K.: Das Kapital. Zweiter Band. In: Marx-Engels Werke, Band 25. Berlin 1984, S. 89.)

Assimilations- und Abbaupotential
Begrenzte Fähigkeit des Naturmilieus, als Aufnahmemedium für Exkremente der gesellschaftlichen Produktions- und Konsumtionsprozesse zu dienen und - über kurz oder lang - deren Abbau zu übernehmen.

Außergewöhnliche Immissionssituation
Kurzzeitig auftretender Fall erhöhter Immissionskonzentrationen, der durch besonders ungünstige meteorologische Bedingungen (Dunstglocke, austauscharme Wetterlage/Inversion, Smog) oder durch plötzliche Havarien und Störungen (Giftgaswolke) verursacht wird und zu einer erheblichen Gefahr für die Gesundheit der Menschen bzw. zu schwerwiegenden volkswirtschaftlichen Schäden führen kann.

Belastungsgebiete
Auf der Grundlage des BImSchG von den Länderbehörden durch Rechtsverordnung ausgewiesene Gebiete mit hoher Luftverschmutzung, in denen schädliche Umwelteinwirkungen zu erwarten sind. Hier müssen Art und Umfang von Luftbelastungen ermittelt und Emissionskataster und ggf. Luftreinhaltepläne erstellt werden.

Bubble-Politik
Glockenpolitik. Eine von der Umweltbehörde festgelegte Gesamtemissionsmenge wird - bildlich gesprochen - in Form einer imaginären Glocke über mehrere Emittenten gestülpt. Voraussetzung dafür ist, daß die in Frage kommenden Emissionsquellen sich zu einem Emissionsverbund formieren lassen. Den Emittenten bleibt es nun selbst überlassen, welche (kostengünstigen) Emissionsminderungs-, Sanierungs- oder Produktionserweiterungsmaßnahmen sie unter dieser Glocke vornehmen, nur darf sich die Gesamtemission unter der Glocke nicht vergrößern.

Emission
Abgabe, Auswurf, Ausstoß von festen, flüssigen oder gasförmigen luftverunreinigenden Stoffen in die Atmosphäre. (Gilt analog auch für Wasser- und Bodenverunreinigungen, Geräusche, Strahlen, Wärme und ähnliche Abgaben.)

Emissionsgrenzwerte
Vorgaben von Kennziffern und Bedingungen für maximal zulässige Emissionen von Anlagen, die Emissionen verursachen oder verursachen können (z. B. Abgasanlagen, aber auch Lager- und Umschlagplätze für staubende Güter sowie Deponien). Siehe auch TA Luft.

Emissionskataster
Räumliche Erfassung bestimmter Schadstoffquellen (z. B. großer Feuerungsanlagen).

Emissionsquellen
Stationäre und bewegliche Ausstoßanlagen der Industrie, Landwirtschaft, des Verkehrs sowie von Wohn- und anderen Gebäuden (Schornsteine, Kfz-Auspuff usw.).

Emittenten
Unternehmen, Haushalte u. ä., deren Anlagen Emissionen verursachen.

Großfeuerungsanlagen-Verordnung
1983 in Kraft getretene Verordnung für Kraftwerke, Fernheizwerke und Industrieanlagen mit einer Wärmeleistung von mehr als 50 MW bei Kohle- und Ölverbrennung und mehr als 100 MW bei Gasbefeuerung mit Festlegungen für Luftreinhaltevorschriften (Entschwefelung, Entstaubung, Entstickung).

Immissionen
Störende Einwirkungen auf die Umwelt durch Luftverunreinigungen (analog Wasser- und Bodenverunreinigungen, aber auch Strahlen, Erschütterungen, Wärme und Lärm).

Immissionskataster
Räumliche Darstellung der Immissionen innerhalb eines bestimmten Gebietes, unterteilt nach Spitzen- und Dauerbelastungen.

Kleinfeuerungsanlagenverordnung
Nach der Novellierung am 1. Oktober 1988 wurden die Anforderungen an Brennmaterial und technische Ausstattung von über 10 Mio. Heizanlagen in privaten Haushalten, Handwerks- und Gewerbebetrieben, der Landwirtschaft sowie in öffentlichen Gebäuden hinsichtlich der Abgasgrenzwerte verschärft.

Luftbelastung
Überdurchschnittliche Schadstoffkonzentrationen. Die Luftbelastung in den Ballungsgebieten ist dadurch gekennzeichnet, daß die Schwefeldioxid- und Schwebstaubimmissionen in den alten Bundesländern drastisch gesunken sind, während die Luftbelastung mit Stockstoffdioxid nahezu konstant geblieben ist. Im Süden Ostdeutschlands liegt die Belastung mit Schwefeldioxid und Schwebstaub heute (1992/93) auf einem Niveau, das dem des alten Bundesgebietes Anfang der 70er Jahre entspricht. Die Luftbelastung im ländlichen Raum durch luftgetragene Schadstoffe ist heute im Vergleich zu früher durch eine deutliche Verringerung der Belastungen gekennzeichnet. Dies gilt jedoch nicht für Stickstoffoxide und Kohlendioxid, da bei den zuletzt genannten Stoffen immer noch steigende Werte gemessen werden.

Luftreinhalteplan
Treten in einem Belastungsgebiet oder Teilen des Gebietes schädliche Umwelteinwirkungen durch Luftverunreinigungen auf, so soll nach § 47 BImSchG für dieses Gebiet ein Luftreinhalteplan aufgestellt werden, der Art und Umfang der Luftverunreinigungen, deren Ursachen und Maßnahmen zur Verminderung und Vorsorge enthält. Derartige Luftreinhaltepläne wurden z. B. seit 1975 systematisch erstellt. Ihre Maßnahmekataloge zielen ab auf: Einhaltung des Standes der Technik, Minderungsmaßnahmen durch neue Technologien, Umstellung auf emissionsärmere Roh- und Brennstoffe, Stillegung emissionsintensiver Anlagen usw.

MAK-Werte
Von der bei der Deutschen Forschungsgemeinschaft angesiedelten Senatskommission zur Prüfung gesundheitsschädlicher Arbeitsstoffe wird jährlich eine aktualisierte Liste mit Angaben der maximal zulässigen Konzentrationen bestimmter Schadstoffe am Arbeitsplatz veröffentlicht, bei denen davon ausgegangen wird, daß von ihnen eine Gesundheitsgefährdung oder unangemessene Belästigung nicht zu erwarten ist.

MEK-Werte
Maximale Emissions-Konzentration. In Standards festgelegte Kennziffern und Bedingungen der maximal zulässigen Emissionen ausgewählter Technologien und von Verbrennungsmotoren. (Für Betriebe und Einrichtungen legten die regionalen BHI in der ehemaligen DDR spezielle Emissionsgrenzwerte fest, die die für die jeweilige Quelle zulässige Emission bzw. durch Summierung die Gesamtemission eines Betriebes begrenzte.)

MIK-Werte
Maximale Immissions-Konzentration. Vorgaben nach international empfohlenen oder verbindlichen Höchstgrenzwerten maximaler Immissionskonzentrationen bestimmter Schadstoffe, bei deren Einhaltung nach dem Stand der medizinischen Wissenschaft keine schädigenden Auswirkungen auf den menschlichen Organismus, aber auch für Tiere und Pflanzen zu erwarten sind. Sie werden von der VDI-Kommission „Reinhaltung der Luft" erarbeitet. (In der ehemaligen DDR für ca. 115 luftverunreinigende Stoffe bestimmt.) Unterschieden werden kann zwischen MIK-Kurzzeitwert (MIK_K) für kurzzeitige Spitzenkonzentrationen von 10 bis 30 Minuten Gültigkeit sowie MIK-Dauerwert (MIK_D) für einen Zeitraum von

24 Stunden und die mittlere Konzentration von Schadstoffen. Die Beherrschung der Immissionen in bestimmten Regionen, also die Einhaltung der MIK-Werte, setzt zugleich auch die Begrenzung der Emissionen (MEK-Werte) voraus.

Naturpotential
Gesamtheit an Naturgütern und objektivem Vermögen der Natur, natürliche Kreislaufprozesse zu bilden, wobei Stoffe und Energien umgewandelt und transportiert werden (Akkumulations- und Stoffänderungspotential, Ertragspotential, Tragfähigkeitspotential, hydrologisches Potential, Selbstreinigungs- und Abbaupotential, Erholungspotential).

Ökosystem
Beziehungsgefüge der Lebewesen untereinander und mit ihrem Lebensraum (Biotop). Ökologische Systeme haben bis zu einem gewissen Grade die Fähigkeit, sich selbst zu regulieren, z. B. Fichtenwald, Getreidefeld, Quelle.

Schadstoffe
In der Umwelt vorhandene oder in diese gebrachte Stoffe mit schädlichen Wirkungen für Lebewesen und/oder Sachgüter. Ihre Ursprünge sind vielfältig: Natürliche Quellen (z. B. Vulkane), vom Menschen verursachte Emissionen (z. B. Kraftwerksabgase, Viehzucht). Wesentliche Beurteilungskriterien für die Schädlichkeit sind die Aufnahmefähigkeit (Resorbierbarkeit), die Abbaufähigkeit (Halbwertzeit), die Fettlöslichkeit und die Stabilität (Persistenz).

Smog
Aus den englischen Worten „smoke“ und „fog“ (Rauch + Nebel) zusammengesetzter Begriff zur Bezeichnung der vor allem im Winter auftretenden Situation der Vermischung von natürlichem Nebel und Abgasen; Synonym für starke Luftverschmutzung. Man unterscheidet zwei Typen (siehe Inversionswetterlage). Um den gesundheitsgefährdenden Wirkungen zu begegnen, wurden von den Bundesländern für besonders gefährdete Gebiete S.-Warnpläne bzw. S.-Alarmpläne aufgestellt, die bei S.-Alarm zahlreiche schadstoffentlastende Maßnahmen und Verhaltensempfehlungen für besonders gefährdete Personen vorsehen. Da zunehmend aus der Ferne transportierte Luftverschmutzungen als Ursache für S.-Entstehung beobachtet werden, hat die Bundesregierung gemeinsam mit den Bundesländern ein S.-Frühwarnsystem beim Umweltbundesamt aufbauen lassen.

TA Luft
Die „Technische Anleitung zur Reinhaltung der Luft“, die 1983 erlassen und zwischenzeitlich mehrfach novelliert wurde, enthält bundeseinheitlich konkrete Anweisungen, Meßverfahren und Grenzwerte, Genehmigungs- und Überwachungsvorschriften für umweltgefährdende Anlagen. Sie setzt Emissionsgrenzwerte für 200 staub- und gasförmige Schadstoffe sowie Belastungs-Grenzwerte für wichtige Schadstoffe fest.

Abbildungen

Abb. 1: Überblick über die umweltpolitischen Problemzusammenhänge[293]

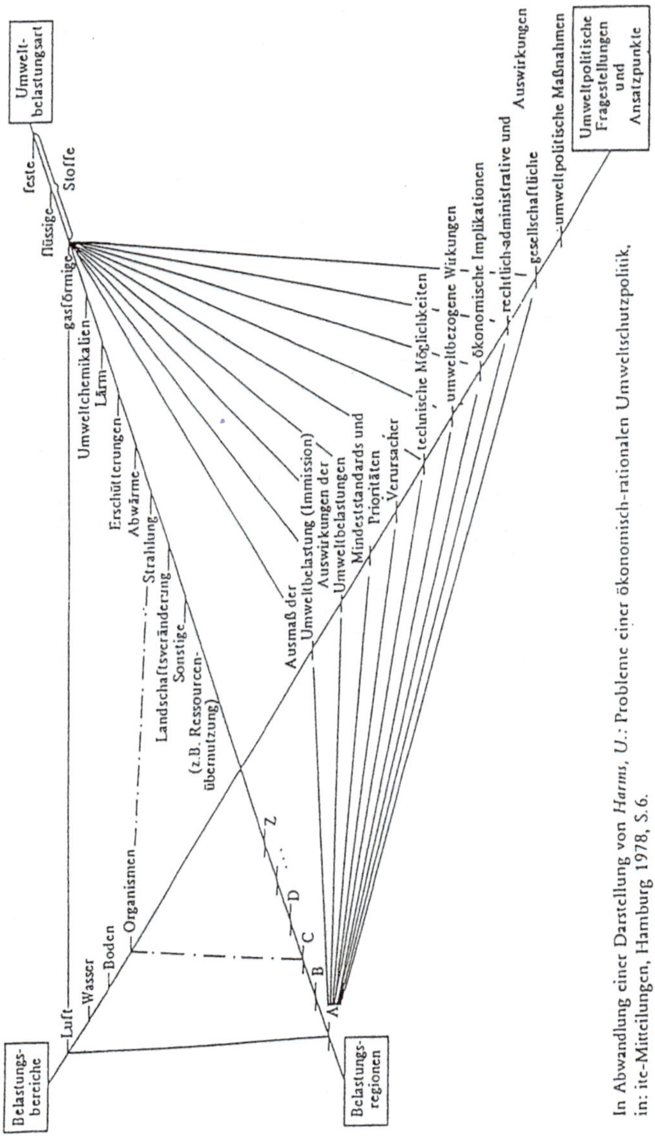

In Abwandlung einer Darstellung von *Harms, U.*: Probleme einer ökonomisch-rationalen Umweltschutzpolitik, in: itc-Mitteilungen, Hamburg 1978, S. 6.

---

[293] Entnommen aus: Wicke, L.: Umweltökonomie. 3. Aufl. München 1991. S. 2.

Abb. 2: Nutzen und Kosten verschiedener Luftqualitäten in der Bundesrepublik Deutschland (in Milliarden Mark pro Jahr)[294]

Luftqualitäten	**Nutzen**	**Kosten**	**Nutzen-Kosten-Verhältnis** (Nutzen geteilt durch Kosten)	**Sozialer Überschuß** (Nutzen minus Kosten)	**Schwefeldioxid-/ Schwefel-konzentration** (Jahresmittelwert in Mikrogramm pro m^3)
„Großstadtluft“ (stark verschmutzte Luft)	90	6	15	84	65 bis 80
„Kleinstadtluft“ (mäßig belastete Luft)	118	15	8	103	40 bis 65
„Ferienluft“ (sehr gering belastete Luft)	138	unbelzahlbar	nahe Null	negativ	nahe Null

Abb. 3: Geschätzte luftverschmutzungsbedingte Kosten durch Atmungsorganerkrankungen in der Bundesrepublik Deutschland (in Milliarden DM pro Jahr - Bezugsjahr 1985)[295]

Verursachungsbeitrag der Luftverschmutzung an Atmungsorganerkrankungen	**Kosten durch vorübergehende Arbeitsunfähigkeit**	**Kosten durch „dauernden Ressourcenausfall“**		**Rehabilitationskosten (stationäre und ambulante Behandlungskosten)**	**Summe**
		Todesfälle im erwerbsfähigen Alter	Frührenten		
20 Prozent	0,8	0,6	0,7	0,2	2,3
50 Prozent	2,1	1,4	1,7	0,6	5,8

[294] Schulz, W.: Der monetäre Wert besserer Luft. Frankfurt/M. u. a. 1995, S. 265.

[295] Marburger, E. A.: Zur ökonomischen Bewertung gesundheitlicher Schäden durch Luftverschmutzung. In: Kosten der Umweltverschmutzung, Berichte 7/86 des Umweltbundesamtes, Berlin, S. 51 ff.

Abb. 4: Geschätzte luftverschmutzungsbedingte Materialschäden in der Bundesrepublik Deutschland (in Millionen DM pro Jahr - Bezugsjahr 1983)[296]

	Volkswirtschaftliche Verluste durch Materialschäden infolge von Luftverschmutzung (in Millionen DM pro Jahr)	Instandhaltungs- bzw. Erneuerungsturnus (Jahre) in	
		Belastungsgebieten	Reinluftgebieten
Schäden an Gebäuden			
Anstriche von Fenstern, Haustüren, Metallgeländer, sonstige Ausbesserungen	699	4	7
Fassadenanstriche	1.014	6	11
Erneuerung von Dachrinnen	409	10	30
Schäden an Stahlbauten			
Autobahnbrücken, einschl. Geländer	21	10	20
Eisenbahnbrücken*	6	18	18
Hochspannungsmasten	6	8	14
Eisenbahnfahrleitungsmasten einschl. Stützpunkte	11	10	30
Zusätzlicher Reinigungsaufwand (Fenster)	142	6 mal	4 mal

* höherwertiger Korrosionsschutzanstrichin Belastungsgebieten

[296] Heinz, I.: Volkswirtschaftliche Kosten durch Luftverunreinigungen. Ökonomische Bewertung der Wirkungen von Luftverunreinigungen. Studie im Auftrag des Umweltbundesamtes, a. a. O., S. 8 f.

5: Ursache des Umweltproblems[297]

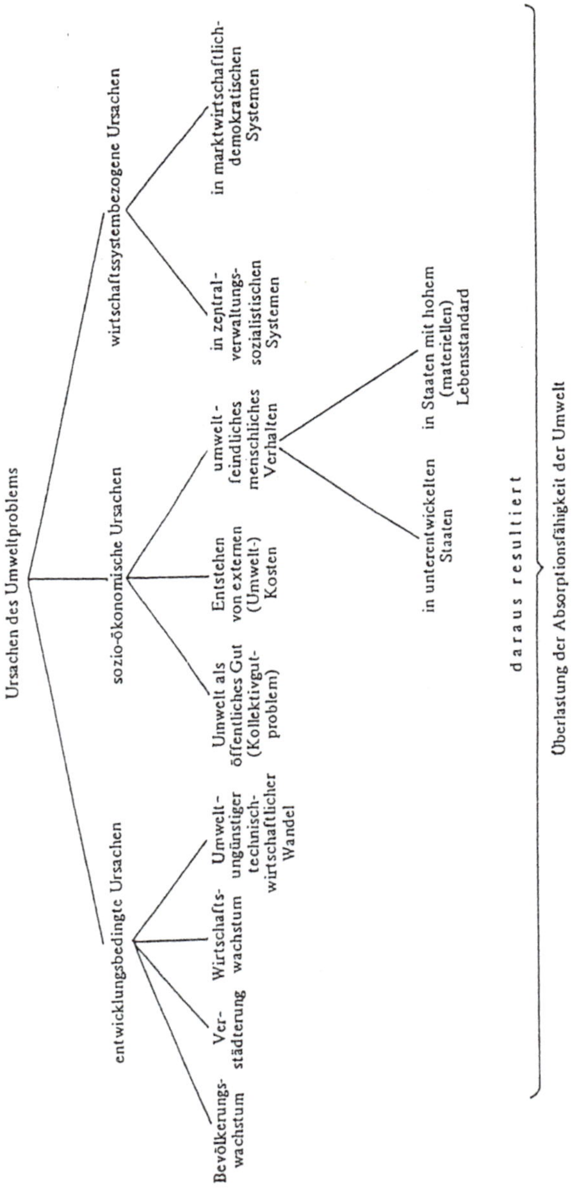

Wicke, L.: Umweltökonomie. 3. Aufl. München 1991, S. 28.

Abb. 6: Die „ökologische Schadensbilanz der Bundesrepublik Deutschland" („rechenbare" Schäden in Mrd. DM pro Jahr, Basisjahr 1984)[298]

Schadenspositionen	**Schadenskosten**
Luftverschmutzung - Gesundheitsschäden - Materialschäden - Tierschäden - Schädigung der Freilandvegetation - Waldschäden	rund 48,0 - über 2,3 - 5,8 - über 2,3 - über 0,1 - über 1,0 - über 5,5 - 8,8
Gewässerverschmutzung - Ertragsausfälle der Fischereiwirtschaft - Kosten der Trink- und Brauchwasserversorgung - Verringerter Freizeit-und Erholungswert - Ästhetikverluste bei den Anwohnern - Weitere „rechenbare" Schäden (z. B. Seevogelopfer, Tankerunfälle)	weit über 17,6 - weit über 0,25 - weit über 9,0 - über 7,0 - über 1,0 - über 0,35
Bodenbelastung - Tschernobyl u. „Tschernobyl-Vermeidungskosten" - Altlastensanierung - Kosten der Biotop-und Arterhaltung - Sonstige Bodenkontaminationen („Erinnerungsposten")	weit über 5,2 - über 2,4 - über 1,7 - über 1,0 - weit über 0,1
Lärm - Produktivitätsverluste - „Lärmrenten" - Wohnwertverluste	über 32,7 - über 3,0 - über 0,4 - über 29,3
Summe der „rechenbaren" Schäden	weit über 103,5
Gesamtbeurteilung der Schätzung: Die genannten Zahlen basieren auf einer Reihe neuerer, fundierter in- und teilweise auch ausländischer Untersuchungen. Verbliebene Lücken wurden in vielen Fällen durch eigene Berechnungen ergänzt. Da es sich um eine systematische, solide Schätzung handelt, kann sie für die von Politikern und Umweltschützern geforderte erweiterte Volkswirtschaftliche Gesamtrechnung, die auch Umweltschäden einbezieht, verwendet werden. Wertung: Äußerst vorsichtige Gesamtermittlung aller Umweltschäden.	

[298] Wicke, L.: Die ökologischen Milliarden, a. a. O., S. 123. Entnommen aus: Wicke, L.: Umweltökonomie. 3. Aufl. München 1991, S. 96.

Abb. 7: Gesamtüberblick über die umweltpolitischen Instrumentenkategorien[299]

Instrumente der Umweltpolitik

- Nicht-fiskalische Instrumente
  - Umweltauflagen
  - Umweltbedeutsame Änderungen der rechtlichen Rahmenbedingungen
  - Umweltpolitische Kooperationslösungen
  - Zwangsfreie nicht-fiskalische umweltpolitische Instrumente
  - Benutzervorteile
  - Umweltplanerische Instrumente
- Umweltpolitik mit öffentlichen Ausgaben
  - Direkter öffentlicher Umweltschutz mit Gebühren- und Beitragsfinanzierung
  - Direkter öffentlicher Umweltschutz mit Steuerfinanzierung
  - Finanzierung sonstiger umweltrelevanter Maßnahmen
  - Umweltbewußte staatliche Beschaffungspolitik (Vorreiterrolle des Staates)
  - Induzierung umweltverbessernder (privat-)wirtschaftlicher Aktivitäten
  - Umweltbedeutsame Forschungs- und Entwicklungsförderung
  - Finanzierung des institutionellen Umweltschutzes
- Umweltpolitik mit öffentlichen Einnahmen
  - Umweltlizenzen
  - Umweltabgaben

---

[299] Wicke, L.: Umweltökonomie. 3. Aufl. München 1991, S. 166.

Abb. 8: Überblick über die nicht-fiskalischen Industrumente der Umweltpolitik[300]

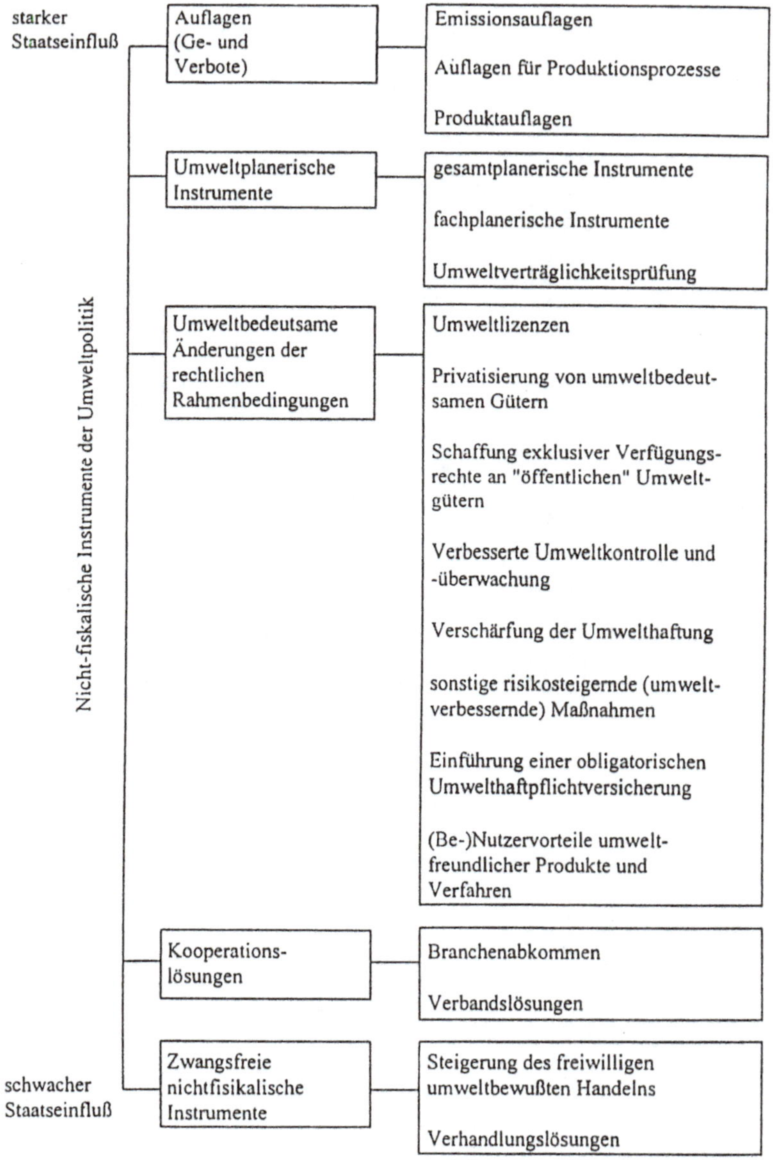

---

[300] Wicke, L.: Umweltökonomie. 3. Aufl. München 1991, S. 168.

Abb. 9: Die verschiedenen Ansatzpunkte von Umweltauflagen[301]

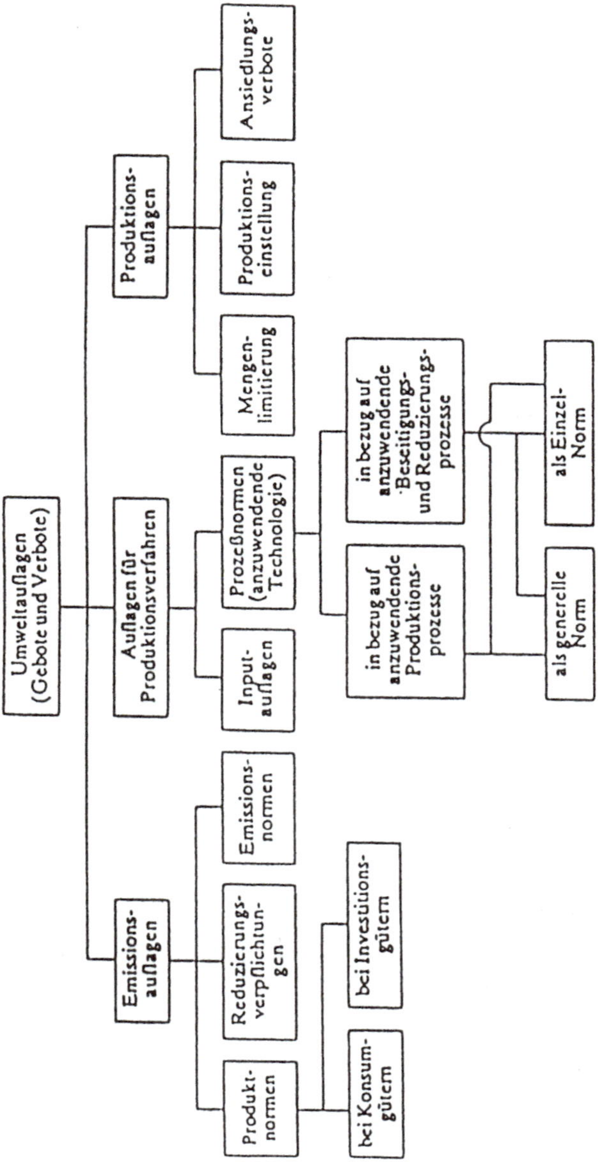

301 Wicke, L.; Schafhausen, F. J.: Instrumente zur Durchsetzung des Umweltschutzes. In: WISU 11. Jg. (1982), S 411.

Abb. 10: Verschiedene Arten von Umweltabgaben[302]

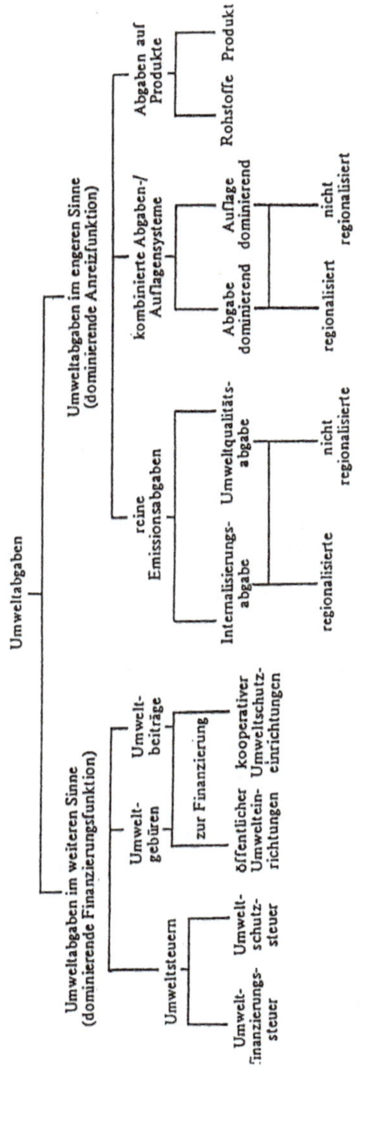

[302] Wicke, L.: Umweltökonomie 3. Aufl. München 1991, S. 358.

Abb. 11: Übersicht über die umweltpolitischen Instrumente mit öffentlichen Ausgaben[303]

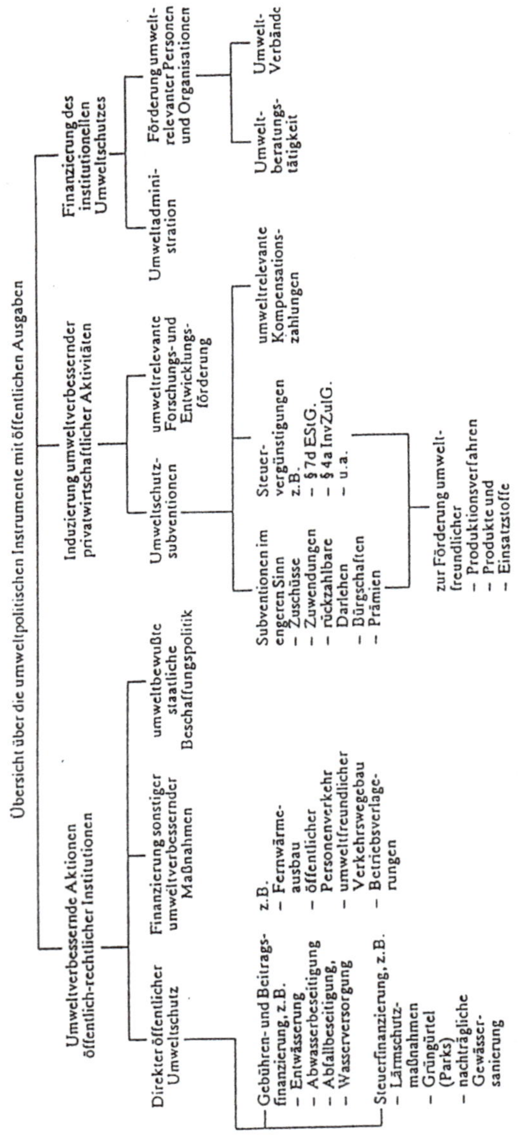

[303] Wicke, L.: Umweltökonomie 3. Aufl. München 1991, S. 304.

Abb. 12: Beispiel einer regionalen Umweltbilanz[304]

	Belastungsart		**Regionale bzw. räumliche Einheit** A B C D
Luft	Freiwillig sedimentierender Staub (g Staub/100 m^3/Monat)	(1)	
	Staubkonzentration (µg Staub/m^3 Luft)	(2)	
	Schwefeldioxid (mg SO_2/m^3 Luft)	(3)	
	Kohlenmonoxid (ppm)	(4)	
	Blei (µg/m^3 Luft)	(5)	
Wasser	Wassertemperatur (° C)	(6)	
	Aufheizspanne von Kühlwasser (° C)	(7)	
	Stickstoffgehalt (mg/l Wasser)	(8)	
	Phosphatgehalt (mg/l Wasser)	(9)	
	Sauerstoffgehalt (g/m^3 Wasser)	(10)	
	Überwiegende Art der Abwasserbeseitigung und -reinigung	(11)	
Abfall	Müllabfuhr für Betriebe und/oder Haushalte (vorhanden/nichtvorhanden)	(12)	
	ordnungsgemäße üllbeseitigung (vorhanden/nichtvorhanden)	(13)	
Lärm	Geräuschpegel (L_{Amax} in dB (A))	(14)	
	Fluglärm	(15)	
	Baustellenlärm	(16)	

[304] Marx, D.; Knigge, R.: a. a. O., S. 12. Entnommen aus: Wicke, L.: Umweltökonomie. S. 104.

Kolibri 360 GmbH
Ferdinand-Jühlke-Straße 7
99095 Erfurt, Deutschland
produktsicherheit@kolibri360.de

Druck:
CPI Druckdienstleistungen GmbH
im Auftrag der
Kolibri 360 GmbH
Ferdinand-Jühlke-Str. 7
99095 Erfurt